KB134235

뇌의식의 대화

인류 최고의 지성들이 말하는 뇌 · 의식 · 인간의 본질

뇌의식의 대화

인류 최고의 지성들이 말하는 뇌 · 의식 · 인간의 본질

수전 블랙모어 지음 | 장현우 옮김

한언

목차

추천의 글
의식 탐구의 최전선을 목격하다

'우리는 어떻게 의식을 가지게 되었는가?' 하는 질문은 뇌에 관한 궁극의 질문일 것이다. 모든 신경과학자들이 뇌 연구를 통해 궁극적으로 알고자 하는 것은 '나 자신의 존재와 마음을 인식하는 자의식'에서부터, 동물들에게도 있다고 여겨지는 공통된 '의식의 본질과 그 형성 과정'일 것이다.

우리는 아직 의식의 본질을 이해하기에는 턱없이 부족한 뇌과학 지식을 가지고 있다. '타인 혹은 다른 동물들에게도 의식이 존재한다는 것을 나는 어떻게 확신할 수 있을까?', '의식은 과연 생물학적인 뇌의 산물일까? 그 신경 회로의 정체는 도대체 무엇일까?', 혹은 '의식의 실체를 이해하기 위해 '영혼'이라는 개념을 도입해야만 할까?' 긴 정체기를 겪었던 의식 연구가 다시 주목받게 된 지는 얼마 되지 않았지만, 영혼에 관한 질문만큼은 지난 수천 년간 인간을 사로잡아 왔다.

영국의 심리학자이자 과학저술가 수전 블랙모어는 의식 연구의 1세대이자 세계적으로 영향력 있는 석학들을 인터뷰하면서,

의식에 대한 우리의 이해가 현재 어디까지 와 있는지 추적한다. 이 책이 출간된 이후 지난 15년간 의식에 관한 탐구는 급속도로 진전됐지만, 이 책은 의식 연구의 핵심을 이해하는 데 더없이 훌륭한 입문서가 되어 줄 것이다. 특히 석학들의 과학적이면서도 주관적인 인터뷰는 그 자체로도 너무나 흥미로워, 우리는 그 안에서 대가의 풍모를 경험하게 된다. 의식을 가진 모든 이들이여, 이 책에서 의식 탐구가 주는 지적 흥분을 충분히 만끽하시길!

정재승 (뇌를 연구하는 물리학자, 『과학콘서트』『열두 발자국』 저자)

인류 최후의 질문 : '의식이란 무엇인가?'

"잠은 언제 시작될까?" 여섯 살 무렵, 나는 이 궁금증을 해결하기 위해 한 가지 실험을 했다. 잠자리에 누워 내 마음 속을 잠자코 지켜보는 것이었다. 물론 그 실험은 피험자이자 실험자였던 나 스스로가 자꾸만 자기도 모르게 잠이 드는 까닭에 실패로 돌아갔지만, 그것이 내 인생 최초의 '의식 실험'이었음은 분명하다.

어른이 된 지금도 나는 잠과 깸의 반복 속에서 이따금 생경함을 느낀다. 일반적으로 '나'라는 존재는 곧 내 마음의 일인칭적 경험이다. 잠이 들면 나의 마음은 사라지지만, 내 몸은 잠든 그 자리에 남아 있고 바깥세상도 나와 무관하게 흘러간다. 한발 떨어져 삼인칭 시점에서 바라본 나는 하나의 다세포생물, 다시 말해 '세포 덩어리'일 뿐이다. 흔히 마음이 자리한 곳으로 여겨지는 뇌 역시 어디까지나 특정한 방식으로 얽힌 뇌세포 뭉치에 불과하다. 일인칭의 나와 삼인칭의 나는 왜 이다지도 다르게 느껴지는 것일까? 진짜 '나'는 누구이고, 또 무엇일까? 나는 어디서 와서 어디로 가는가? 몸이 죽어 없어지면 마음은 어떻게 될까? 누구나 살면서 한 번쯤 떠올릴 법한, 수천 년 인류 지성사를 꿰뚫는 이 일련의 질문들은 "의식이란 무엇인가?"라는 하나의 질문으로 소급된다.

본문에서도 여러 차례 언급되었듯, 의식의 본질을 밝히는 일은 인류의 사회·문화 전반에 막대한 변화를 가져올 수 있다. 물론 의식이 무엇인지를 깨닫는다고 해서 우리의 의식적 경험 자체가 곧바로 달라지지는 않을 것이다. 그러나 의식의 실체Substance가 무엇인지 입증된다면 그날을 기점으로 우리가 세상을 대하는 관점은 근본적으로 뒤바뀔 수밖에 없다. 이는 코페르니쿠스의 지동설, 다윈의 진화론, 프로이트의 정신분석학을 뛰어넘는 거대한 지적 혁명으로 기록되리라. 가령 지구상 모든 생물에 의식이 있다면 매 끼니 우리는 일찍이 경험한 적 없는 윤리적 문제에 직면하게 될 것이다. 의식이 순전히 물질의 소산이어서 사후세계가 존재하지 않음이 입증된다면 유사 이래 계속된 종교 간 대립에도 종지부를 찍을 수 있을지 모른다. 새로운 감각을 덧붙이거나 코마 상태의 환자에게 의식을 불어넣는 등 의식의 상태와 내용물을 제어하는 '의식 공학'의 새 지평이 열릴 것임은 말할 나위도 없고. 그러한 이유로 혹자는 의식 문제를 '인류 최후의 질문'이라 부르기도 한다.

1980년대 말, 프랜시스 크릭, 제럴드 에델만, 버나드 바스 등의 선구자들이 의식의 과학적 연구를 위한 토대를 마련하였고, 뇌과학, 철학, 심리학, 인지과학, 인공지능학 등 유관 분야의 학자들이 이에 가세한 결과 의식 연구라는 새로운 융합 학문이 탄생하였다. 학자들의 분투에도 불구하고 의식 연구의 여러 핵심 질문들은 지금까지도 대부분이 미제로 남아 있다 (사실 의식 연구의 다학제성은 문제 해결의 실마리가 아직 발견되지 않은 탓이다). 하지만 2010년대 들어서는 통합 정보 이론Integrated information theory, 예측 코딩 이론Predictive coding, 고차 이론Higher-order theory, 엔트로피 이론 등이 대두되었고, 신경회로 수준의 연구에는 광유전학Optogenetics과 각종 실시간 이미징 기법이 도입되었다. 기술적 한계에 봉착한 의식의 신경상관물 연구도 마취나 수면, 치매 등 다양한 의식 상태의 신경상관물에 관한 연구로 확장되고 있으며, 1970년대에나 유행하던 인공신경망이 '딥러닝'으로 화려하게 부활하여 학계에 또 다른 활력을 불어넣고 있다.

다시금 활기를 찾은 학계와는 달리 의식 연구에 대한 대중적인 ─ 특히 한국에서의 ─ 인식은 학문의 발전 추세를 따라잡지 못하고 있다. 의식 연구에 관해 사람들은 흔히 세 가지 오해를 한다. 첫째, 노벨상 수상자인 크릭이나 에델만처럼 특정 분야의 최정상에 오른 대가만이 의식 연구에 발을 담글 '여유'와 '자격'을 가진다는 것. 둘째, 의식은 과학이 아닌 철학에 속하며, 의식의 과학적 연구는 시기상조라는 것. 셋째, 의식 연구가 종교나 미신, 특정 단체와 결부된 사이비 과학의 일종이라는 것. 본문에서 확인할 수 있듯, 이러한 주장들은 ─ 1980년대 이전에야 몰라도 ─ 수백 수천의 연구자들이 자신을 '의식 과학자'로 정의하며 연구에 매진하고 있는 오늘날에는 조금도 유효하지 않다. 그런데도 아직 이러한 낡고 왜곡된 인식이 팽배한 것은 그만큼 의식 연구에 관한 좋은 입문서나 대중 도서가 드물었던 탓일지 모른다.

『뇌의식의 대화』를 처음 읽은 것은 2015년 헬싱키에서 열린 '투손 학회'(이 학회에 대한 자세한 설명은 본문 참조)에서 저자 수전 블랙모어를 만난 뒤였다. 나는 한 권의 책이 스무 명이 넘는 학자들의 견해를 이토록 균형감 있게, 생생하게, 읽기 쉽게 담아낸 것에 놀랐다. 논문이 아닌 서적 형태의 학술 자료는 동료 평가를 거치지 않기 때문에 작가의 사견이 섞이게 마련이다. 이러한 상황에서 제한된 자료만으로 그 분야에 대한 객관적 시각을 획득하는 것은 불가능에 가깝다. 하지만 이 책 한 권만으로 나는 의식 연구계의 지난 역사, 학자들 간의 역학 관계, 당시 가장 뜨거웠던 논쟁거리 등을 훤히 파악할 수 있었다. 때로는 독설을 서슴지 않는 저자의 거침없는 질문 세례와 이를 받아치려 ─ 혹은 회피하려 ─ 애쓰는 학자들의 생동감 넘치는 모습 역시 이 책의 백미였다. 무엇보다도 이 책은 비전공자나 입문자도 어렵지 않게 읽을 수 있을 만큼 쉽게 쓰여 있었다. 저자는 인터뷰 중에도 심신 문제나 양안 경쟁, 맹시와 같은 핵심 개념을 일반인의 시선에 맞추어 반복적으로 설명하며, 학자들 역시 불필요한 전문어 대신 일상적 언어를 사용하여 자신의 이론을 설명했다. 학자들이 뜬구름 잡는 이야기를 할라치면 저자는 이내 제동을 걸고 더 쉬운 설명을 요구했다. 정말이지 이 책은 내가 생각하는 가장 이상적인 의식 연구 입문서였다. 그 후로 몇 년간 나는 이 책의 한국어판이 출판되기를 고대하다, 결국에는 출판사에 직접 번역 제안서를 제출하기에 이르렀다.

대담집을 번역하는 작업은 나의 짐작보다 훨씬 까다로웠다. 처음에는 대화를 자연스럽게 표현하려 경어를 사용하였으나, 원문에 없던 불필요한 언어적 맥락이 도리어 의미를 왜곡하고 가독성을 떨어뜨렸다. 특정 개념이나 주장이 몇 문단에 걸쳐 서술될 때는 더욱더 심했다. 그래서 나는 원고가 3분의 2 정도 완성되었을 무렵 다시 처음으로 돌아가 문장을 전부 평어로 고쳐 썼다. 그 대신 적극적인 의역을 통해 대화의 생동감을 살리고, 가능한 경우 독자의 이해를 증진할 배경지식도 보충하여 원문과의 간극을 최대한 메우고자 했다.

이 책을 읽으며 독자가 유념해야 할 점들은 다음과 같다. 첫째, 이 책의 영문판이 2005년에 출간되었으며, 저자가 만난 학자들이 2000년대 혹은 그 이전에 왕성히 활동한 1세대 의식 연구자들이라는 점이다. 따라서 이 책이 포착한 의식 연구계의 학문적 지형은 2019년 현재와는 상당히 다를 수밖에 없다. 만일 수년 이내의 최신 연구 동향을 파악하고자 한다면 이 책을 토대로 하되 다른 문헌을 반드시 참고해야 한다. 둘째, 학자들의 발언이 상호 검증되지 않았다는 점이다. 대담집의 형식적 특성상 주장과 사실의 경계를 구분 짓기 어려우므로 독자 개개인의 비판적 수용이 요구된다. 실제로 학자들의 말 중에는 사실 관계가 맞지 않는 것도 있었다. 가령 미세소관의 두 가지 격자 구조에 관한 펜로즈의 설명은 실험으로 밝혀진 바와는 정반대였다. 이와 같은 명백한 오류는 번역에 반영하였으나 역자나 편집자가 미처 바로잡지 못한 오류도 얼마든지 존재할 수 있음을 밝혀 둔다. 셋째, 저자 역시 자신만의 견해를 가진 한 명의 학자라는 사실이다. 본문에서 저자는 자신이 심리학자이자 '명상 애호가'임을 구태여 감추지 않는다(실제로 저자는 2011년에 선불교에 관한 책을 저술하기도 했다). 때문에 저자는 명상, 일인칭 수련, 데닛의 유물론에 대해 매우 호의적이며, 자유의지, 인지신경과학, 그 밖의 각종 심리 실험에 관해서도 해박한 지식을 자랑하지만, 철학이나 양자역학에 관한 대화에서는 다소 소극적인 모습을 보인다. 본문을 읽어 나가며 이 책의 22번째 학자인 저자의 이론을 짜 맞춰 보는 것 역시 또 하나의 재미일 것이다.

바쁜 일정 가운데 흔쾌히 추천사를 써 주신 정재승 교수님께 고개 숙여 감사드린다. 반복된 마감 기한 연장에도 묵묵히 번역 원고를 기다려 주신 한언출판사 측에도 감사를 전한다. 앞으로도 의식에 관한 양질의 도서를 많이 출간해 주시기를 부탁드린다. 번역 과정에 큰 도움을 주신 구기태 님과 김영서 님께도 감사드린다. 혹 나의 부족함으로 말미암아 원작자나 독자에게 누를 끼치지 않을까 하는 두려움도 적지 않지만, 내 책을 쓰는 심정으로 최선을 다했다는 사실을 알아주시라. 의식이라는 낯선 분야를 탐험하려는 지적 방랑자들에게 이 책이 유용한 길잡이가 되기를 기대한다. 그리하여 의식의 정체를 규명하는 거대한 과

업에 나의 노력이 티끌이나마 보탬이 되었다면 더 바랄 나위가
없겠다.

감사의 글

먼저, 인터뷰에 응하여 준 모든 학자들에게 깊은 감사를 표한다. 이들은 인터뷰가 끝난 뒤에도 원고를 검토하고 오류를 바로잡는 수고를 마다하지 않았다. 이 프로젝트를 시작할 수 있게 물심양면으로 도움을 준 BBC 방송국의 존 바이른John Byrne, 녹취본을 글로 옮긴 트루디 와스굿Trudi Oasgood, 초벌 편집을 도와준 내 딸 에밀리에게도 감사와 사랑을 전한다.

나는 대부분의 시간을 홀로 책상 앞에서 보내는 고독한 사람이지만, 사실은 여러분 모두와 늘 이어져 있었음을 이 글을 쓰며 다시금 느낀다.

서문

2000년 봄, 나는 의식을 주제로 한 어느 국제 학회에 참가하기 위해 미국 애리조나주 투손Tucson으로 떠날 채비를 하고 있었다. '의식 과학을 향하여Toward a Science of Consciousness'라는 다소 독특한 이름의 이 학회는 창립된 지 4년밖에 되지 않았음에도 학계의 폭발적인 관심을 받으며 가파르게 성장하고 있었다. 내가 이 '투손 학회'에 참가하는 것은 이번이 처음이 아니었는데, 지난 1998년에 열린 제2차 학회에서 초심리학(Parapsychology : 사후체험, 초감각적 지각 등의 초상현상(超常現象)을 연구하고 검증하는 심리학의 한 분야 — 역주)에 관한 강연을 맡은 일이 있었다. 당시 나는 신경과학자, 철학자, 영적 구도자 등 갖가지 배경의 사람들이 어우러져 열띤 토론을 벌이는 모습에 큰 감명을 받았었기 때문에 이번 제3차 학회에도 많은 기대를 하고 있던 차였다.

게다가 남들과 달리 나에게는 특별한 계획이 하나 있었다. 일찍이 나는 영국 BBC 방송국과 여러 차례 협업한 바 있는데, 그러면서 알게 된 것이 복잡한 주제를 깊이 있게 다루기에는 영상 매체보다 라디오가 더 적합하다는 사실이었다. 그래서 나는 BBC 브리스틀의 프로듀서 존 바이른과 함께 의식에 관한 교양 프로그램 제작을 BBC 라디오 4채널에 제안했으나, 으레 그러하듯 우리의 기획안은 방송국의 까다로운 내부 심사를 통과하지 못했다. 하지만 존은 나에게 선뜻 방송용 녹음 장비를 빌려주었고, 그 덕에 나는 학회에서 만날 여러 학자들과의 대화를 녹취할 계획을 세울 수 있었다.

인터뷰는 기대보다 훨씬 재미있었다. 여태껏 친분이 없던 사람들에게 나를 알릴 계기도 되었거니와, 녹음을 핑계 삼아 옛 동료들과 깊은 대화를 나눌 수도 있었다. 인터뷰는 강연 사이사이의 휴식 시간은 물론, 한밤중이나 새벽녘에도 계속되었다. 호텔 객실이나 학회장 근처 광장, 인근 사막 등 장소도 가리지 않았다. 얼마 지나지 않아 나는 왜 이 학회의 이름이 의식 과학을 '향하여'가 될 수밖에 없었는지 이해할 수 있었다. 학자들 간에 합의된 바가 거의 전무했던 것이다. 인터뷰가 이어지면서 내 지식의 밑천도 금방 드러났다. 잘못 알고 있던 것들이 너무나도 많았다. 의식 연구라는 분야 자체가 얼마나 복잡한지 깨달은 것도 또 다른 소득이었다.

라디오 프로그램의 기획이 실패했을지언정 이 프로젝트만은 끝까지 밀어붙이고 싶었다. 친절하게도 존이 녹음 장비를 계속해서 빌려준 덕에 나는 2002년 제4차 투손 학회뿐만 아니라 브뤼셀Brussels과 안트베르펜Antwerp에서 개최된 두 번의 ASSC(Association for the Scientific Study of Consciousness : 유럽을 기점으로 한 의식 관련 국제 학회 — 역주) 학회에서도 인터뷰를 이어 나갈 수 있었다.

이윽고 나는 학자들과의 인터뷰를 한 권의 책으로 펴내기로 결심했다. 그 동안 내가 던졌던 질문들은 인간 존재의 본원적 의미에 관한 질문들이었으나, 학자들의 답은 그야말로 천차만별이었다. 의식 연구계의 최고 권위자들과 이야기하는 벅찬 행운을 누렸으니, 이제 그것을 책으로 펴내어 내가 얻은 지식과 경험을 나누고 싶었다.

하지만 대담집을 만드는 작업은 생각보다 훨씬 어려웠다. 학자들의 진의를 오롯이 담아내려면 나의 의견을 덧씌우지 않는 것이 가장 중요하다고 생각했다. 그래서 나는 편집 과정을 가급적 최소화하여 대화의 원래 내용을 최대한 보존하고자 했다. 이러한 원칙은 내가 말한 부분에도 똑같이 적용되었다. 부끄러울 정도로 어눌한 질문이 있어도 바로잡지 않고 그대로 실었다. 질문들 가운데 간혹 의미가 불분명한 것들이 있는 것은 이 까닭이다.

어떤 이들은 스스로가 말한 내용을 철학 강의나 뇌과학 교과서풍으로 수정하기를 원했지만 나는 되도록이면 거절했다. 녹음 당시의 흥미진진한 현장감을 살리기 위해서였다. 문장을 고쳐 쓰면 재미, 생동감, 주장의 과감함이 반감되기 마련이다. 날 선 언쟁 끝에 불가피하게 정정 요청을 수용한 경우도 있었으나 결정적인 대목에서는 끝끝내 내 뜻을 관철해 냈다. 누구와 어느 문장을 두고 입씨름을 벌였는지 궁금한가? 아마도 쉽사리 맞히기 힘들 것이다! 여하간 이 책이 실제 있었던 대화의 내용을 최대한 살린 것임을 알아주시라.

집필을 결정하고 나서야 알게 된 사실이지만, 내가 만난 학자들의 조합은 상당히 독특했다. 만일 책 쓸 생각을 먼저 하고 인터뷰를 했다면 이 책의 구성은 지금과 아주 판이했을 것이다. 학자들 간의 수적 균형도 염두에 두었을 것이고, 지금처럼 다른 주요 연구자들을 빠뜨리는 일도 없었으리라. 이 책에 실리지 못한 여러 인물들에게, 또한 그로 인해 아쉬움을 느낄 독자 여러분께도 죄송한 마음을 전한다.

집필 막바지에 급작스럽게 만난 이도 있었는데, 바로 프랜시스 크릭이다. 그와의 인터뷰는 크리스토프 코흐의 신속한 중개 덕에 성사될 수 있었다. 코흐와 나는 2004년 4월 투손의 어느 시끄럽고 허름한 호텔 객실에서 만났는데, 인터뷰 직후 코흐는 나에게 왜 크릭을 만나지 않았느냐고 물어 왔다. 나로서야 기꺼이 그러고 싶었지만 88세의 고령에 건강도 좋지 않은 노학자에게 폐를 끼칠 수는 없는 노릇이었다. 그렇지만 공교롭게도 나에게는 며칠 뒤 크릭이 사는 샌디에이고를 방문할 계획이 있었는데, 그 말을 들은 코흐는 대뜸 말했다. "그렇다면 제가 한번 여쭤보겠습니다. 보통 프랜시스를 찾아오는 사람들은 50년 전의 업적인 DNA 구조 발견에 대해서 듣기만을 원하거든요. 프랜시스는 그런 인터뷰에는 아주 신물이 나 있어요. 의식에 관한 인터뷰라면 아마 두 팔 벌려 환영할 겁니다." 그로부터 며칠 후, 나는 아내인 오딜 크릭 여사의 오찬 초대를 받아 크릭의 집을 찾았고, 그와 한 시간여 동안 열정적이고 유쾌한 토론을 벌였다. 그러나 애석하게도 크릭은 그해 7월 세상을 떠났고, 우리의 대화는 그의 생전 마지막 인터뷰가 되고 말았다.

그렇게 스무 번의 인터뷰가 모두 끝나고, 이제는 그 인터뷰들의 순서를 결정하는 일이 남아 있었다. 먼저 연구 그룹이나 테마에 따라 묶어 보려 했으나 이내 실패했다. 그 다음엔 주요 개념을 가장 쉽게 설명한 사람을 첫머리에 배치해 보았지만 도통 마음에 들지 않았다. 또 한동안은 어느 친구의 조언대로 나이순 배열을 진지하게 고려했다. 가장 젊은 데이비드 찰머스가 의식 연구의 여러 쟁점을 제기하며 서두를 열고, 크릭이 미래를 낙관적으로 전망하며 끝을 맺는 것이었다. 하지만 처음과 끝을 빼면 아무런 개연성을 찾을 수 없었고, 나이 역순으로 배열해 보아도 이는 마찬가지였다. 어떻게 하든 모두를 만족시킬 수는 없는 노릇이었기에 나는 결국 알파벳순이라는 아주 진부한 선택지를 고르고 말았다.

나는 매 인터뷰에서 의식 연구를 시작하게 된 계기를 물어보았다. 수학자였던 찰머스, 아직도 수학자인 로저 펜로즈, 물리학자였던 케빈 오리건, 공무원으로 일했던 크릭 등 다른 분야에 몸담았던 이들은 각자 흥미로운 일화를 하나씩은 가지고 있었다. 각자의 연구 내용 및 이론에 관해서도 상세한 설명을 청했다. 개중에는 내가 제대로 알지 못했거나 허황되다고 여겼던 이론들도 있었으므로, 당사자의 입에서 나온 이야기를 직접 듣는 것은 매우 뜻깊은 경험이었다. 설명을 듣고도 이해에 도달하지 못한 경우도 적지 않았지만 말이다.

나는 절대로 옛이야기나 시시콜콜한 질문을 던지며 인터뷰를 시작하지 않았다. 인터뷰의 첫 질문은 늘 이것이었다. "의식 문제란 무엇인가?" 나는 의식 문제를 과학이나 철학의 여타 주제들과 차별화하는 요소가 무엇인지 알고 싶었다. 패트리샤 처칠랜드 등은 의식 문제가 과학의 여러 문제들과 조금도 다르지 않으며, 실증적 연구를 계속하다 보면 언젠가는 해결될 수 있을 거라 말했다. 심지어 오리건은 의식 문제가 언어의 오용으로 인한 의사 문제(疑似問題, Pseudo-problem)라고 주장하기도 했다. 하지만 대다수의 학자들은 내 첫 질문에 대한 답으로 심신 문제Mind-body problem 나 찰머스가 말했던 '의식의 어려운 문제'를 언급했다. '어려운 문제'란 물리적인 두뇌 과정이 어떻게 주관적 경험을 유발Give rise to 하는지 밝히는 일을 뜻한다. 물질계에 속한 뇌와 그 뇌가 갖는 주관적 경험은 겉으로는 전혀 다른 실체Substance처럼 보인다. 그런데 어떻게 둘 중 하나가 나머지 하나를 유발할 수 있을까?

이 질문에 답할 수 있는 이는 지구상에 없을 것이다. 하지만 이 질문은 의식 연구계가 처한 상황을 적나라하게 드러내 준다는 점에서 나름의 효용을 지니고 있다. '어려운 문제'나 '유발한다'는 표현을 처음으로 사용한 사람은 바로 찰머스이다. 본문에서 찰머스는 주관적 경험이 물리적 행위에 '수반된다Accompanied'고 주장하면서 속성 이원론Property dualism에 대한 지지를 표한다. 그러나 대다수의 학자들은 뇌와 의식의 관계를 이원론적으로 바라보는 것에 부정적인 의견을 내비쳤다. 가령 처칠랜드 부부는 두뇌 활동과 의식적 경험이 존재론적으로 동일하다고 주장했으며, 존 설은 뇌가 경험을 야기한다고 설명했다.

고전적 이원론Classical dualism이 틀렸다는 것, 즉 몸과 마음, 뇌와 의식이 상이한 실체가 아니라는 것에는 거의 모든 학자들이 동의했다. 정말로 대니얼 데닛의 말처럼 "이 세상에 귀신 따위는 없고, 이원론은 완전히 틀린" 것일까? 하지만 수전 그린필드나 리처드 그레고리를 비롯한 많은 이들은 무심결에 뇌와 의식을 별개의 존재로 취급하는 이원론적인 수사를 사용하고는 했다. 나는 그것을 알아챌 때마다 즉각 제지하고 부연 설명을 요구했다. 가령 수전 그린필드는 뇌가 의식을 생성한다Generate고 말했는데, 내가 그것을 지적하자 그녀는 인과관계가 아닌 상관관계 Correlation를 연구하면 이원론의 수렁을 피할 수 있다고 답했다. 반면 네드 블록과 오리건은 '생성'이라는 표현이 잘못되었다고 말했고, 맥스 벨만스와 빌라야누르 라마찬드란은 각각 반영적 일원론Reflexive monism과 중립적 일원론Neutral monism이라는 자신만의 이론을 내세웠으며, 프란시스코 바렐라는 지금의 난맥상에서 벗어나려면 관점과 용어를 완전히 재정의해야 한다고 말했다. 과연 이들 중 누구의 말이 옳을까? 판단은 어디까지나 독자 여러분의 몫이다.

근래에는 의식적 경험에 동반되는 두뇌 활동, 이른바 '의식의 신경상관물'을 찾음으로써 뇌와 의식의 상관관계를 수립하려는 시도가 유행하고 있다. 이 흐름을 선도한 사람들이 바로 이 책에 등장하는 그린필드, 크릭, 코흐이며, 이 세 명 외에도 많은 이들이 인터뷰 도중에 의식의 신경상관물을 언급했다. 인과관계에 앞서 상관관계를 살피는 것은 언뜻 보면 합리적이고 조심성 있는 전략처럼 보이지만, 그것이 철학적 난점을 회피하기 위해 고안된 말장난에 불과하다는 주장도 있다. 신경상관물 연구자들은 두뇌 활동과 의식이 본질적으로 다르다는 것을 인정하면서도, 상관관계를 넘어 인과관계를 논할 수 있게 되면 그 간극이 메워질 거라는 애매한 입장을 취한다. 바로 거기에 이원론적 사고가 숨어 있다는 것이 나의 생각이다. 폴 처칠랜드는 상관관계와 인과관계를 모두 부정하며 의식적 경험과 뇌세포의 활동 패턴이 존재론적으로 동일하다고 주장했다. 한편 오리건은 의식이 뇌 자체가 가진 능력이라는 사뭇 과격한 관점을 제시하기도 했다.

비슷한 문제는 의식적 두뇌 과정brain process과 무의식적 두뇌 과정의 차이를 논할 때도 발생했다. 의식 문제의 핵심이 무어냐는 나의 첫 질문에 버나드 바스는 의식적 지식과 무의식적 지식의 차이를 꼽았으며, 그에 대한 답으로 자신이 고안한 통합 작업 공간 이론을 제시했다. 그 외에도 펜로즈는 의식적 존재와 무의식적 존재를, 블록은 현상학적 정보와 비현상학적 정보를, 코흐는 의식을 유발할 수 있는 세포와 그럴 수 없는 세포를 구분 지었다.

하지만 나는 그러한 구분을 쉽게 받아들일 수 없었다. 물론 대부분의 두뇌 활동이 무의식적인 것은 자명한 사실이다. 가령 시각피질은 2차원 신호로부터 입체적 형태를 재구성하며 언어 중

추는 문법에 맞게 문장을 구성하지만, 우리는 그 세부 과정들을 의식하지 못한다. 의식에 나타나는 것은 사물의 모습이나 생각들, 입 밖으로 내뱉어진 단어들뿐이다. 그렇기 때문에 의식적 두뇌 과정과 무의식적 두뇌 과정 사이에는 모종의 차이가 있을 수밖에 없다.

이것이 시사하는 바는 무엇일까? 왜 우리는 개개의 뇌세포가 아닌 '나무'나 '생각'만을 경험하는 것일까? 의식을 일으키는 세포, 영역, 신경 활동, 정보처리 과정이 따로 있다는 것이 일반적인 해석이지만, 이는 기존의 난제를 또 다른 난제로 덮는 꼴이다. 만일 '의식 세포'란 것이 따로 있다면, 우리는 기존의 '어려운 문제'에 더하여 왜 하필 그 세포만이 의식을 일으킬 수 있는지도 답해야 하기 때문이다.

감각질 문제도 짚고 넘어가지 않을 수 없겠다. 일반적으로 감각질은 '감각적 경험의 주관적 특질'을 의미한다. 장미의 빨간빛이나 달콤한 향기, 톱이 나무를 켜는 거친 소리와 같은 것들이 그 예이다. 감각질은 물리적 실체가 아닌 감각적 경험의 내재적 속성으로, 지극히 사적private이며 형언 불가능ineffable하다. 오랜 세월 존재했던 감각질에 관한 철학적 논쟁은 이 책에서도 이어졌다. 크릭, 라마찬드란, 페트라 슈퇴리히는 의식 문제의 핵심으로 감각질 문제를 꼽았다. 데닛은 감각질 개념을 강하게 부정했지만, 뜻밖에도 처칠랜드 부부는 감각질의 존재를 인정하여 나를 혼란스럽게 했다. 엄밀한 정의에서는 감각질의 존재를 인정하는 것이 이원론을 인정하는 것과도 매한가지기 때문이다. 하지만 본문에서 감각질이라는 말은 많은 경우 '경험'의 동의어로써 이원론적인 뉘앙스가 배제된 채로 느슨하게 사용되고 있다. 이 점에 유의한다면 불필요한 혼선을 피할 수 있을 것이다.

"의식은 두뇌 활동과 분리된, 부가적인 존재인가?" 이것이야말로 의식에 관한 모든 이론을 아우르는 가장 핵심적인 질문이라 할 수 있다. 신경과학이 발전하고 여러 뇌기능에 대한 이해가 깊어질수록 이 질문의 상징성도 점점 커지고 있다. 시각, 학습, 기억, 생각, 감정 등 모든 뇌기능이 완전히 규명된 후에도 의식 문제는 남아 있을까? 펜로즈와 찰머스는 그렇다고 믿는다. 찰머스는 의식의 '쉬운 문제'를 해결하는 것과 '어려운 문제'를 해결하는 것은 완전히 별개의 일이라고 말했다. 반면 처칠랜드 부부, 데닛, 크릭 등은 그렇지 않다고 입을 모았다. 특히 데닛은 이른바 'A 특공대'를 조직하여 찰머스 등이 속한 'B팀'의 주장을 논파하려고도 했다.

이 질문은 의식이 존재하는 이유와도 관련되어 있다. 의식이 뇌와 별개의 것이라면 우리는 도대체 왜 의식을 갖게 된 것일까? 의식이 진화한 목적이 있다면 무엇일까? 하지만 반대로 의식이 뇌와 분리될 수 없다면 의식의 존재 이유를 묻는 것은 아무 의미가 없다. 이 의문을 해소하고 싶었던 나는 모든 학자들에게 '좀비'에 관해 물었다.

이 책에 등장하는 철학적 좀비Philosopher's zombie는 사악한 마법으로 되살아난 송장이 아니라, 의식 문제를 위해 고안된 사고 실험 가운데 하나이다. 만일 좀비 형태의 내가 있다면, 그 '좀비 수전'은 나와 똑같은 외양을 가졌을뿐더러 나만의 비밀을 털어놓을 수도, 심지어 의식에 관한 토론을 할 수도 있다. 따라서 겉모습만으로 그것이 좀비인지 여부를 가려내는 것은 불가능하다. 나와 '좀비 수전'의 차이는 단 하나, 좀비에게는 내면세계, 즉 의식적 경험이 없다는 점이다. 다시 말해 좀비는 그저 말과 행동을 생성하는 기계에 지나지 않는다.

과연 그러한 좀비가 존재할 수 있을까? 뇌와 의식이 별개의 존재라면 나머지 뇌기능을 모두 남긴 채 의식만을 없애는 것도 이론적으로는 가능하다. 그렇다면 좀비도 존재할 수 있을 것이고, 의식의 정체, 목적, 기능을 밝히기는 더욱 요원해질 것이다. 반대로 의식이 뇌, 육체 혹은 우주의 본연적 기능이라면 의식 없이 언어, 사고, 행동 등의 일상적 기능을 완벽히 수행하는 것은 불가능하므로 좀비는 존재할 수 없다.

하지만 좀비 논증은 이 정도로 해결될 만큼 간단하지가 않다. 예컨대 기능주의자들은 의식을 기능의 집합으로 바라보기 때문에 그들에게 좀비는 절대로 존재할 수 없는 것이어야 하지만, 그들조차도 그리 어렵지 않게 좀비의 존재를 상상할 수 있다. 이렇듯 어렵지 않게 좀비를 상상하는 경향을 데닛은 '좀비 직감Zombic hunch'이라 명명했다. 학자들과의 인터뷰에서 나는 좀비가 상상 가능한지가 아니라 — 그건 누구나 가능하니까 — 실제로 존재할 수 있는지를 물음으로써 그들이 정말로 좀비의 존재 가능성을 인정하는지, 아니면 자기도 모르게 좀비 직감에 빠진 것인지를 확인하고 싶었다. 좀비의 존재가 가능하다고 여기는 것은 의식과 육체가 분리될 수 있다는 것에도 동의하는 셈이다. 질문의 중요성만큼이나 나는 단어의 선택에도 최대한 신중을 기했다. 학자들은 제각기 다양한 답을 내놓았는데, 슈퇴리히는 좀비의 개념 자체에 강한 거부감을 표했으며, 크릭과 바렐라는 좀비 논증의 논리적 모순을 지적했다. 이리저리 둘러대며 즉답을 피한 이도 있었다.

간혹 나는 분위기를 전환할 겸 전세계 인구 중 상당수가 여전히 사후 세계에 관한 견해를 묻기도 했다. 사후 세계의 개념이 과학적 세계관과는 들어맞지 않음에도 불구하고, 흥미롭게도 여전히 많은 사람이 죽음 이후에도 삶이 이어진다고 믿고 있다. 1991년에 실시된 한 설문조사에서 사후 세계를 믿는 사람의 비율은 영국, 서독, 오스트리아, 네덜란드와 같은 유럽 국가에서는 25%, 가톨릭 국가에서는 40%, 공산 국가에서는 그보다 훨씬 낮게 나타났는데, 놀랍게도 미국에서는 그 비율이 55%에 달했다. 당연한 결과일지는 몰라도, 본문에 등장하는 대부분의 학자들은 영생을 믿지 않았다. 정말로 그레고리의 말처럼 '한 번 훅 가면' 모든 게 끝나는 것일까? 오직 스튜어트 하메로프만이 사후 세계의 존재를 뒷받침할 수 있는 이론을 제안했으며, 오리건은 인격을 컴퓨터로 다운로드하여 육체의 죽음으로부터 벗어날 수 있을 거라 말하기도 했다. 나는 모든 학자들이 자기만의 생각을 분명히 피력할 거라 예상했지만, 내 기대와는 달리 대다수가 유보적 입장을 견지했다.

"자유의지는 존재하는가?" 이는 가장 다양한 반응을 자아낸 동시에 학자들의 개인적인 고뇌도 엿볼 수 있는 물음이었다. 나는 딱딱한 철학 강의가 아닌 피부에 와닿는 이야기를 듣고 싶었다. 그래서 나는 학자들이 정말 스스로에게 자유의지가 있다고 믿는지, 그렇다면 그 믿음 — 혹은 불신 — 이 실제 삶에는 어떤 영향을 미쳤는지를 물었다. 인터뷰를 시작하기 전, 나는 모두가 이성적으로는 자유의지의 존재를 부정하면서도 그러한 학문적 결론과 일상적 경험 간의 괴리를 겪고 있다고 답할 거라 짐작했었다.

그렇게 생각한 이유는 크게 두 가지였다. 첫째, 내가 가르친 학생들이 보였던 반응이 대체로 그러했다. 뇌와 환경을 포함하는 물리적 계가 인과적으로 닫혀 있다는 것, 즉 내면의 자아나 '의식의 힘'이 끼어들 자리가 없다는 것을 배운 후에도 학생들은 자신의 행동이 전적으로 과거의 사건에 의해 결정된다는 것을 좀체 받아들이지 못했다. "모든 이론은 자유의지를 부정하지만 모든 경험은 그것을 긍정한다." 영국의 시인 새뮤얼 존슨Samuel Johnson 의 말처럼, 이러한 모순 속에서 대다수 학생들은 자유의지의 존재를 부정하면서도 마치 자유의지가 '있는 것처럼' 믿으며 살아가기를 택했다.

두 번째 이유는 나의 개인적 경험에서 비롯된 것인데, 아주 오래전 나는 자유의지가 환상임을 깨닫고 난 뒤로 오랫동안 나에게 자유의지가 있다는 느낌을 떨쳐 내고자 노력했다. 다년간의 수련 끝에 나는 '나'라는 복잡계의 행동이 모두 이전 사건의 소산이라는 것을 온전히 체득하였고, 그러자 자유의지의 느낌도 함께 사라졌다. 학자들 중에도 이와 비슷한 경험을 한 사람이 있기를 바랐던 나의 기대는 보기 좋게 빗나갔다. 모든 이들이 나름의 방식으로 자유의지 문제에 대처하며 살아가고 있었다. 대니얼 웨그너와 패트리샤 처칠랜드는 나의 학생들이 그러했듯 자유의지가 '있는 것처럼' 믿으며 사는 쪽을 택했다. 나처럼 자유의지의 개념을 완전히 거부한 이는 오직 크릭뿐이었으며 그린필드와 설은 내가 자유의지의 느낌을 떨쳐 냈다는 것조차도 믿지 않았다.

그밖에도 나는 의식 연구가 스스로의 삶에 끼친 영향과 같은 개인적인 질문도 던졌다. 슈퇴리히가 예리하게 지적한 바와 같이, 나는 의식을 연구하는 것이 연구자의 의식 수준도 고양시키는지를 알고 싶었던 것이다. 앞에서 말한 바와 같이, 나에게 있어 의식의 본성에 관한 과학적 연구는 영적 수련과 불가분의 관계에 있는데, 이는 자아Self 문제에서도 잘 드러나고 있다.

자아란 무엇일까? 주관성Subjectivity이야말로 의식의 핵심이라 말할 수 있는데, '주관적 경험'이라는 말 속에는 경험의 주체인 자아의 존재가 전제되어 있다. 하지만 그 경험의 주체는 도대체 누구이며, 어느 뇌 영역에 대응하는 것일까? 라마찬드란, 설, 바렐라는 인터뷰 중에 자아 문제를 직접적으로 논하였으며, 다른 많은 이들도 자아와 관련된 여러 문제를 언급하였다. 자아에 관한 고찰은 으레 적잖은 번뇌를 낳으며, 심한 경우 자기 존재에 관한 본능적 감각을 무너지게 할 수도 있다. 여러 명상 기법에서 "나는 누구인가?"와 같은 질문을 활용하는 까닭은 바로 그것을 유도하기 위함일지도 모른다.

나 역시 그러한 변화를 경험한 바 있다. 일찍이 나는 자유의지뿐만 아니라 자아도 환상이라 결론지었으며, 이제는 주관성의 존재마저 믿지 않는다. 하지만 자유의지의 경우와는 달리 자아감 sense of self이 완전히 사라지는 것을 경험한 적은 지금까지 단 한 번도 없었다. 명상을 하다 보면 간혹 자아감이 여러 파편으로 나뉘는 느낌이 들 때도 있지만, 그 순간이 지나면 자아감은 원래대로 돌아오고 만다. 내가 학자들에게 연구로 인한 삶의 변화를 물은 것은 이러한 나의 개인적 경험들 때문이기도 하다.

몇몇 이들은 명상이나 약물 복용, 그로 인해 변화된 의식 상태 Altered states of consciousness에 관한 개인적 경험을 털어놓았다. 스티븐 라버지는 꿈을 이용한 자기 변혁Self-transformation을 이야기하기도 했다. 토마스 메칭거나 바렐라처럼 오랫동안 명상을 수련한 이들도 있었지만, '눈에 흙이 들어가도' 명상 같은 건 하지 않겠다는 반응을 보이는 이도 있었다. 몇몇 학자들은 다른 동물 — 인간과 인간 외의 모든 동물 — 을 대하는 태도가 달라졌음을 고백했다. 의식과 관련된 다양한 윤리적 문제 역시 논의의 대상이었다.

나의 질문에 열을 내며 달려드는 학자들의 모습을 바라보는 것은 참으로 흥미로운 일이었다. 학자들의 열띤 반응은 의식 연구가 그들의 내면세계에도 적잖은 영향을 끼쳤기 때문이리라. 학문적 삶과 개인적 삶이 긴밀히 연결된 이들에게는 학문적 성취와 내적 성숙은 더 이상 별개의 개념이 아니게 된다. 물론 연구자로서의 삶과 개인적 삶의 분리를 선호하는 이들도 적지 않았다.

대화를 나누고 책을 쓰며 실로 많은 것을 배웠다. 지면을 빌어 인터뷰에 응하여 준 모든 학자들에게 다시 한번 감사를 전한다. 그러나 많은 사람들을 만나고 각종 이론을 섭렵한 지금에도 나는 아직 답할 수가 없다. 의식이 무엇인지, 그것이 정말 존재하는지.

살아 있는 연극 무대, 의식

버나드 바스
Bernard Baars

버나드 바스
Bernard Baars

버나드 바스(1946~)는 암스테르담 출생의 인지과학자로, 11세에 도미한 뒤 캘리포니아 로스앤젤레스 대학교에서 심리언어학Psycholinguistics을 전공하면서 당시 심리학을 지배하던 행동주의Behaviourism 사조에 대항했다. 인지신경과학 분야로 전향한 뒤로는 인공지능과 의식 문제에 투신하였고, 1980년대 초 '통합 작업공간 이론'이라는 의식 모델을 제시하였다. 관련 내용은 그의 저서 『의식의 인지 이론A Cognitive Theory of Consciousness』(1988) 및 『의식의 극장에서In the Theatre of Consciousness』(1997) 등에 자세히 기술되어 있다. 현재는 샌디에이고 신경과학 연구소의 이론신경생물학 선임연구원직을 맡고 있다. 의식에 관한 국제 학회 ASSC의 창립자이자, 학술지 《의식과 인지Consciousness and Cognition》의 공동 편집자이기도 하다.

수전 의식 문제란 무엇인가? 이를 두고 과학계에서 치열한 논쟁이 벌어지고 있는 까닭은?

버나드 그 이유를 묻는 일 자체가 난센스 아닐까? 유사 이래로 인류는 늘 의식의 정체를 알고 싶어 했다. 의식 문제야말로 역사상 가장 오래된 질문 중 하나일 것이다.

의식 문제를 단순히 주관성의 맥락에서만 접근한 것이 바로 철학에서 말하는 '심신 문제'인데, 여기에는 유심론, 유물론, 이원론 이외의 선택지는 존재하지 않는다. 오늘날에도 이 세 이론은 제자리를 맴돌 뿐 견해 차이를 전혀 좁히지 못하고 있다. 답을 구하고 싶다면, 그 질문을 답변이 가능한 형태로 바꾸는 게 우선이 아닐까 싶다.

수전 의식에 관한 철학적 논의가 답보에 빠져 있다는 지적에는 나도 전적으로 동의한다. 그렇다면 무슨 질문을 해야 여기서 벗어날 수 있나? '답변이 가능한 질문'의 예를 들어 달라.

버나드 알려진 바에 따르면 신경계의 주된 기능은 지식의 부호화, 즉 학습이다. 전문 용어로는 표상Representation의 형성이라고도 한다. 지식은 다시 의식적 지식과 무의식적 지식으로 나눌 수 있다. 그렇다면 그 둘의 차이는 과연 무엇일까? 나는 이것이 현

시점에 우리가 답할 수 있는 수준의 질문이라고 생각한다. 과학적 접근을 위해서는 이렇게 의식을 변수로 취급할 수 있어야 한다. 그러나 전통적 심신 문제에서의 의식은 내부와 외부 중 하나의 관점에만 국한되어 있다.

1890년경 미국의 심리학자 윌리엄 제임스William James는 '양안 경쟁binocular rivalry'이라는 기발한 방법론을 활용하여 의식을 변수로 다룰 수 있음을 보여 주었다. 그는 피험자의 양쪽 눈에 각기 다른 정보를 동시에 보여 주었을 때 그 사람이 두 정보 중 하나만을 의식할 수 있다는 것을 입증했다. 덕분에 이후 심리학자들은 이 현상을 이용하여 무의식적 표상과 의식적 표상의 차이에 관한 '검증 가능한' 질문들을 던질 수 있었다.

1990년대에는 신경과학자들도 양안 경쟁 연구에 가세하였고, 그 결과 시각피질의 기능이 상당 부분 밝혀지기에 이르렀다. 이제 우리는 인간이나 원숭이 뇌의 세포들이 어느 시점에서 의식적 사건과 무의식적 사건을 식별하는지 알고 있다.

수전 양안 경쟁이란 두 눈에 동시에 제시된 두 장면을 뇌가 번갈아 의식하는 현상을 말한다. 이때 뇌의 활동을 측정한다면 어떤 지각물Percept이 의식되고 있는지를 외부에서 추측할 수도 있을 것 같다. 현재까지의 결론은 무엇인가?

버나드 사실 꽤 그럴듯한 답이 나와 있다. 현재까지의 잠정적 결론은 사물 인식을 담당하는 뇌 영역에서 의식의 내용물이 출현한다는 것이다. 시각을 예로 들어 설명해 보자. 망막에 맺힌 시각 정보가 의식되려면 반드시 시각피질을 거쳐야 한다. 시각피질은 마치 계단과도 같아서, 각 영역은 눈에서 유입된 시각 정보에 저마다 조금씩 살을 붙인다. 시각피질의 가장 하위 단계에서 점의 집합에 불과하지만 그로부터 몇 단계 위에서는 선이, 여러 선이 대비되면 가장자리가, 거기서 조금 더 올라가면 움직임이나 색상이 출현한다. 이 계단의 꼭대기에 자리한 것이 대상 표상Object representation을 담당하는 관자놀이 밑 하측두피질Lower temporal cortex의 사물 인식 세포인데, 지난 십여 년간 수많은 연구자들이 시각피질의 전 영역을 뒤진 끝에 정보의 의식화가 바로 이 사물 인식 세포에서 일어난다는 것을 밝혀냈다. 지나치게 단순화된 감이 없지는 않지만, 이만하면 나쁘지 않은 요약이 될 것 같다!

수전 그 말은 정보가 어디에서 처리되느냐에 따라 지각의 의식화 여부가 결정된다는 것인데, 그 부분이 이해가 잘 가지 않는다. 뇌의 어느 곳이든 세포의 구조나 기능은 대동소이할 텐데, 왜 특정 뇌 영역만이 의식적이고 다른 영역은 무의식적인 것인가? 이러한 설명적 간극은 해결되지 않은 것 같은데.

버나드 물론 설명적 간극은 여전히 존재한다. 오늘날의 의식 연구는 18세기 벤저민 프랭클린이 전기를 연구한 것과 비슷한 수준이다. 프랭클린도 기초적인 전기 현상들, 가령 전기가 '흐른다'는 사실이나 그 흐름을 강물에 비유할 수 있다는 것은 익히 알고 있었다. 실제로 그는 전기 회로의 저항을 강물의 흐름을 막는 댐에 비유하기도 했다. 그로부터 한참 후에야 전류가 사실은 전자의 움직임이었음이 밝혀졌지만, 당시의 비유법이 전기의 성질을 이해하는 데에 많은 도움을 준 것도 사실이다. 이와 마찬가지로, 의식 연구가 걸음마 단계에 있다고 해서 아무 주장도 펼칠 수 없는 것은 아니다.

수전 실제로 전자기학은 마이클 패러데이나 루이지 갈바니 등에 의해 비로소 이론적 완성을 이루었다. 그렇다면 과연 의식 연구에 대해서는 누가 그 일을 맡을 수 있을까?

버나드 향후 100년 내에는 결론이 나지 않을까. 하지만 지금도 수많은 이들이 의식 과학의 패러데이나 갈바니가 되기 위해 매진하고 있고, 훌륭한 이론과 가설들도 상당수 제시되어 있다. 나 역시 인지심리학자로서 심리 현상에 기반한 이론들을 여럿 제안했고, 지금도 나의 이론에 신경생물학을 접목하기 위해 부단히 노력하고 있다. 그것이 어떤 방식이 될지는 나도 모르지만.

"왜 뇌의 특정 영역만이 의식을 일으키느냐"라는 당신의 질문에서도 드러나듯이, 심리학과 신경생리학은 아직 완전한 융합에 도달하지 못했다. 사실 당신의 그 질문에 대해서는 제럴드 에델만 Gerald Edelman의 '신경 다윈주의Neural Darwinism' 이론이 답이 될수 있다. 에델만은 면역학 연구로 노벨상을 받은 후 신경과학자가 된 인물이다. 그가 자신의 이론에 찰스 다윈의 이름을 붙인 것은 그의 이론에 신경세포 거대 집단coalition 간의 협력과 경쟁이 등장하기 때문이다. 그는 하나의 신경세포 집단이 나머지 집단과의 맞대결에서 승리한 결과가 바로 의식이라고 주장한다. 이것이 그의 이론의 핵심인 이른바 '역동적 핵심부 가설Dynamic core hypothesis'이며, 이를 뒷받침하는 실험적 증거 역시 속속 발견되고 있다.

수전 그것보다 나는 당신이 만든 이론인 통합 작업공간 이론에 관해서 듣고 싶다. 일전에 당신은 많은 이들이 당신의 주장을 곡해하고 있다고 말한 적이 있지 않은가? 지금 이 자리에서 해명할 기회를 드리겠다!

버나드 의식에 대한 여러 비유법 중에 가장 유용한 것은 '극장 비유'이다. 동서고금을 막론하고 사람들은 줄곧 의식을 극장에 빗대 왔는데, 서양에서는 플라톤, 동양에서는 힌두교의 베단타Vedanta 경전에서 그 예를 찾을 수 있다. 극장 비유를 한 마디로 설명하자면, 무대 위 스포트라이트가 비추어진 밝은 지점이 바로 의식이라는 것이다. 물론 그 밖의 모든 부분은 무의식에 해당할 것이다. 예컨대 객석의 관객들은 의식으로부터 정보를 받는 무의식적 뇌영역들이며, 의식의 내용물이 구성되는 것은 감독과 각본가가 막후에서 배우의 연기를 결정하는 것과도 같다. 참으로 간단한 비유이지만 이는 실제 연구 결과들과도 상당히 잘 부합한다.

수전 하지만 대니얼 데닛을 비롯한 많은 이들은 의식을 극장에 비유하는 것이 이른바 '데카르트의 극장'과 유사하기 때문에 부적절하다고 비판한다. 데닛에 의하면 대부분의 사람들이 전통적인 데카르트적 이원론을 거부함에도 불구하고 여전히 스크린에 비친 경험을 관람하는 머릿속 관객의 존재를 상상한다고 한다. 그러나 뇌에는 전체 정보가 수렴하는 영역 따위는 없으므로 극장이나 관객도 존재할 수 없다. 물론 비유는 비유일 뿐이라지만, 그것이 불필요한 오해를 불러일으킨다면 폐기하는 편이 낫지 않을까? 그럼에도 극장 비유가 유용하다면 그 이유는?

버나드 이것 하나만은 분명히 해 두자. 데닛은 이미 내 이론에 대한 비판을 철회했다. 극장 비유에도 여러 종류가 있는데, 나의 이론은 관객의 존재나 정보의 수렴을 필요로 하지 않는다. 우리 뇌가 그렇게 단순한 방식으로 작동할 리가 없지 않나. 따라서 방금 당신이 지적한 사항들은 나의 이론에는 해당되지 않는다. 뉴턴 시대의 사람들은 태양계가 거대한 시계 장치와도 같다고 여겼지만 이 비유는 현실과 전혀 맞지 않는다. 실제로는 기다란 쇠막대기 따위가 아닌 중력이 지구와 태양의 궤도를 유지하고 있으니 말이다. 비유라는 것이 원래 그렇다! 실제와의 괴리는 깔끔히 인정하되, 잘 들어맞는 부분을 십분 활용하면 된다. 어쨌든 내가 강조하고 싶은 것은 나의 이론이 매우 정교한 계산 모델에 바탕을 두고 있으며, 실제 인간의 정신 활동을 거의 완벽히 모사한다는 점이다. 극장 비유는 내 이론을 쉽게 설명하기 위한 장치에 불과하다.

그리고 또 하나, 뇌에는 정보가 수렴하는 영역들이 분명 존재한다. 앞서 언급했던 사물 인식 영역이 그 예이다. 미국의 생물학자 니코스 로고데티스Nikos Logothetis 연구팀은 마카크Macaque원숭이를 대상으로 단일 세포 기록법Single cell recording을 실시하면서 양안 경쟁 실험을 진행했고, 그 결과 시각계 계단의 꼭대기 층에 모든 정보가 모여든다는 것을 입증했다. 물론 여기서의 '계단'도 비유적인 수사이다. 실제로 사물 인식 영역은 모든 하위 계층에 되먹임Feedback 신호를 보내면서 정보를 순환시킨다. 단순한 계단과는 거리가 먼, 아주 아주 복잡한 체계인 것이다. 그뿐만 아니라 시각계의 기저에는 시상Thalamus이라는 부위가 동력을 공급하는 엔진으로서 기능하고 있다. 의식이 정상적으로 작동하기 위해서는 이 모든 요소들이 전부 필요하다. 이들 중 하나라도 손상된다면 의식은 제 기능을 다할 수 없다. 에델만의 모델에서도 시상은 대뇌피질과 하나의 시상피질계Thalamo-cortical system를 이루고 있으며, 대뇌피질 아래에서 모든 기능이 원활하게 작동하도록 돕고 있다. 더욱이 나는 시상이 무대 위 스포트라이트의 위치를 결정하는, 즉 의식의 내용물을 구성하는 역할을 수행한다고 보고 있다. 초 단위로 위치를 바꾸어 가며 대뇌피질의 일부만을 조명하는 이러한 역동적인 작용은 시상이 아니라면 불가능할 것이기 때문이다.

수전 당신의 말을 요약하자면, 뇌에 유입된 정보가 통합 작업공간이라는 이름의 특수한 분산 처리, 혹은 신경망을 거쳐 다른 수많은 무의식적 과정들에 제공되고 있다는 것인가?

버나드 바로 그렇다.

수전 그렇다면 통합 작업공간에서 처리되고 있는 정보가 바로 의식의 내용물인가?

버나드 흥미로운 질문이지만, 답하지 않겠다.

수전 에이, 말도 안 된다!

버나드 그 질문은 건너뛰도록 하겠다. 답하기에 근거가 충분치 않은 '열린 질문'이어서 그렇다.

수전 당신은 아까 전에 에델만의 신경 다윈주의 이론을 설명하면서 신경세포의 거대 집단 중 경쟁에서 승리한 집단만이 의식된다고 말했다. 그렇다면 패배한 집단도 나름의 의식을 지니고 있었지만 그 내용이 가려진 것인가, 아니면 승리한 집단만이 의식되도록 조절하는 모종의 스위치가 있는 것인가? 사실 나는 두 가지 가능성 모두 잘 납득이 가지 않는다. 주관성의 스위치를 켜고 끈다는 것이 도대체 무엇이란 말인가?

버나드 에델만의 주장은 이렇다. 감각기와 연결되어 있지 않은 뇌세포들에 주어지는 외부 정보는 인접한 다른 세포의 활성 신호뿐이므로, 의식의 내용물은 오직 그 세포들의 경쟁에 의해서만 결정된다. 따라서 시상피질계에 포함된 수많은 뇌세포들은 의식에 떠오르기 위해 거대 집단을 이루어 일종의 선거전을 벌이는 것이다. 간혹 다른 영역과의 상호작용이 단절되어 특정 뇌 영역이 고립되기도 하는데, 로저 스페리Roger Sperry와 마이클 가자니가Michael Gazzaniga가 연구한 분리뇌 현상이 그 대표적인 예이다. 분리뇌란 좌뇌와 우뇌 사이에 연결이 끊어져 정보 교환이 단절된 상태를 말한다. 나는 분리뇌 환자의 의식이 두 개일 거라고 추정하고 있다. 증거도 아주 많다. 가령 좌뇌와 우뇌는 하나의 질문에 각기 다른 답을 내놓기도 하고, 감각 경험도 따로 느낀다. 또한 좌뇌는 우측 신체, 우뇌는 좌측 신체를 각각 제어할 수 있다. 이를 보면 분리된 좌뇌와 우뇌는 일반적인 의식의 요건들을 모두 갖추고 있는 셈이다.

수전 분리뇌 현상은 흥미로운 만큼이나 해석도 천차만별인데, 당신의 말처럼 분리뇌에 두 개의 의식이 있다고 치자. 그렇다면 우리에게도 두 개 이상의 의식이 존재해야 하는 것이 아닌가? 정상적인 뇌에서도 여러 영역들이 독립적으로 활동하고 있으니까 말이다.

버나드 좋은 질문이다. 정상적인 뇌에서는 좌뇌와 우뇌가 뇌들보Corpus callosum라는 구조로 이어져 있다. 뇌들보는 2억 개 이상의 신경섬유로 연결되어 있고, 각각의 섬유는 평균적으로 1초에 10번 정도 신호를 전달한다. 즉 매초 20억 개의 신호가 두 반구를 가로지르고 있는 셈이다. 에델만의 이론에서는 뇌세포들이 가능한 한 역동적 핵심부에 속하려 한다고 가정하는데, 이 정도 규모의 정보 흐름이라면 양쪽 뇌반구의 모든 영역들을 충분히 하나로 묶을 수 있다.

해리성 정체감 장애, 즉 다중인격 장애는 정보 교환에 문제가 생겨 특정 뇌 영역이 문자 그대로 '해리Dissociated'된 결과이다. 한 사람에게 두 인격이 존재하는 경우, 우리 눈에 그 둘은 완전히 분리된 것처럼 보인다. 하지만 어쨌든 우리의 의식이 몇 개냐는 물음도 '열린 질문'이므로 확실한 답은 없다.

수전　죽음 이후에는 무엇이 있을까?

버나드　죽음 이후에도 의식이 남아 있다고 판단할 만한 근거는 없다. 하지만 이는 누구에게나 받아들이기 참으로 힘든 일이다. 사후 세계가 있다면 얼마나 좋을까? 물론 지옥은 빼고! …어쨌거나 나는 자아나 의식이 사후에도 지속된다는 것을 보여 주는 제대로 된 증거를 한 번도 보지 못했다.

수전　그래도 그 사실에 만족하나?

버나드　전혀. 나는 사후 세계가 있기를 간절히 소망한다. 프로이트가 말한 것처럼 역사적으로 과학은 늘 사람들로 하여금 불편한 진실을 받아들이도록 강제했다. 코페르니쿠스가 지동설을 발표했을 때 대중은 격분했다. 뒤이어 다윈이 진화론을 발표하자 그 반발은 한층 거세졌다. 의식 연구가 더딘 이유 중에는 일반적인 대중이 그 결론을 수용하기가 어렵다는 것도 있을 것이다. 자유의지 따위는 존재하지 않으며, 사실은 그저 뇌라는 살덩어리가 제멋대로 활동하고 있을 뿐이라는 주장에 동요하지 않을 이가 얼마나 되겠나? 나는 그들의 심정이 충분히 이해가 간다. 신적 존재가, 영원과 이어진 피안의 세계가 실재하기를 나 역시 바라지만, 불행하게도 그를 뒷받침하는 증거는 존재하지 않는다.

수전　통합 작업공간 이론이 탄생한 지도 20년이 훌쩍 넘었는데, 그동안 축적된 실험적 증거들은 당신의 이론과 얼마나 잘 부합하나?

버나드　다행스럽게도 최근의 뇌 영상 연구 결과들은 나의 이론을 매우 견고하게 뒷받침해 주고 있다. 물론 내 이론이 증명되었다고 말할 수는 없겠지만, 반대파들의 입을 닫게 할 만큼 일관된 결과들이 속속 발견되고 있다.

수전 일반적인 학계의 평은 어떠한가?

버나드 분야에 따라 매우 상이하다고 알고 있다. 뇌 영상 연구자들은 나의 이론을 흥미로운 가설 중 하나로 받아들이고 있지만, 심리학자들은 대체로 내용을 제대로 이해하지도 못한다. 철학자들은 내 이론이 주관성을 설명하지 못하기 때문에 아무런 가치도 없다고 말한다.

수전 어쩌다 처음 의식에 관심을 가지게 되었나?

버나드 나는 네덜란드에서 태어났고 1958년 11살의 나이에 가족들과 함께 미국으로 왔다. 이후 줄곧 로스앤젤레스에서 살다가 캘리포니아 로스앤젤레스 대학교에 진학한 후 심리학에 입문하게 되었다. 그 무렵의 심리학자들은 행동주의자이거나, 행동주의자가 아님을 애써 감추고 있거나, 둘 중 하나였다. 때마침 심리학계에 불어닥친 '인지 혁명Cognitive revolution'의 영향을 받아 아주 조심스레 행동주의로부터의 탈피를 시도하는 이들도 있었지만, 당시에도 학과의 여러 거물급 교수들은 여전히 인지심리학을 비과학적인 난센스로 치부하고 있었다. 연구자의 삶을 시작한 이후 나는 일찍부터 이 문제를 두고 기성 학자들과 치열한 다툼을 벌였고, 결과적으로는 행동주의의 반대 진영에 서게 되었다. 물론 지금도 그 입장에는 변함이 없다.

순조롭게 싹트던 의식 연구가 왜 20세기 초엽에 갑자기 성장을 멈춘 것인지 나는 아직도 의문스럽다. 19세기까지만 하더라도 의식이야말로 심리학의 핵심 주제였는데 말이다. 무슨 이유에서인지 1910년을 전후하여 심리학자들은 행동주의로 급선회하였고, 지금의 상식으로는 이해할 수 없는 주장들을 늘어놓기 시작했다.

수전 당신이 심리학에 입문한 시기는 그야말로 행동주의의 전성기였는데, 행동주의를 거부하게 된 개인적인 이유가 있나?

버나드 당시 주변 사람들이 명상을 하던 것에 나도 적잖은 영향을 받았던 것 같다. 나 역시 베단타 이론에 뿌리를 둔 초월명상Transcendental meditation이라는 수련법에 관심을 가졌었다. 베단타 이론은 수천 년 전에 만들어진지라 많은 논리적 오류를 안고 있기는 하지만, 명상 중에 발생하는 주관적 경험에 대한 서술만큼은 상당히 정확하다. 그래서 나는 그 속에 무언가 중요한 통찰이 담겨 있음을 예감했었다.

안타깝게도 아직은 명상에 관한 유의미한 과학적 발견이 이루어지지 못했다. 그러나 명상이 시대를 불문하고 다양한 문화권에서 관찰된 풍습이니만큼, 명상 연구의 전망은 밝다고 말할 수 있다. 일례로 만트라 명상 — 어떤 한 단어를 마음에서 사라질 때까지 계속 되뇌는 명상 — 의 경우 뇌에서의 작용이 상당 부분 밝혀진 것으로 알고 있다. 듣기로는 만트라 명상을 하면 뇌의 뒤쪽에서 앞쪽으로 알파파가 확산된다고 하더라.

1990년대 이후 실험 장비들의 수준이 비약적으로 발전한 것 역시 고무적이다. 이제는 연구 대상이 사망할 때까지 기다리지 않아도 그의 뇌 속을 들여다볼 수 있다. 불안, 우울 등의 감정뿐만 아니라 시청각 자극이나 움직임에 대한 의도까지도 실시간으로 관찰이 가능하다. 천문학자가 망원경으로 별을 바라보듯, 우리 신경과학자들도 뇌의 활동을 관측할 수 있게 된 것이다.

수전 혹시 당신이 명상에 관심을 가진 것이 명상을 직접 수련했기 때문인가? 만일 그렇다면, 명상으로부터 얻은 통찰이 심리학이나 신경과학 이론들과는 얼마나 잘 들어맞던가?

버나드 명상과 과학 사이의 격차는 그야말로 어마어마하다. 그 당시 나는 동료들과 함께 명상에 관한 심리학 이론을 수립하려고도 했었는데, 그 과정에서 명상을 대중에 보급하길 원하는 집단과의 이해 충돌을 경험해야 했다. 그 사람들은 겉으로는 과학에 흥미가 있다고 말하면서도 입맛에 맞는 연구만을 취사 선택하고 과학적 증거들을 통제하려 했다. 그들의 눈에는 우리 과학자들이 잘못된 결론만을 내놓는, 통제하기에는 너무나 자유분방하고 이단적인 집단처럼 비쳤을 것이다. 명상 전문가들이 뛰어난 통찰을 지닌 것은 사실이었지만, 그들이 올바른 과학적 연구를 할 가능성이 크지 않다는 것을 깨닫고 난 뒤에는 이내 마음을 접었다.

수전 당신이 생각하는 '올바른 과학적 연구'란 무엇인가? 만약 당신에게 명상을 과학적으로 연구할 기회가 주어진다면 어떤 실험을 하겠는가?

버나드 실은 내가 오랫동안 꿈꿔 온 사고 실험이 하나 있다. 힌두교의 우파니샤드 경전에서는 크게 네 가지의 의식 상태가 있다고 설명한다. 그중 세 가지, 수면 상태, 꿈꾸는 상태, 깨어 있는 상태는 우리가 일상에서 흔히 겪는 것들이다. 경전에 등장하는 네 번째 의식 상태는 이른바 순수 의식Pure consciousness 상태인데, 이는 '내용물이 없는 의식'을 뜻한다. 상당히 과학적이고 직관적인 정의이지 않은가. 그렇다면 과연 어떻게 순수 의식을 연구할 수 있을까?

내가 생각해 낸 방법은 이렇다. 피험자들이 시끄러운 환경에서 명상을 하는 도중에 외부 소음을 경험하지 않는 순간이 있다면 그것이 바로 순수 의식 상태라고 말할 수 있다. 나도 실제로 명상을 하던 중에 왕왕 그러한 고요의 순간을 체험하고는 했다. 어쩌면 깜박 잠이 든 것일 수도 있겠지만, 그 경우는 뇌파를 함께 측정하면 쉽게 걸러 낼 수 있다. 혹은 피험자들이 외부의 소음 수준에 대해서 거짓된 보고를 했거나, 시끄러움에 대한 그들의 주관적 기준이 변했을 수도, 신비한 경험을 하고자 하는 기대감이 영향을 미쳤을 수도 있다. 하지만 그러한 거짓 보고들 역시 실험 중간중간에 임의로 무음 구간을 추가하면 쉽게 추려 낼 수 있다. 이렇게 포착된 명상으로 인한 순수 의식 상태가 뇌 영상이나 뇌파상에서 일반적인 의식 상태와 유의미한 차이를 보인다면 그 결과는 상당히 신뢰할 만할 것이다.

호흡 역시 명상의 깊이를 판단하기 위한 좋은 척도다. 순수 의식 상태에서는 호흡이 자발적으로 멈춘다. 일반적인 상황에서는 숨을 오래 참고 나면 보상 기제로 과호흡이 발생하지만 신기하게도 명상 중의 호흡 정지 이후에는 과호흡이 뒤따르지 않는다. 어쩌면 그건 의식의 내용물이 사라지면서 산소의 대사 요구량이 함께 줄어든 탓일지도 모른다.

수전 의식의 내용물이 사라지는 순간을 보고하라는 지시 자체가 의식의 내용물을 만들어 낼 수도 있지 않을까? 그 상황에서 과연 순수 의식 상태에 도달할 수 있을까?

버나드 방법은 얼마든지 있다. 한 번도 명상을 해 본 적이 없는 사람들로 구성된 대조군과 명상 숙련자로 된 실험군을 비교하면 된다.

1960~70년대에 수행된 수백 건의 명상 관련 연구 중에서 과학적으로 의미 있는 것은 극히 드물다. 대부분의 결과들은 기대 효과나 플라시보를 오인한 것이었다. 당시에는 명상 숙련자들이 피험자로 참여하는 경우가 태반이었다. 피험자들이 이미 명상법에 숙달한 상황에서 그것을 6개월간 반복하게 하고 기분이 좋아졌는지 등을 물으면 당연히 긍정적인 답이 돌아올 수밖에 없지 않겠나? 이러한 기망을 방지하려면 생리적인 변화를 측정하거나 최소한 피험자가 측정 변수를 알지 못하게 해야 한다. 바로 이 지점에서 오늘날의 뇌 영상 기술이 효과적으로 활용될 것으로 기대된다.

수전 의식 연구가 매력적인 이유 중 하나는 의식이 우리의 삶과 불가분의 관계라는 점이다. 의식이 무엇인지, '지금 여기, 나로 산다는 것'이 무엇인지를 계속 되묻다 보면 실제 삶에도 변화가 찾아올 법한데, 당신은 혹시 그러한 변화를 겪은 바가 있나?

버나드　물론이다. 단적인 예로, 과거 행동주의자들은 자신에게 '내면의 목소리Inner speech'가 있다는 사실조차 받아들이지 않았다고 한다. 그랬던 그들이 행동주의에서 벗어나면서 다시금 자신에게 말을 걸기 시작한 것이다. 이러한 웃지 못할 상황은 심상Mental imagery 연구에서도 벌어졌는데, 행동주의가 득세하던 시절의 사람들은 심상을 연구할 때에도 의식에 관한 질문을 배제했었다. 지금으로서는 상상도 하기 힘든 일이지만 말이다. 요즘에야 많은 이들이 심상, 내면의 목소리, 설단 효과(기존에 알고 있던 것이 갑자기 생각나지 않는 현상 — 역주), 의지적 행위Volitional acts 등 의식과 관련된 다양한 주제를 자유로이 탐구하고 있지만, 그러한 연구들이 가능해진 지는 그리 얼마 되지 않았다. 하지만 이 모든 주제들이 19세기 후반 윌리엄 제임스의 시대에는 아무런 거부감 없이 받아들여졌다니, 참으로 우습지 않나.

수전　의식 과학이 발전하다 보면 자신의 내적 경험을 통제하거나 바꾸려는 시도도 많아질 것 같다. 그러한 변화가 우리 사회에 미칠 영향은?

버나드　나는 다가올 미래에 찰스 P. 스노우(Charles P. Snow : 영국의 과학자이자 소설가 — 역주)가 말했던 과학과 인문학의 단절이 완전히 사라지기를 바란다. 제임스 조이스(James Joyce : 의식의 흐름 기법을 문학에 응용한 아일랜드 출신 모더니즘 작가 — 역주)가 그러했듯 인문학자들은 늘 의식과 감정의 경이를 찬미해 왔으나, 행동주의를 위시한 20세기의 과학계는 의식의 가치를 철저히 무시했으며, 이는 지난 세기 인문학과 과학의 반목으로 귀결되었다. 하지만 오늘날 과학이 의식과 감정을 다시금 활발히 연구하고 있으니, 향후 10년 내에는 지난 세기 과학과 인문학의 간극도 모두 모두 메워지지 않을까.

수전 그와 비슷한 편가르기는 의식 연구자들 사이에서도 존재하는 것 같다. 과학적인 태도와 지식의 객관성을 추구하는 사람들이 있는 한편, 그 지식을 활용하여 스스로를 변혁하는 것을 우선시하는 이들도 있다.

이를 보면 다시금 의식이 참으로 매력적인 연구 주제라는 생각이 든다. 연구의 결과물이 학자 자신의 삶에 이렇게나 직접적인 영향을 주는 분야가 또 어디 있겠나. 그러한 점에서 의식은 일반적인 서구 과학의 전통과는 확실히 차별화되는 것 같다.

버나드 그 말에는 어폐가 있다. 어느 시대에서나 과학은 인간의 삶을 계속해서 변화시켜 왔기 때문이다.

한편 우리가 명상을 주목해야 할 이유 중 하나는 시대를 초월한다는 점이다. 실제로 기원전 6세기 인도의 철학자가 남긴 명상 체험에 관한 기록은 그로부터 천 년 뒤 기독교 신비주의자는 물론, 현대의 수행자들이 경험한 것과도 놀라우리만치 유사하다. 앞으로 명상의 메커니즘이 더욱 면밀히 규명된다면 명상의 긍정적 효과를 더 많은 이들에게 손쉽게 전파할 수 있게 될 것이다.

수전 가끔 나는 사회의 모든 구성원이 명상을 수련하면 어떻게 될까 상상하고는 한다. 물론 쉬운 일은 아니겠지만, 그 결과 모두에게서 자기중심적 사고가 사라지면 지금보다는 훨씬 더 나은 사회가 되지 않을까? 당신의 생각은 어떤가?

버나드 한 유명한 선사禪師가 다음과 같은 말을 했다고 한다. "깨달음을 얻기 전 장작을 패고 물을 길었네. 깨달은 후에도 장작을 패고 물을 긷네." 그의 말대로라면 모든 사회 구성원이 깨달음을 정득하더라도 그리 많은 것이 변하지는 않을 것 같다. 어쩌면 인도나 네팔에서 명상의 달인으로 추앙받는 이들을 연구해 보는 것도 좋을 것 같다. 과연 우리가 그들의 무아(無我, Self-less)와 이타심을 알아볼 수 있을까? 혹 미욱한 초심자들에게 욕지거리를 해대거나 공물을 더 많이 차지하려고 들지는 않을까? 솔직히 말해 나는 인간이 무아의 경지에 도달할 수 있다는 말을 그다지 신뢰하지 않는다. 뭐, 그들이 그렇다면 그런 거겠지만!

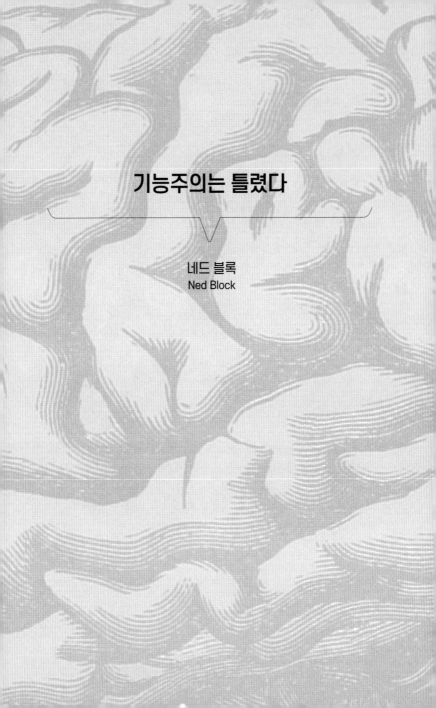

기능주의는 틀렸다

네드 블록
Ned Block

네드 블록
Ned Block

네드 블록(1942~)은 미국의 심리철학자로, 하버드 대학교에서 철학 박사 학위를 받았다. MIT 대학교 철학과의 학과장을 역임하였고, 1996년부터 현재까지 뉴욕 대학교 철학과 및 심리학과 교수로 재직 중이다. '중국 뇌' 사고 실험을 제시하여 인지과학과 기능주의에 비판을 가하였으며, 접근적 의식Access consciousness과 현상적 의식Phenomenal consciousness을 구분한 것으로도 유명하다. 『의식의 본성 : 철학적 논쟁The Nature of Consciousness: Philosophical Debates』(1997)을 편저하였다.

수전 의식의 정의는 무엇인가? 의식 문제가 과학계와 철학계에서 이토록 많은 주목을 받는 이유는?

네드 나는 의식을 '어떤 것에 대한 느낌', 이른바 총천연색의 현상학Technicolor phenomenology으로 정의한다. 그 밖에도 의식의 정의는 무척이나 다양하지만, 오히려 그것이 의식 문제가 흥미로운 이유이기도 하다. 사람들은 간혹 의식이라는 단어를 내적 정보에의 접근, 점검, 성찰 또는 고차적 사고 등을 가리키기 위해 사용하는데, 이들 개념에 관해서는 이미 인지심리학자들이 상당한 학문적 진전을 이루어 놓았다. 그러나 이른바 '현상학 문제', 즉 신경계가 어떻게 현상적 경험을 일으키는지에 관한 연구는 여전히 설명적 간극이라는 늪에 빠져 있다.

수전 당신은 접근적 의식과 현상적 의식을 구분 지은 것으로 유명한데, 그 둘은 어떻게 다른가?

네드 방금 내가 말한, 뇌의 상태나 신경 구조와 대응하기 힘든 '그것'이 바로 현상적 의식이다. 현상적 의식이 어째서 특정 두뇌 상태에 수반되거나 그로 인해 결정되는지에 관해서는 밝혀진 바가 거의 없다.

반면 접근적 의식은 우리가 일반적으로 의식이라고 부르는 것들이다. 프로이트의 이론에서 말하는 의식의 개념과도 같다. 프로이트의 무의식은 너무 생생한 나머지 온전히 자각했을 때 심리적 타격을 입을 수 있는, 따라서 억눌러야만 하는 심상이다. 그러므로 프로이트의 무의식은 '현상적이지만 접근 불가능한 의식'이라 말할 수 있다.

수전 접근적 의식과 현상적 의식이 정말로 별개의 존재일까? 뇌과학이 발전하다 보면 둘의 구분이 사라질 수도 있지 않을까?

네드 현재까지의 결론은 그 둘이 별개의 존재이면서도 밀접하게 이어져 있다는 것이지만, 개념적 구분법은 얼마든지 달라질 수 있다. 과학사를 되짚어 보면 학문의 발전에 따라 하나의 직관적 개념이 둘로 쪼개진 사례를 쉽게 찾을 수 있다. 예컨대 17세기에는 열에너지와 온도는 같은 말이었으며, 열에너지를 측정하는 기법과 온도를 측정하는 기법이 혼재하고 있었다.

가령 두 물체가 단위 시간 동안 얼마나 많은 얼음을 녹일 수 있는지를 비교하면 어느 것이 더 많은 열에너지를 지니고 있는지를 알 수 있다. 그런데 시작 온도가 같더라도 쇠와 나무가 녹일 수 있는 얼음의 양은 다르다. 현재는 이를 비열의 개념으로 설명하지만, 17세기 과학자들에게는 그것이 너무나도 모순적인 상황이었다.

수전 접근적 의식과 현상적 의식을 구분하는 것이 의식 연구에 필수적이라는 뜻인가? 하지만 대니얼 데닛 등은 당신의 구분법이 틀렸으며 결국에는 사라질 거라 주장하고 있다. 이에 대한 생각은?

네드   열역학의 사례에서 볼 수 있듯이 의식의 분류는 더 복잡해지면 복잡해졌지, 사라지지는 않을 것이다. 게다가 나는 현상적 의식도 둘로 나눌 수 있다고 본다. 이는 실험실에서뿐만 아니라 일상 경험에서도 확인할 수 있다.

고통에도 '빠른 고통'과 '느린 고통'이 있다는 것을 아는가? 나는 최근에서야 그 사실을 접했는데, 흥미롭게도 그것을 안 이후로는 두 가지 고통을 정확히 구분할 수 있게 되었다. 이처럼 우리의 현상적 경험은 고정되어 있지 않다. 많이 알수록 더 많이 보인다고들 하지 않나.

현상학에는 아직 모호한 개념들이 많다. 가령 하나의 생각이 독자적인 현상학을 가지는지, 아니면 그 생각을 구성하는 개별 단어들의 현상학이 연결되는 것인지도 확실치 않다.

수전   의식의 작동 방식을 이해하고 나면 의식 자체가 바뀐다는 말인가? 그렇다면 지금까지 의식을 연구하면서 당신의 삶이나 의식은 어떻게 바뀌었나?

네드   오, 그것 참 어려운 질문이다. 우선 의식 연구는 늘 나의 사고에 활력을 불어넣어 주었다. 와인을 배우고 나면 그 맛에 대한 경험이 달라지는 것처럼, 혹은 내가 고통을 경험하는 방식이 달라진 것처럼 의식을 제대로 이해한다면 주관적 경험 역시 변화할 것이다. 하지만 나는 현상적 경험이 확 바뀔 만한 깨우침은 아직 얻지 못한 것 같다. 그러기에는 의식에 관한 우리의 지식이 너무나 미미하다.

수전 현상적 의식에 대해서 밝혀진 바가 정말로 전무하다는 말인가?

네드 아, 그런 뜻까지는 아니었다. 하지만 현상적 의식이 과학적으로 거의 규명되지 못한 것은 사실이다. 우리 모두는 현상적 의식에 기초하여 살아가면서도 그것의 정체가 무엇인지는 거의 모르고 있다.

수전 그렇지 않다는 주장도 있다! 가령 폴 처칠랜드는 뇌가 색 공간을 표상하는 방식이 밝혀진다면 색깔의 현상학 문제도 자연히 해결될 거라 말한다. 케빈 오리건 역시 감각운동 이론 Sensorimotor theory을 제시하여 경험의 본질이 운동과 감각 사이의 대응 관계라고 주장한 바 있다. 이들의 주장에 대한 견해는?

네드 내가 알기로 폴 처칠랜드는 색 공간의 표상을 중요하게 여기기는 했어도 그게 전부라고 말하지는 않았다. 그의 주장은 — 찰머스의 표현을 빌리자면 — '쉬운 문제'를 해결하면 '어려운 문제'도 함께 풀린다는 것인데, 시각에는 아직 풀리지 않은 문제가 여럿 있기 때문에 색 공간의 표상을 밝히는 것만으로 '어려운 문제'가 해결되지는 않을 것이다.

오리건에 관해 말하자면, 나는 아무래도 당신이 그의 이론을 오해하고 있는 것 같다. 오리건은 폴 처칠랜드와 같은 현상적 실재론자 Phenomenal realist가 아니다. 그의 이론은 행동주의나 기능주의의 변용이며, 심지어 실제 데이터에 기반하여 만들어지지도 않았다. 오리건이 최근에서야 제시하고 있는 데이터는 1992년에 그가 처음 자신의 이론을 발표한 당시에 없었던 것들이다. 그의 이론은 예나 지금이나 변한 게 없다. 앞으로도 그럴 테고.

수전 이론으로 현상을 예측했는데 그것이 맞아떨어졌다면 아주 바람직한 일이 아닌가?

네드 오리건의 주장은 선험적이며 자명한 것이다. 나는 보통 심리철학 강의를 시작할 때 학생들에게 '뒤집힌 스펙트럼Inverted spectrum' 문제를 보여 준다. 이 사고 실험은 당신이 보는 빨간색과 내가 보는 빨간색이 정말 같은 느낌인가에 관한 것이다. 이를테면 당신이 초록색을 경험하듯 내가 빨간색을 경험하고 있을 수도 있다는 거다.

색깔을 경험으로부터 정의하는 것은 불가능하다. 사람마다 현상적 경험이 모두 다르므로 '진정한 빨간색'이나 '진정한 초록색' 따위는 존재하지 않을 것이다. 뒤집힌 스펙트럼 문제의 핵심은 심리 구조나 그에 따른 행동은 같더라도 경험의 기저에 있는 현상성Phenomenality이 사람마다 다를 수 있다는 것이다.

학생들 중 3분의 2 정도는 이 상황을 쉽게 이해한다. 몇몇 학생들은 자신도 어릴 때부터 이 문제를 고민했었노라고 말하기도 한다. 심지어 내 딸도 7살 무렵에 내 설명을 듣고는, "저는 보라색을 좋아하는데 왜 어떤 친구들은 보라색을 싫어하는지 알 것 같아요"라며 고개를 끄덕이더라. 그러나 놀랍게도 나머지 3분의 1은 내 말을 도통 이해하지 못한다. 오리건이나 데닛과 같이 현상학적 문제의 존재를 인정하지 않는 행동주의자와 기능주의자들은 아마도 이 3분의 1에 속하는 것 같다.

수전 그 두 집단의 현상적 경험이 서로 다르지는 않을까?

네드 그건 나도 알 수 없지만 한 번쯤 연구할 가치는 있을 것 같다. 일전에 로저 셰퍼드(Roger Shepard : 공간지각을 연구한 미국의 인지과학자 — 역주)는 그러한 차이가 심상 형성의 결함 때문일지도 모른다고 나에게 말한 적이 있다. 실험 설계는 간단할 것 같다. 현상학적 문제를 접해 보지 않은 사람들을 모아서 뒤집힌 스펙트럼과 같은 문제를 보여 주고 그에 대한 반응을 분류한 뒤, 그들의 신경 활동을 집단별로 비교하는 것이다. 현상학적 문제를 이해하는 사람과 그렇지 못한 사람들의 심상의 내용이 다르다고 해도 그리 놀랍지는 않을 것 같다.

수전 혹시 그들이 좀비라고 생각하는 건 아닌가?

네드 실제로 데닛은 사람들로부터 그러한 질문을 자주 받는다고 하더라. 그러나 현상학적 문제를 이해하지 못한다 하여 현상적 경험을 전혀 하지 못하는 것은 아닐 게다. 다만 그 내용을 반추하는 기능에 문제가 생겨 현상적 경험에 접근하지 못하는 것이 아닐까 싶다. 물론 검증된 바는 없지만, 내가 보기에는 이것이 가장 설득력 있는 가설인 것 같다.

수전 철학적 좀비는 존재할 수 있나?

네드 우선 두 가지 종류의 철학적 좀비를 구분해야 한다.

수전 그건 처음 듣는 이야기인데, 좀 더 자세히 설명해 달라.

네드 좀비의 첫 번째 유형은 우리와 기능적으로는 동일하지만 전혀 다른 물리적 기반을 가진 존재다. 가령 실리콘 반도체로 인조인간을 만들었다고 상상해 보라.

수전 맥주 캔은 어떤가?

네드 아, 존 설은 그걸 예시로 들었었지. 내가 1978년에 발표한 '중국 뇌'도 그중 하나다. 나의 중국 뇌 논증은 설의 중국어 방 논증에 영향을 주기도 했다. 실제로 설은 자신이 중국어 방에 관한 논문을 쓰는 중에 나의 논문을 읽었노라고 고백했었다.

수전 중국 뇌란 무엇인가?

네드 중국의 전 인구가 인공위성이나 휴대전화로 서로 소통하고 있다고 상상해 보자. 만약 그들이 신경세포의 작동 방식과 동일하게 서로 신호를 주고받는다면, 결과적으로 중국 전체는 하나의 뇌처럼 기능할 것이다.

이것이 바로 내가 말한 중국 뇌이다. 굳이 중국이라는 이름을 붙인 것은 중국의 인구가 10억 명이 훌쩍 넘기 때문이다. 실제 뇌세포의 수만큼 많은 사람들이 합세한다면 뇌의 여러 내부 상태와 그 상태들 간의 상호작용도 완벽히 모사할 수 있을 것이다. 더 나아가 그들이 어떤 로봇의 움직임을 통제한다면, 그 로봇은 인간과 동일한 기능을 갖추고 있을 것이다. 과연 이 로봇에게는 현상적 경험이 있을까? 어쩌면 그 로봇은 현상적 경험 없이도 잘 기능할 수 있을 것이다.

수전 그것이 당신의 추측인가?

네드 무엇이 정답인지는 나도 모른다. 이건 실증적 연구를 통해 밝혀야 할 사항이다. 그러나 의식의 작용에 신경학적 기반이 필요하다면 우리 뇌와 매우 다른 신경 구조를 지닌 — 애초에 신경으로 이루어져 있지도 않은 — 중국 뇌가 현상적 경험을 가질 가능성은 낮아 보인다. 물론 데닛과 같은 기능주의자나 행동주의자들은 중국 뇌가 당연히 현상적 경험을 할 거라 말하겠지만. 어쨌든 우리 인간과 구조적으로는 다르지만 기능적으로는 동일한 이것이 바로 좀비의 첫 번째 유형이다.

수전　당신이 이 사고 실험을 고안한 목적은 무엇인가? 기능주의에 대항하기 위함인가?

네드　그렇다. 기능주의는 틀렸다. 또한 그것을 증명하는 것이 나의 목표다.

수전　좀비의 두 번째 유형은 무엇인가?

네드　두 번째 좀비는 인간과 물리적으로 완전히 동일하지만 현상적 의식을 갖지 않는 존재이다. 찰머스가 특히 자주 언급했기 때문에 '찰머스 좀비'라고도 불린다.

만일 의식이 생물학적 현상이라면 찰머스 좀비는 존재할 수 없다. 나 또한 우리의 현상적 경험이 뇌의 생리학적 특성에 의해 결정된다고 믿고 있다. 좀비의 뇌와 인간의 뇌가 분자 수준까지도 동일하다면 그 좀비는 반드시 현상적 경험을 할 것이다.

정리하자면, 나는 첫 번째 유형인 '기능적 좀비'는 존재할 수 있다고 생각하지만, 두 번째 유형인 '찰머스 좀비'의 존재 가능성은 믿지 않는다.

수전 당신은 자유의지가 있나?

네드 그럴 수도, 아닐 수도 있겠다. 많은 이들은 자유의지가 환상이라고 여긴다. 나는 현상학 문제에서는 데닛과 정반대의 입장이지만, 자유의지에 관해서만큼은 데닛의 주장에 전적으로 동의한다. 자유의지라는 개념은 결정론과 비결정론Indeterminism 모두에 모순된다. 자유의지가 결정론과 양립할 수 없음은 주지의 사실이다. 하지만 우연성 역시 자유의 충분조건이 아니다. 비결정론자들이 말하는 것처럼 우리의 모든 행동이 우연에 기인한다 해도 여전히 우리는 자유롭지 못할 것이다.

수전 자유의지가 환상임을 받아들이면 모든 문제가 해소될 텐데, 어째서 데닛의 주장에 동조하는 것인가?

네드 자유의지가 환상이라는 것도 충분히 합리적인 해석이다. 그를 뒷받침할 과학적 근거들도 많다. 사실 이것은 자유의지를 어떻게 정의하느냐에 달린 문제다. 넓은 의미에서 자유의지는 스스로가 행동의 주체이며, 의사 결정의 과정이 '과학적으로 설명 불가능한 방식'으로 이루어짐을 의미한다. 이러한 맥락에서의 자유의지는 환상이 맞다. 하지만 우리는 사슬에 묶이거나 총구가 겨누어지지 않은 한 얼마든지 여러 선택지 중 하나를 능동적으로 고를 수 있다. 이렇게 좁게 정의된 자유의지는 결정론과도 배치되지 않고 얼마든지 실재할 수 있다.

수전 당신이 일상생활에서 의사 결정을 내릴 때는 어떠한가? 혹시 마음속 또 다른 '네드 블록'이 선택의 주체로서 기능하고 있지는 않나?

네드 절대 그렇지 않다! 머릿속 소인간^{Homunculus} 따위는 없다.

수전 그렇다면 정확히 '누구'에게 선택권이 있었던 것인가?

네드 바로 '나 자신'이다.

수전 그게 도대체 누구이며, 또 무엇이란 말인가?

네드 '나'라는 것은 조직적으로 상호작용하는 내적 상태들의 총체이다.

수전 그렇다면 그 '상태들의 총체'가 현상적 경험의 주체이기도 한가?

네드 모든 학자들이 동의하는 바는 아니지만, 나는 우리 몸의 현상적 상태들 중에 다른 상태들과 충분히 통합되지 못하여 자아의 일부가 되지 못한 것들도 있다고 생각한다.

수전 음, 이게 적절한 예시인지는 모르겠지만, 운전을 하다 보면 간혹 조수석에 탄 사람과의 대화에 심취하는 경우가 있다. 그때는 주차를 끝마친 후 돌이켜 보아도 지난 10분 동안 내가 무엇을 했는지가 전혀 기억나지 않는다. 실제로 내 몸은 기어를 바꾸거나 페달을 밟는 등의 행동을 했을 텐데 말이다. 혹시 이 '무의식적 운전'도 운전과 관련된 현상적 상태가 자아의 일부로 통합되지 못한 것으로 해석될 수 있나?

네드 그에 관한 기초 연구가 하나 있는데, 모의 운전을 하고 있는 피험자의 주의를 분산시킨 뒤 있었던 일을 보고하게 하면 그들은 항상 그전 10초 내의 사건을 이야기한다고 한다. 이를 보면 무의식적 운전은 자아와 관련된 문제가 아니라 단순히 단기 기억의 시간적 한계에 따른 것으로 추측된다.

내가 보기엔 멸실Extinction 현상이 오히려 더 적합한 예시일 것 같다. 멸실 환자들은 뇌 손상으로 인하여 양쪽 시야에 제시된 두 사물 중 하나만을 식별할 수 있다. 그러나 저레인트 리스Geraint Rees 연구팀은 멸실 환자들의 양쪽 방추상얼굴영역(Fusiform face area : 얼굴 인식을 담당하는 측두엽 중 일부 영역 — 역주)이 활성도에서 차이를 보이지 않음을 밝혀냈다.

수전 그렇다면 의식적 경험은 발생했으나 그 경험이 환자의 자아에 연결되지 않은 것인가?

네드 그렇다. 멸실 현상은 방추상얼굴영역의 활동이 의식으로 이어지지 않는 유일한 사례다. 양안 경쟁 실험에서 얼굴과 다른 사물을 제시할 경우 방추상얼굴영역은 얼굴을 의식하는 순간에만 활성화된다. 하지만 멸실 환자들은 방추상얼굴영역이 활성화되더라도 얼굴을 의식하지 못한다. 이는 사물에 대한 현상적 경험이 자아와 통합되지 않았기 때문으로 보인다.

수전 지금 당신은 나와의 인터뷰에 주의를 기울이고 있겠지만, 당신의 뇌에서는 여러 무의식적 작용들도 함께 벌어지고 있다. 눈과 귀로 주변을 살피기도 하고, 불의의 사고를 대비하고도 있을 것이다. 그러한 무의식적 두뇌 작용들도 자아와 연결되지 않은 현상적 경험들인가?

네드 그렇지 않다. 대부분의 무의식적 두뇌 활동은 방추상얼굴

영역을 활성화시키지 않으니 말이다.

수전 그 영역이 무에 그리 특별한가? 의식의 신경상관물이 특정 뇌 영역의 활동이라는 말인가? 어째서 전체가 아닌 일부 뇌세포의 활성만이 의식을 생성할 수 있나?

네드 '생성한다'보다는 '결정한다Determine'라고 말하는 것이 더 적확할 것 같다.

수전 그럼 다시 묻겠다. 도대체 왜 전체 뇌세포 중 일부만이 의식적 경험을 '결정'할 수 있는 것인가?

네드 그게 바로 설명적 간극이다.

수전 잘 모르겠다는 말로 얼버무리고 넘어가려는 건가?

네드 그렇다면 거꾸로 당신에게 묻겠다. 일부 뇌세포가 아니라 전체 뇌세포라 한들, 그것이 현상적 경험을 결정지을 까닭은 무엇인가? 이것은 신경과학의 근본적인 미스터리이다. 심지어 이 문제가 절대 풀리지 않을 거라고 믿는 사람들도 많다. 오리건은 현상학의 개념화를 포기하고 의식을 기능적으로 서술하는 것만이 유일한 해결책이라고 주장하지만, 그것은 너무나도 근시안적인 태도다. 현상학이 대단히 난해한 것은 사실이나 이제껏 과학이 해결했던 여러 난제들을 되짚어 보면 이에 대한 실마리도 어렵지 않게 찾을 수 있다.

오늘날 우리가 직면한 현상학 문제는 19세기의 상황과 크게 다르지 않다. 19세기 사람들은 생각이 뇌에 의해 결정되거나 구성되는 것을 불가사의하게 여겼다. 이후 심리학과 신경과학이 발달하면서 생각을 단순히 뇌세포의 활성으로만 바라보아서는 안 된다는 것이 드러났다. 생각의 원리를 설명하는 수많은 가설이 세워졌고, 현재는 계산적 관점이 가장 유력한 후보로 손꼽히고 있다. 어떤가? 이대로 패배를 선언하고 물러나기에는 너무 이르지 않을까?

수전 생각의 정체가 이만큼 밝혀진 것은 컴퓨터가 발명된 탓도 있다. 생각의 힘 없이는 불가능할 것 같았던 체스, 문제 해결, 시스템 제어와 같은 여러 과제를 컴퓨터도 수행할 수 있다는 것이 드러나면서 계산주의적 관점이 함께 대두된 것이니까. 하지만 현상학 문제는 이것과는 커다란 차이가 있다. 설령 현상적 경험을 하는 존재를 만든다손 치더라도 정말 그것이 의식적 경험을 하는지 확인할 수가 없지 않나.

네드 그렇다. 그것이 현상학에서 기계 지향적 접근법이 쓸모가 없는 이유이기도 하다.

수전 그런데도 현상학 문제가 해결될 거라고 기대하는 것이 과연 합당한가?

네드 생각의 미스터리가 풀린 것은 단순한 문제 해결 이상의 의의를 지니고 있다. 첫째, 19세기의 사람들은 계산이 생각이라는 정신 현상의 기반이 될 수 있다는 것을 전혀 알지 못했다. 두 번째가 더 중요한데, 그들은 애초에 잘못된 곳에서 답을 구하고 있었다. 19세기에는 생각의 원리를 이해하는 데 필요한 계산적 개념들이 아예 없었기 때문이다. 토마스 네이글Thomas Nagel의 유명

한 논문 '박쥐가 된다는 것은 어떤 느낌인가?What is it like to be a bat?'
에는 동굴 속 원시인이 등장한다. 우리가 원시인에게 아인슈타인의
질량-에너지 등가 법칙(E=mc²)을 아무리 열심히 설명한다 한들 그
가 속도, 빛, 에너지와 같은 물리학의 기본 개념을 알지 못하는 이
상 그 법칙을 이해하는 것은 불가능하다. 오늘날 우리 의식 연구
자들의 처지도 이와 같다. 우리는 심신 문제를 해결하기 위해서
어떠한 기본 개념이 필요한지조차 전혀 모르고 있다. 그러나 희
망의 끈을 놓을 필요는 없다. 지금은 해결이 요원해 보여도 장차
신경과학이 발전하다 보면 언젠가 답은 나타날 것이다.

수전   어쩌다가 의식을 연구하게 되었나?

네드   대학생 시절 뒤집힌 스펙트럼 문제에 매료된 것이 첫 번째
계기였다. 그것을 내가 스스로 생각해 낸 것인지, 누군가가 들려
준 것인지는 기억이 나질 않지만. 어쩌면 나의 지도 교수였던 힐
러리 퍼트넘Hilary Putnam의 심리철학 강의에서 들은 것일지도 모
르겠다. 그 후로도 나는 줄곧 의식 문제에 흥미를 가지고 있었지
만 과학적 접근법에 관심을 가진 것은 1990년대 초중반부터였다.

수전   당신이 고안한 여러 논증 중에 최고를 고른다면?

네드   중국 뇌 논증을 꼽겠다.

수전   앞서 당신은 데닛의 견해를 몇 차례 언급했다. 나는 개인적
으로 데카르트의 극장과 데카르트적 유물론에 대한 데닛의 비판
에 동의하는데, 당신의 생각은?

네드   그가 말한 데카르트적 유물론자는 이 세상에 존재하지 않

는다. 도대체 어느 누가 의식이 뇌의 특정 지점에서 발생한다고 진지하게 믿는다는 말인가? 데닛은 허수아비 때리기 오류(어떤 주장을 유사한 다른 명제로 왜곡한 뒤 이를 반박함으로써 원래 주장을 반박하려는 논리적 오류의 일종 ― 역주)를 범한 것이다.

수전 하지만 사람들은 마치 의식이라는 특정 장소가 있기라도 한 것처럼 어떠한 정보가 '의식을 드나든다'거나 '의식 속에 있다'는 식의 표현을 매우 빈번하게 사용한다.

네드 나 역시 종종 그런 표현을 쓰지만 그것은 하나의 정보가 때에 따라 현상적 형태와 비현상적 형태를 오갈 수 있음을 의미할 뿐이다.

수전 데닛이라면 그것도 데카르트적 유물론이라 말할 것 같은데.

네드 이것조차도 데카르트적 유물론의 범주에 속한다면 나도 더 이상 할 말이 없다. 하지만 데닛이 정의한 데카르트적 유물론은 어디까지나 '장소'에 관한 것이었다. 사실 그가 논파했어야 할 대상은 의식이라는 기능적 장소Functional place, 즉 의식을 일으키는 체계가 존재한다는 믿음이 아니었을까.

수전 데닛은 기능적 장소의 개념 역시 거부한다. 오늘날 많은 이들은 의식의 신경상관물, 즉 의식의 내용물에 해당하는 신경학적 구조가 존재한다고 믿고 있다. 하지만 나는 의식에 내용물이 있다는 관념 자체가 잘못되었다고 생각한다. 아마 데닛도 내 말에 동의하지 않을까.

네드 그건 의식을 장소에 비유하는 것이 워낙 보편적이기 때문에 생긴 일이다. 나는 의식이 장소라고는 전혀 생각지 않는다. 하지만 내가 그러한 표현을 쓴 것은 현상성Phenomenality이라는 것이 존재하며, 때에 따라 나타나거나 사라질 수 있다는 것을 말하기 위함이었다. 데닛의 말을 너무 곧이곧대로 받아들이지는 말라.

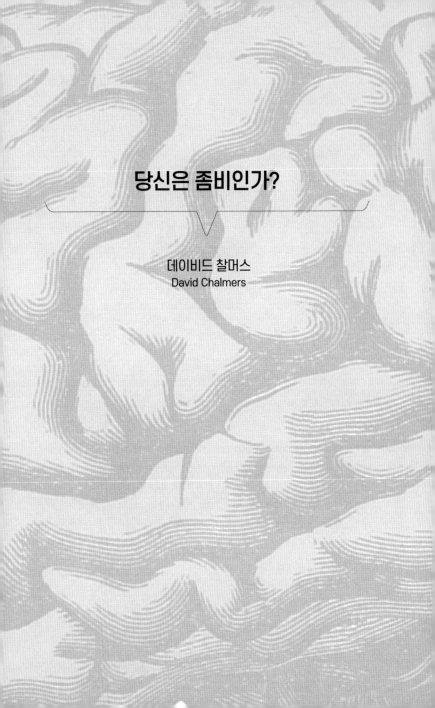

당신은 좀비인가?

데이비드 찰머스
David Chalmers

데이비드 찰머스
David Chalmers

데이비드 찰머스(1966~)는 호주 출생의 철학자이자 인지과학자이다. 옥스퍼드 대학
원에서 수학을 전공하던 중에 의식 문제에 심취하였고, 인디애나 대학교로 옮겨가
더글러스 호프스태터^{Douglas Hofstadter}의 지도 아래 철학 및 인지과학 박사 학위를 받
았다. 인공지능, 계산, 의미, 가능성 등 다양한 철학적 문제에 관심을 갖고 있으며,
의식의 제 문제를 '쉬운 문제'와 '어려운 문제'로 분류한 것으로 유명하다. 수년간 애
리조나 대학교 의식 연구 센터^{Centre for Consciousness Studies}의 센터장을 맡으며 국제
학회 '의식 과학을 향하여'를 조직하였고, 현재는 호주 국립대학교 및 뉴욕 대학교
의 철학과 교수직을 맡고 있다.

수전 의식 문제가 이토록 흥미롭고도 어려운 까닭은 무엇인가?

데이비드 의식 과학의 핵심은 일인칭 관점이 무엇인지를 이해하는 것이다. 하지만 불행하게도 과학은 본질적으로 삼인칭적이다. 과학은 인간을 '뇌가 달려 있고 특정 행동을 할 수 있는 유기체'로 취급할 뿐이다. 따라서 과학적 객관성만으로는 인간다움의 본질인 내면의 감각, 사고, 감정, 그에 따른 의식 상태의 변화를 제대로 탐구할 수 없다. 하지만 과학은 지난 반세기 동안 이 사실을 외면해 왔다.

수전 그것은 신경과학이 주관적 경험의 정체를 설명할 수 없기 때문이 아닌가?

데이비드 그렇다. 과학이란 본디 객관적인데, 의식은 주관적이니 말이다. 이 때문에 일각에서는 의식이 과학의 영역 밖이라는 그릇된 주장을 하기도 한다.

19세기 말엽 갓 태동했을 무렵의 심리학은 곧 '의식의 과학'이었다. 당시 독일의 심리학자들은 내적 의식 상태를 연구의 대상으로 삼기를 주저하지 않았다. 하지만 연구 집단마다 제각기 다른 방법론을 사용한 탓에 상이한 결론이 도출되었고, 이는 전체 학계의 사분오열로 이어졌다. 20세기 초까지도 계속된 논쟁에 지쳐 버린 사람들은 행동주의를 채택했고, 이후 심리학은 '행동의 과학'으로 변모하였다. 그 덕에 심리학이 엄밀성과 대중성을 제고했을지는 모르나, 핵심 연구 목표를 잃어버린 '속 빈 강정'이 되어 버린 것도 사실이다.

오늘날에는 어떻게 의식을 다시 과학의 범주에 들여올지가 학계의 화두가 되었다. 이를 위해서 나는 의식을 데이터로 취급할 수 있어야 한다고 본다. 일반적으로 과학자들이 수집하고 분석하는 데이터는 '객관적 데이터'이지만, 의식의 내용물과 같은 '주관적 데이터'도 엄연한 데이터의 일종이다. 미래의 과학은 이러한 주관적 데이터도 아우르게 될 것이다.

수전 하지만 겉보기에는 주관과 객관은 엄청나게 다른데.

데이비드 그렇다. 그 간극을 메우는 것이 의식 연구의 핵심 과제이기도 하다. 의식적 경험이라는 주관적 현상을 도대체 어떻게 신경 세포의 상호작용이라는 객관적 과정들로 표현할 수 있을까?

이 질문의 답을 아는 이는 아무도 없을 것이다. 혹자는 주관이 객관으로 결코 환원될 수 없을 거라고 말하기도 한다. 하지만 한 가지 분명한 것은 주관적 경험과 두뇌 과정 사이의 상관관계를 파악하는 것이 가능하다는 점이다. 물론 의식 연구는 거기서 끝나지 않을 것이다. 완전한 이해를 위해서는 인과관계도 파악해야 하기 때문이다.

수전 완전한 의식 이론은 어떤 형태를 띠게 될까? 다시 말해, 어느 정도면 단순한 상관관계의 수준을 넘어섰다고 말할 수 있을까?

데이비드 생물학에서 그 예를 찾아볼 수 있다. 20세기 초만 하더라도 생명 현상, 특히 유전은 불가사의한 현상으로 여겨졌지만, DNA 분자가 어떻게 복제되는지, 또한 그 과정이 개체 발생에서 어떤 역할을 수행하는지가 밝혀짐에 따라 생명의 미스터리는 자연히 해소되었다.

물론 의식 문제는 그것과는 좀 다르다. 예컨대 '유전자의 정체를 이해했다'고 말하는 것은 결국 유전자와 관련된 여러 행동과 기능들을 규명했다는 말과도 같다. 하지만 의식 문제의 경우 감각, 정보처리, 언어 등 의식과 관련된 각종 행동과 기능의 메커니즘을 밝히는 것은 문제의 핵심과는 거리가 먼 '쉬운 문제'에 불과하다. 그 행동과 기능이 어째서 주관적 경험을 수반하는지를 밝히는 것이 바로 '의식의 어려운 문제'이며, 이는 기계론적인 접근법으로는 결코 해결할 수 없다.

수전 앞서 당신은 의식 문제를 생명 문제에 비유했는데, 일각에서는 의식 문제도 생명 문제처럼 모든 뇌기능이 규명되고 나면 자연히 풀릴 거라고 말한다. 당신이 거기에 동의하지 않는 이유는 무엇인가? 우리가 주관과 객관 사이에 간극이 있다고 느끼는 것처럼, 200년 전의 생기론자들도 살아 있는 것과 죽은 것을 별개의 실체로 여겼다. 그들은 생명의 본질이 분자들의 화학 반응일 거라고는 꿈도 꾸지 못했다. 그런데 어째서 의식 문제를 생명 문제에 빗댈 수 없다는 말인가?

데이비드 의식 문제와 생명 문제의 차이는 '설명 대상'이 무엇이냐에 있다. 생명 문제의 설명 대상은 물질대사, 성장, 번식, 적응, 진화 등 생명 현상을 구성하는 객관적인 하위 기능들이다.

200년 전의 생기론자들은 물질이 어떻게 그러한 놀라운 작용을 일으킬 수 있는지를 전혀 알지 못했으므로 생명의 영Vital spirit 과 같은 가상의 개념을 도입했던 것이다. 그러나 생명 현상이 물리적 메커니즘만으로 설명될 수 있다는 것이 밝혀지면서 생기론은 자연히 소멸하였다. 생명 문제를 해결하는 데는 객관적·삼인칭적 기능들의 원리를 밝히는 것만으로도 충분했다.

의식 문제의 설명 대상은 생명 문제의 그것과는 전혀 다르다. 신경과학자들이 행동, 자극에 대한 반응, 언어와 같은 뇌의 객관적 기능들을 모두 밝혀낸다 해도 거기에는 '주관적 경험'이라는 핵심 요소에 대한 설명이 결여되어 있다. 이것이 바로 의식 문제와 생명 문제의 결정적인 차이이다.

수전 하지만 그 '주관적 경험' 중 상당수는 착각으로 인한 것이기도 하다. 가령 우리는 일반적으로 의식이 의사 결정과 행동의 주체라고 여기지만, 그러한 느낌이 환상이라는 것이 현재까지의 과학적 결론이다. 이와 마찬가지로 의식이나 주관성도 언젠가는 소거될 수 있지 않을까?

데이비드 아, 물론 우리는 의식의 구체적인 내용물을 얼마든지 착각할 수 있다. 정말이지 사실이 그렇다. 예를 들어 내가 눈을 가린 상태에서 당신이 성냥불을 켜는 소리를 낸 뒤 나의 등에 얼음덩어리를 갖다 댔다고 상상해 보자. 아마 나는 잠깐이나마 뜨거운 감각을 느끼다가 어느 순간 그것이 차가운 감각임을 알아차릴 것이다. 이것 외에도 '인식의 경계에 놓인' 자극이 오인되는 경우는 얼마든지 있다. 하지만 내가 말하고자 하는 것은 지금 내가 시각적 경험을 하고 있다는 사실, 즉 특정한 모양과 색 등을 지닌 시각적 이미지를 보고 있다는 사실 자체가 거짓일 수는 없다는 것이다.

"나는 생각한다, 고로 존재한다"라는 데카르트의 격언에서도 볼 수 있듯이, 의식의 존재만큼은 세상에서 가장 확실한, 부정할 수 없는 진실이다.

수전 데카르트의 주장에 동의한다는 말인가?

데이비드 이 대목에서는 그렇다. 우리에게 의식이 있다는 것은 의심의 여지가 없는 사실이다. 물론 철학적 맥락에서 의심해 볼 수야 있겠지만 데이터는 거짓말을 하지 않는 법이니까.

수전 당신의 가장 유명한 업적은 의식의 여러 문제들을 '쉬운 문제'와 '어려운 문제'로 분류한 것이다. 오늘날에는 '어려운 문제'를 빼놓고서는 의식 문제를 논하기 힘든 지경이다. 어쩌다가 그 둘을 구별할 생각을 한 것인가?

데이비드 나는 그저 당연한 소리를 한 것뿐이다. 1994년 투손에서 '의식 과학을 향하여' 학회가 처음 열렸을 때 나 역시 논문을 투고했고 발표할 기회를 얻었다. '의식 문제의 본질'이 내 발표의 주제였으므로, 본론으로 들어가기 전에 서두에서 여러 자명한 사실들을 짚고 넘어가려 했다. '쉬운 문제'와 '어려운 문제'의 구분을 언급한 것도 그때였다.

원래 청중들이 발표의 첫 5분만을 기억한다지만, '어려운 문제'라는 말은 이후에도 유독 많은 이들의 입에 오르내렸다. 내가 의식 연구의 본질을 잘 담아내기는 했을지 몰라도 나는 내가 무슨 위대한 업적을 세웠다고는 전혀 생각지 않는다. 의식 문제를 진지하게 고민해 본 사람이라면 누구나 주관적 경험의 해석이 어려운 문제라는 것을 알고 있을 테니 말이다. 심지어 수 세기 전에 나와 비슷한 이야기를 한 사람도 있었다.

수전 '어려운 문제'와 심신 문제는 같은 말인가?

데이비드 대부분의 경우에는 그렇다. 하지만 심신 문제라는 용어는 다양한 맥락에서 쓰일 수 있다. 때에 따라 그것은 '뇌가 어떻게 사고, 합리성, 지능을 만드는지', 혹은 '마음이 어떻게 물리적 세계에 영향을 주는지'를 뜻하기도 한다. 전자는 '쉬운 문제' 중 하나이며, 후자는 '어려운 문제'와 거의 비슷하지만 미묘한 차이가 있다.

수전 이제 본론으로 들어가 보자. '어려운 문제'를 풀기 위해서는 어떻게 해야 하나?

데이비드 나는 주관적 경험이 두뇌 작용으로 환원될 수 없다고 생각하는데, 거기에는 여러 이유가 있다. 우선, 순전히 두뇌 작용에 기반한 설명만으로 의식의 존재를 연역하는 것은 불가능하다. 심지어 우주의 물리적 현상이 모두 규명된다 하여도 의식의 정체는 여전히 드러나지 않을 것이다. 둘 중 하나가 다른 하나로 환원될 수 없다면 두뇌 과정과 의식적 경험의 관계는 도대체 무엇일까? 한 가지 분명한 것은 그 둘이 매우 긴밀한 상관관계로 이어져 있다는 점이다. 이 '가교'를 체계화하는 것이야말로 의식 과학자들이 해야 할 일이다.

이는 형이상학의 여러 핵심 질문과도 맞닿아 있다. 이 세상에는 무엇이 존재하는가? 우주를 이루는 기본 요소는 무엇인가? 물리학자들은 이러한 질문들에 늘 직면해 왔다. 물리학자들은 시간, 공간, 질량, 전하와 같은 개념들을 더 단순한 것으로 환원하려 하지 않으며, 그것들을 우주의 기본 요소로 취급한다. 나는 의식에 대해서도 마찬가지의 관점을 취해야 한다고 말하고 싶다. 만일 의식이 기존에 알려진 우주의 기본 요소들로부터 유도될 수 없다면, 의식 역시 환원 불가능한 우주의 기본 특성 중 하나라고 결론 짓는 것이 합리적이다.

따라서 우리는 의식과 관련된 법칙들을 찾기에 앞서 의식이 우주의 기본 특성임을 인정해야 한다. 주관적 경험의 일인칭 데이터와 물리적 성질의 삼인칭 데이터 사이의 연관관계를 탐구하다 보면 그 둘을 이어 주는 기본 법칙들이 발견될 수도 있다. 누가 알겠나, 어쩌면 그 법칙들이 기존의 물리 법칙들과도 비슷하게 생겼을지.

수전 의식이 우주의 기본 원리일 수 있다는 당신의 논리는 충분히 납득이 간다. 하지만 어째서 그다음에 뇌와의 상관관계가 등장하는 것인가? 의식의 신경상관물을 연구하는 것은 피험자의 주관적 보고와 두뇌 활동 사이의 상관관계를 살피는 일이다. 만약에 정말로 의식이 우주의 기본 요소라면 두뇌 활동과 상관되기보다는 우주의 기본 틀을 이루는 방식으로 우리에게 나타나지 않을까?

예컨대 시간과 공간은 물리학의 기본 원리이자 우주 만물의 토대로서 기능하고 있는데, 의식의 경우는 어떤가?

데이비드 내 말은 의식이 만물을 구조화하고 있다는 것이 아니다. 우주의 기본 특성이라고 해서 반드시 그래야 하는 것은 아니니까. 의식 문제의 핵심은 이론을 구축하는 일인데, 우리에게 주어진 재료는 주관적 현상들과 뇌 속에서 일어나는 물리적 과정들뿐이다. 현대 물리학만을 따르자면 이 우주에 의식이 설 자리는 없다. 따라서 제대로 된 의식 이론을 세우기 위해서는 의식을 우주의 기본 요소로 인정하고, 당장 눈앞에 있는 뇌와 의식의 상관관계부터 살피는 것이 최선이다. 그러한 점에서 보자면 일인칭과 삼인칭의 상관관계를 연구하는 것은 우주의 기본 원리가 발견될 수도 있는 엄청나게 중요한 작업이다.

수전 의식이 정말로 우주의 기본 성질이라면 우주 만물에 의식이 깃들어 있을 수도 있지 않을까? 혹시 범심론Panpsychism을 지지하나?

데이비드 환원 불가능성과 편재성(遍在性, ubiquity)은 다른 개념이다. 대부분의 우주 공간이 질량이나 전하 없이 텅 비어 있는 것처럼, 의식도 반드시 온 우주에 퍼져 있어야 하는 것은 아니다.

하지만 그러한 범심론적 사고가 일견 자연스러운 것은 사실이다. 의식이 어느 수준에서 발생하는지를 특정하기가 매우 어렵기 때문이다. 인간은 물론이고 침팬지, 개, 고양이와 같은 고등 동물들이 의식을 갖는다는 것은 보편적인 상식이다. 이론의 여지는 있겠지만, 물고기나 쥐도 주변 환경을 지각할 수 있다는 점에서 모종의 의식적 경험을 한다고 말할 수 있다. 하지만 이렇게 내려가다 보면 한도 끝도 없을 것이다.

나는 정보처리의 복잡도가 의식의 복잡도를 결정한다고 생각한다. 수행할 수 있는 정보처리가 단순할수록 그 체계가 지닐 의식도 단순할 것이다.

수전 인간의 뇌는 여러 영역에서 다양한 정보를 병렬적으로 처리하고 있다. 당신의 말대로 모든 정보처리가 그에 상응하는 의식을 수반한다면 우리의 의식도 여러 개여야 하지 않을까? 그러나 우리가 일반적으로 의식이라 부르는 것은 다양한 두뇌 과정 중 극히 일부에 지나지 않는데.

데이비드 그 문제는 자아와 주체성의 정의와도 관련이 있다. 여기서부터는 추측에 불과하지만, 범심론적 관점을 따르자면 우주에 존재하는 대부분의 의식은 분화되지 않은, 매우 단순한 형태일 것으로 추측된다. 그 기본적인 '의식 장field of consciousness'들이 잘 합쳐진 결과물이 바로 우리의 자아인 것이다. 하지만 자아가 출현하기 위한 조건이 무엇인지는 아무도 모른다. 만약 자아의 발생이 고도로 체계화된 어떤 통합적 정보처리 과정과 관련이 있다면, 그러한 정보처리 체계는 우리 뇌에도 존재할 것이며 그것이 우리의 자아를 구성할 것이다. 당신이 말한 것처럼 실제로 우리 몸에서 여러 개의 의식적 경험이 동시에 일어나고 있을 수도 있다. 하지만 그것들은 너무 단순하여 자아나 주관성을 유발하지 않기 때문에 '나'의 자아에는 영향을 주지 못한다.

수전 그렇다면 '나'를 제외한 나머지 의식들은 자아의 개념이 없는 동물의 의식과도 같다고 말할 수 있을까?

데이비드 그보다 더 단순할 수도 있다. 온도 조절 장치와 같은 매우 단순한 체계에도 아주 원시적인 형태의 의식은 존재할 수 있다. 고작해야 몇 가지 상태만이 있을 뿐, 일반적인 사고, 지능, 자아 따위는 찾아볼 수 없겠지만.

수전 이 내용은 근래 의식 연구에서 가장 뜨거운 이슈 중 하나인 '지능적 행동Intelligent behavior이 의식의 충분조건인가' 하는 문제와 관련되어 있을 뿐만 아니라, 당신의 좀비 이론과도 맞닿아 있는 것 같다. 좀비에 관해 좀 더 설명해 달라.

데이비드 우리가 사는 현실 세계에 한해서는 지능적으로 행동하는 존재는 모두 의식이 있다고 보아도 무방하다. 철학적 좀비라 함은 곧 우리와 동일한 행동을 보이지만 의식이 없기 때문에 주관적 경험을 갖지 않는 가상의 존재를 의미한다. 의식이 없는 채로 의식이 있는 것처럼 행동하려면 좀비는 매우 복잡한 구조로 되어 있을 수밖에 없다.

지금 나는 이렇게 당신과 이야기를 나누고 있지만, 결국 내가 당신에게서 얻을 수 있는 정보는 당신의 행동뿐이다. 물론 당신이 보여 주는 복잡하고 지능적인 말과 행동은 당신의 내면에 의식이 있음을 간접적으로 시사하고 있다. 그러나 최소한 논리적으로는, 당신이 좀비일 가능성을 완전히 배제할 수는 없다.

이러한 좀비의 논리적 가능성은 우리가 왜 좀비가 아닌지를 묻게 한다. 신이 세상을 창조 — 물론 이는 비유적 수사다 — 할 때 좀비가 아닌 의식을 택한 것은 왜일까? 나를 포함한 몇몇 학자들은 의식의 존재가 단순히 뇌의 물리적 구성으로 인한 것이 아닌, 우리 우주가 가진 기본 특성 중 하나라고 보고 있다.

수전 어쨌든 당신은 그러한 철학적 좀비의 존재가 가능하며, 의식이 여타의 뇌기능과는 별개라고 생각하는 것인가?

데이비드 최소한 우리 우주에서는 철학적 좀비의 존재는 불가능해 보인다. 반도체로 이루어진 컴퓨터라 할지라도 복잡한 지능적 행동과 기능을 보인다면 의식을 가질 것이다. 그러나 좀비로만 이루어진 가능세계possible world를 어렵지 않게 상상할 수 있다는 점은 짐짓 흥미롭다. 우리 우주가 그렇지 않다는 점도 놀랍고 말이다!

수전 지능적 행동이 의식의 충분조건이라고 생각한다면 당신은 기능주의자가 아닌가?

데이비드 행동, 기능, 의식, 이 세 가지를 한 묶음으로 본다는 점에서는 그렇다. 하지만 나는 기능이 의식의 전부라고 생각지는 않기 때문에 엄밀한 의미에서의 기능주의자는 아니다. 경험이라는 주관적 데이터 없이 기능, 행동, 언어 등의 객관적 데이터만으로는 의식을 설명할 수 없다. 기능과 의식은 상관될 뿐, 어느 하나로 환원될 수 없다.

수전 많은 사람들이 당신의 좀비 이론에 관심을 갖고 있기 때문에 이 부분은 좀 더 확실히 짚고 넘어가고 싶다. 당신의 주장을 요약하자면 이렇다. 좀비만이 존재하는 우주를 상상하는 것은 논리적으로 가능하다. 하지만 우리 우주에서만큼은 좀비의 존재는 불가능하며, 지능적으로 행동하는 존재는 필연적으로 의식을 가진다. 내 말이 맞나?

데이비드 그렇다. 아주 정확하다.

수전 좋다!

좀비 문제는 의식의 진화와도 관련되어 있을 것 같다. 좀비의 존재가 가능한데도 의식이 진화한 것은 의식이 모종의 기능을 가졌기 때문이 아니겠는가. 하지만 앞서 당신은 지능적 행동이 가능한 체계는 반드시 의식을 갖는다고 말했다. 그렇다면 의식이 진화해야 할 필연적인 이유도 없는 것이 아닌가?

데이비드 맞다. 진화는 단지 생존에 유리한 기능을 가진 물리적 체계를 선택할 뿐이다. 지능적 행동이 진화하면서 의식도 함께 등장했지만, 의식 자체가 진화적 선택압을 받았는지, 의식의 존재가 생존 확률을 높이는지는 아무도 모른다.

더 나아가 의식의 기능이 계획이나 의사 결정, 정보의 통합 등일 거라고 주장하는 이들도 있지만, 정말로 그 특정 기능이 의식이나 주관적 경험 없이는 불가능한지를 입증하기란 쉽지 않다.

그 기능이 무엇이든, 최소한 이론적으로는 무의식적으로 그것을 수행하는 좀비를 상상하는 것이 가능하니까 말이다. 그렇다면 어째서 인간은 좀비와 달리 의식을 갖게 되었을까? 의식은 도대체 무엇을 위해 존재할까?

데카르트의 말처럼 의식이 비물리적 존재라는 것도 하나의 가능성이다. 그렇다면 물리적 세계와 적절하게 상호작용할 수 있는 의식만이 자연 선택되었을 수도 있다. 그러나 이러한 관점은 종래의 물리학적 세계관과 어긋나기 때문에 진지하게 논의되고 있지는 않다. 일부 학자들이 양자역학에서 실마리를 찾고 있기는 하지만 말이다.

어쩌면 의식이 존재하는 이유는 삶에 의미와 가치를 부여하기 위함일지도 모른다. 실제로 의식은 우리 삶을 폭넓게, 재미있게, 가치 있게 만든다. 좀비밖에 없는 우주에는 그 어떤 의미나 가치도 없다.

수전 양자 의식 이론에 대한 견해는?

데이비드 흥미롭기는 하나 너무나도 사변적이다. 전통 신경과학은 40헤르츠의 감마 진동Gamma oscillation과 같은 뇌의 여러 작용들을 밝혀냈지만, 그것들이 의식을 일으키는 이유는 조금도 설명하지 못했다. 그래서 사람들은 부족한 퍼즐 조각을 다른 분야에서 찾기 시작했고, 양자 의식 이론 역시 그러한 시도의 일환으로 보인다. 하지만 양자역학적 접근법도 결국에는 똑같은 난제에 봉착할 수밖에 없다. 미세소관Microtubule 속 파동함수의 붕괴가 어째서 의식을 만들어 낸다는 말인가? 그런 식으로 문제를 우회해서는 진정한 해답에 도달할 수가 없다.

수전 자유의지는 존재하나?

데이비드 글쎄, 잘 모르겠다. 애초에 자유의지의 정의가 불분명하니까 말이다.

누군가가 나를 감금하지 않는 한, 나는 내가 원하는 일을 언제든지 할 수 있다. 그러한 의미에서 나는 자유로우며, 대부분의 경우 그것만으로도 충분하다.

만약 나의 선택이 모두 결정되어 있다면 정말 나에게는 자유가 없는 것일까? 하지만 결정론이 틀렸기를, 다시 말해 의사 선택이 비결정론적으로 이루어지기를 바라는 마음 역시 나의 일부이다. 따라서 그것은 착오에서 비롯된 쓸모없는 욕망에 지나지 않는다.

수전 의식 연구가 당신의 삶에 변화를 주었는가?

데이비드 내 답이 '예스'이면 좋으련만, 사실 나는 내 연구에 별다른 영향을 받지 않았다. 한때 나는 의식이 있는 것들을 잡아먹고 싶지 않다는 생각에 채식주의자가 되려고 결심하기도 했었다. 그러나 의식이 거의 모든 생물에 존재한다는 것을 알고는 이내 마음을 접었다. 지금 나는 의식의 유무가 아닌 복잡도에 윤리적 기준을 두고 있기 때문에 물고기나 닭과 같은 비교적 하등한 생물은 먹고 있다. 양심의 가책이 전혀 없지는 않지만, 나 역시 인간인 이상 어찌 고기의 맛을 외면하겠나.

수전 어쩌다가 의식 연구를 시작한 것인가? 어릴 때부터 의식에 관해 고민했었나, 아니면 특별한 계기가 있었나?

데이비드　나는 10살 무렵에 내가 근시임을 처음 알았다. 그것도 심각한 부등시不等視였다. 그때까지 두 눈으로 원근감을 느껴본 적이 한 번도 없었던 것이다. 안경을 착용하자 내 눈앞에는 놀라우리만치 선명하고도 입체적인 세상이 펼쳐졌다. 나의 고민은 그때부터 시작되었다. 어떻게 안경 하나 썼다고 없던 입체감이 생긴 것일까? 두 눈의 시차로부터 깊이 정보가 도출된다는 사실 자체는 대강 이해가 갔지만 이를 주관적 관점에서 받아들이기는 힘들었다. 대학생 시절에도 나는 학우들과 의식에 관한 토론을 자주 벌이고는 했는데, 그것이 내가 의식 연구를 업으로 삼기로 결심한 직접적 계기가 되었다.

　요즘도 나는 종종 그때의 결정을 떠올려 본다. 만일 내가 500년 전 뉴턴 시대에 태어났다면 분명 수학자나 물리학자가 되었을 것이다. 무주공산인 여러 학문 분야들을 정복하면 얼마나 행복할까! 물론 오늘날의 수학과 물리학도 충분히 흥미롭지만, 기본적인 틀이 완성된 채로 빈칸을 메우고 있다는 인상을 지우기 어렵다. 내가 수학과 물리학을 저버리고 무모하게도 의식 문제를 인생의 과업으로 택한 것은 개척자의 삶을 원했기 때문이었다. 그 후로 나는 의식에 관한 과감한 가설들을 서툴게나마 철학과 인지과학의 맥락 속에 담아냈고, 그것이 어느 정도는 성공한 것 같다. 하지만 훌륭한 철학자가 되려면 아직 갈 길이 멀다. 철학이라는 학문이 본래 어렵다.

수전 지금 돌아보면 당시에 그런 용기를 냈었다는 것이 아주 뿌듯하게 느껴질 것 같다.

데이비드 그렇다. 하지만 그 결정을 내리기까지는 오랜 시간이 걸렸다. 전공을 바꾼 후에도 1~2년 동안은 가족을 포함한 모든 주변 사람들의 핀잔과 염려에 시달려야 했다. 수학을 곧잘 하던 녀석이 갑자기 철학이라니, 무슨 뚱딴지같은 소리였겠나. 철학을 공부해서 어떻게 먹고 산다는 말인가. 하지만 만약 내가 수학자로서의 삶을 택했다면 지금만큼 재미있게 살지는 못했을 것 같다.

수전 죽음 이후에 의식은 어떻게 될까?

데이비드 확실하지는 않지만 뇌가 죽으면 의식도 소멸할 거라고 본다. 의식과 뇌가 별개의 실체라 하더라도 의식이 뇌의 작용에 의존하는 것만은 분명하니까. 뇌를 다치면 의식도 손상되듯, 뇌 조직이 죽어서 분해되면 의식도 함께 분해될 것이다. 물론 범심론적 관점에서 보면 분해된 뇌 조직 속에는 의식의 편린들이 남아 있겠지만, 그것들을 의식이라 부르기는 어려울 것이다. 하지만 누가 알겠는가. 지금 나의 주장도 완전히 틀렸을지 모른다. 실은 그 편이 나로서도 훨씬 기쁠 것 같다!

감각은 뇌의 활성 패턴이다
&
뇌는 인과적 기계이다

패트리샤 & 폴 처칠랜드
Patricia & Paul Churchland

패트리샤 & 폴 처칠랜드
Patricia & Paul Churchland

패트리샤 처칠랜드(1943~)와 폴 처칠랜드(1942~)는 캐나다 출신의 부부 철학자로, 폴은 피츠버그 대학교에서, 패트리샤는 옥스퍼드 대학교에서 철학 박사 학위를 받았다. 둘은 매니토바 대학교와 프린스턴 고등연구소에서 함께 근무하였고, 1984년부터는 캘리포니아 샌디에이고 대학교에서 철학과 교수로 재직하며 심리철학과 인지신경과학의 여러 문제를 연구하고 있다.

패트리샤는 여러 연구자들에게 서슴지 않고 독설을 던지는 것으로 유명하다. 그녀에게 '의식의 어려운 문제'란 플로지스톤이나 열소Caloric fluid 개념처럼 곧 소거될 '집단 사기극'이고, 철학적 좀비는 사상 최악의 사고 실험이며, 양자 의식 이론은 그야말로 얼토당토않은 헛소리이다. 패트리샤의 저서로는 『뇌과학과 철학』(1986), 『뇌처럼 현명하게』(2002) 등이 있다. 한편 폴은 제거적 유물론Eliminative materialism을 제시하고, 믿음이나 욕망 등 상식 심리학Folk psychology의 여러 개념들을 논파한 것으로 잘 알려져 있다. 폴의 저서로는 『물질과 의식』(1984), 『이성의 엔진 : 영혼의 자리The Engine of Reason: The Seat of the Soul』(1996) 등이 있다.

수전   의식이 문젯거리가 되는 까닭은 무엇인가?

패트리샤   나는 의식 문제가 신경과학의 다른 문제들에 비해 특별히 더 심오하다고 생각지 않는다. 사실, 오늘날의 신경과학자들은 뇌나 뇌세포의 작동 원리는커녕 뇌가 정보를 부호화하는 방식조차도 거의 모르고 있다.

수전   정보가 신경세포의 발화 빈도나 시냅스 연결의 강도 등으로 부호화된다는 것은 주지의 사실이 아닌가?

패트리샤   하지만 그 구체적인 원리는 아직 밝혀지지 않았다. 만일 정보가 발화 빈도로 부호화된다면, 그 빈도를 어느 시간 간격으로 계산해야 하나? 실제로 세포들을 관찰해 보면 자극에 대한 감응도가 시간에 따라 변화하는 것을 볼 수 있다.

수전   그 안에 여러 신호가 섞여 있을 수도 있나?

패트리샤   물론이다. 정보는 자극과 첫 번째 발화 사이의 시간차 Latency로 부호화될 수도, 그 첫 번째 발화의 지속 시간으로 부호화될 수도 있다. 축삭Axon에서의 부호화 과정만 하더라도 이럴진대 수상돌기Dendrite에서의 복호화는 말해 무엇하겠나.

수전   나는 '오늘날 뇌과학자들이 무엇을 모르는지'가 아니라 '의식 문제가 왜 특별한지'를 물었다. 나를 포함한 많은 이들은 의식 문제가 어딘가 특별하다고 느낀다. 지금 창밖에 핀 저 검붉은 분꽃들을 바라보면 나의 의식에서는 빨간색의 경험이 발생하는데, 이것을 이해하는 것은 정보의 부호화와 같은 '언젠가는 해결 가능한' 문제를 푸는 것과는 차원이 다르지 않나?

패트리샤   순전히 추측만으로 어떤 문제의 난이도를 가늠하는 것은 문제 해결에 도움이 되기는커녕 오히려 상황을 악화시킬 수도 있는 오만함이자 자기기만이다.

난공불락 같던 문제가 의외로 쉽게 해결되거나 간단해 보이던 문제가 좀체 풀리지 않는 상황은 과학사에서 그야말로 비일비재하다. 예컨대 수성의 근일점이 이동하는 현상은 처음에는 세차운동과 중력의 작용만으로 설명될 것처럼 보였으나, 결과적으로는 아인슈타인이 일반상대성 이론을 정립하고 나서야 완전히 규명되었다.

마찬가지로 20세기 초의 생물학자들은 단백질의 접힘 구조보다 유전 현상의 원리가 훨씬 더 어려운 문제일 거라고 믿었지만 실상은 그와 정반대였다. 유전 문제는 1950년대 DNA의 반보존적 복제가 밝혀지면서 이내 해결되었지만, 단백질의 3차원 구조를 결정하는 메커니즘은 오늘날까지도 완전히 규명되지 않았다.

위 사례들에서 볼 수 있듯, 우리는 어떤 문제의 난이도를 겉보기로 지레짐작해서는 안 된다. 의식 문제가 불가사의해 보이는 것은 우리가 아직 그 메커니즘을 모르기 때문일 뿐, 다른 이유는 없다.

수전   그 '난이도'란 것이 데이비드 찰머스가 말한 '쉬운 문제'나 '어려운 문제'와도 관련이 있나?

패트리샤   오, 찰머스의 주장은 한낱 말장난에 불과하다. 앞서 말한 정보의 부호화 역시 신경과학의 오래된 난제 중 하나인데, 의식과 정보의 부호화 중 어느 것이 더 어려운 문제인지 겉보기만으로 어떻게 판단할 수 있겠나?

수전   나는 당신이 어떻게 의식 문제를 정의하는지 알고 싶었는데, 아쉽게도 그건 듣지 못한 것 같다. 폴, 당신 생각은 어떤가?

폴   의식 문제를 정의하는 가장 명확한 방법은 수면 상태와 비수면 상태를 비교하는 것이다. 잠에서 깨기 전과 후에 우리의 뇌는 현격하게 다른 활동 패턴을 보이지만, 그 차이가 어째서 주관적 경험과 감각질의 차이로 귀결되는지는 설명하기 어렵다. 그래서 많은 사람들이 이 문제를 애써 외면하기도 한다.

그 밖에도 주의나 단기기억 등 의식을 구성하는 요소는 얼마든지 있겠으나 뇌가 그러한 기능들을 어떻게 형성하는지, 또한 그 기능들이 어떻게 단일한 의식으로 조직화되는지는 알려진 바가 전무하다.

수전   당신이 생각하는 '감각질'의 정의는 무엇인가? 일부 학자들은 감각질이라는 용어에 거부감을 느끼기도 하는데.

폴   여러 가지 색깔이나 소리, 냄새와 감촉이 제각기 다른 느낌을 일으키는 것은 너무나 자명한 사실이다. 감각질은 그러한 느낌들 간의 차이를 의미한다. 감각질은 우리 삶을 가치 있게 하며,

향유와 갈구의 대상이기도 하다.

수전 하지만 두뇌 활동과 감각질의 관계를 설명하기란 여간 골치 아픈 문제가 아닌데.

폴 나도 그렇게 생각했었다. 나 역시 처음 감각질 문제를 접하고서는 며칠이나 머리를 싸맸던 기억이 있다. 하지만 의식 연구에 몸담은 지난 40년 동안 나는 의식 문제나 감각질 문제가 야기하고 있는 지금의 혼란이 과학사에서 처음 있는 일이 아니라는 것을 알게 되었다. 많은 사람들이 의식 문제가 전 우주에서 가장 특별한 문제라고 생각하지만, 사실은 그렇지 않다!

수 세기 전 사람들의 입장이 되어 한번 생각해 보자. 그들은 빛이 무엇이라고 생각했을까? 영국의 작가 존 밀턴John Milton은 그의 역작 『실낙원』에서 빛을 '천국의 정수를 담고 있는 영묘하고 순수한 존재'로 묘사했다. 창세기에서도 빛은 신의 첫 번째 창조물로 등장하고 있다. 만일 이것이 사실이라면 빛의 정체를 '빛 다음에 창조된 것들'로 설명하려는 시도는 헛수고일 수밖에 없다.

이러한 관점에서 보자면 곧 전자기파라는 주장은 괴상하기 짝이 없다. 해나 달에서 뿜어져 나오는 이 신묘한 존재가 나침반이나 자석에 작용하는 해괴한 힘과 어찌 동일할 수 있다는 말인가?

소리가 곧 공기의 압축파라는 주장도 그렇다. 공기 분자의 움직임이 소리의 감각질과 도대체 무슨 관련이 있다는 것인가? 이는 18세기 철학자 조지 버클리George Berkeley가 압축파 이론을 비웃으며 한 말이다.

수전 시각이나 청각 경험의 문제가 '의식의 어려운 문제'와 관련이 있나?

폴 물론이다. 내성(內省, Introspection)을 통해 고통의 내적 특질을 직접 탐구할 수 있는 것처럼, 눈과 귀를 이용하면 시각이나 청각에 대해서도 일정 수준의 직접적 접근이 가능하기 때문이다.

수전 요약하자면 당신은 빛과 소리의 정체, 열역학의 개념, 생명의 본질과 같은 여러 문제들에 내재된 주관 대 객관의 대립이 해소된 것처럼 '의식의 어려운 문제'도 과학의 힘으로 해결될 수 있을 거라는 말을 하고 싶은 것인가?

폴 거의 그렇다. 하지만 의식 문제와는 달리 과거의 문제들에서는 주관과 객관의 대립 구도가 그다지 눈에 띄지 않았다. 가령 빛의 문제에는 소위 '시관'(視觀, Visjective)과 객관의 대립이 있었다. 옛날 사람들은 빛이 존재론적으로 별개의 실체이며, 시각이라는 특별한 '인식론적 창'을 통해서만 그것에 접근할 수 있다는 그릇된 관념을 가지고 있었다. 인식의 주체가 다른 이상, 전자기파는 결코 빛과 동일시될 수 없었다.

그러나 실상은 그와 정반대였다. 소위 '시관적' 실체로 여겨졌던 빛은 전자기파와 존재론적으로 동일한 것으로 밝혀졌다. 마찬가지로 빛의 '주관적' 감각질도 뇌의 활성화와 동일하다는 것이 점차 드러나고 있다. 가령 색채 감각은 외측슬상핵LGN이나 시각 피질의 V4 영역에 위치한 대립 과정Opponent process 세포들의 특정한 활성 패턴이다. 빛이 뇌세포 집단으로 된 건반을 누르면 색깔마다 부여된 고유한 화음이 연주되며, 그것이 바로 주관적 감각질의 본질이다.

수전 오늘날 많은 이들이 의식의 신경상관물을 연구하고 있지만, 뇌와 의식의 관계가 상관관계인지, 인과관계인지, 아니면 그 둘이 동일한지에 대해서는 의견이 분분하다. 당신의 입장은?

폴 그에 관해서도 과학사에서 교훈을 찾아볼 수 있다. 전자기파는 빛의 원인이나 상관물이 아닌, 빛 그 자체다. 가온다$^{Middle\ C}$ 음과 263Hz의 압축파, 커피의 온기와 분자의 평균 운동에너지의 관계도 마찬가지다.

수전 하지만 색깔은 그렇지 않다! 어떻게 색채 감각이 빛의 파장과 동일할 수 있나? 색의 감각질은 특정 파장의 빛과 시각계의 상호작용으로 생겨나는 것이 아닌가?

폴 그렇지 않다. 파장이 다르더라도 광원 조건을 잘 조절하면 같은 느낌을 받도록 만들 수가 있다. 이는 메타머^{Metamer} 문제라고도 하는데, 그것도 그다지 큰 문제는 못 된다.

우리는 지금 사물의 객관적인 색깔이 아니라 그것이 일으키는 색채 감각을 논하고 있다. 그렇기 때문에 이 문제는 빛이나 소리의 경우와 조금도 다르지 않다. 색채 경험은 망막의 중심부인 중심와^{Fovea}에 존재하는 대립 과정 세포들의 활성화 패턴과 존재론적으로 동일하다. 대립 과정 세포에는 세 종류가 있으며, 이들은 반대 자극에 대응하여 특정 활성을 띰으로써 파랑과 노랑, 빨강과 초록, 검정과 흰색을 구분하고 있다. 가령 세 집단이 각각

50%, 90%, 50%로 활성화된다면 그것은 빨간색의 패턴에 해당할 것이다.

패트리샤 일반적으로 과학은 사건 간의 상관관계를 찾는 일에서 시작된다. 현대 뇌과학에서는 단일 세포 기록법, 기능적 자기공명영상, 피험자의 자기 보고 등 다양한 측정 방법들이 활용되고 있다. 비단 의식뿐만 아니라 뇌 자체를 다각도에서 연구하다 보면 어느 순간 빛이나 온도의 경우처럼 의식과 감각질의 정체도 규명될 것이다.

수전 조금 더 자세히 설명해 달라. 빛이 전자기파라거나 열이 분자의 평균 운동에너지라는 것에는 별다른 거부감이 들지 않았는데, 주관적 경험이 뇌세포의 활성화 패턴에 지나지 않는다는 말은 쉬이 받아들이기 어렵다. 수 세기 전의 과학자들도 빛이나 열 문제에 대해 나와 같은 감정을 느꼈을까? 어떠한 관점에서 감각질 문제를 바라보아야 이 거부감을 떨쳐 낼 수 있을까?

패트리샤 옛날 사람들도 빛이 전자기파와 동일하다는 사실을 받아들이는 것에 감정적인 어려움을 경험했다. 하지만 그 거부감의 크기는 해당 이론을 몇 살에 처음 접하느냐에 따라 달라질 수 있다!

내가 가르치는 대학생들만 해도 뇌를 바라보는 태도가 이전 세대와는 매우 다르다. 이들은 최신 뇌과학을 접하며 자랐기 때문에 뇌가 중독, 우울증, 학습 등으로 인해 변화될 수 있는 존재임을 잘 알고 있으며, 의식과 두뇌 활동이 동일하다는 내 주장에도 별다른 놀라움을 표하지 않는다. 생소한 이론에 당혹감을 느끼는 것은 극히 정상적인 반응이다. 천 년 전 사람들에게 지동설은 말도 안 되는 헛소리에 지나지 않았다. 그것이 그 시대의 패러다임이었다.

수전 지금 살아 있는 이들이 죽어야 진보가 일어날 수 있다니 조금은 서글프다.

패트리샤 꼭 그런 것은 아니다. 패러다임이 바뀌기까지 얼마나 오랜 시간이 필요할지는 아무도 모른다.

폴 반드시 세대가 교체되어야 패러다임이 변할 수 있는 것은 아니다. 가령 목소리의 음색이 특정 주파수의 조합이라는 것을 받아들이는 일은 주관적 감각질의 문제에 비하면 훨씬 쉽다. 생각해 보면 서로 다른 음들의 조합이 화음을 이룬다는 것은 놀라운 일이지만, 우리는 각 구성 음들을 분간하지 않고서도 무의식적으로 여러 목소리의 음색이나 화음을 구별할 수 있다. 이는 뇌에 소리의 내부 구조에 민감히 반응하는 영역이 존재하기 때문이다.

패트리샤 마찬가지로 색의 감각질도 세 종류의 원추세포 및 대립 과정 세포가 작용한 결과이다. 단일한 경험처럼 보이지만 실제로는 다양한 요소가 혼합된 결과물인 것이다.

폴 정확히 말하자면 세 집단의 활성도 벡터$^{Activation\ vector}$를 합한 것이다.

수전 고통의 경우는 어떤가?

패트리샤 과거에는 고통과 그로 인한 괴로움^{Awfulness}은 불가분의 관계로 여겨졌다. 고통이 괴로운 것은 '필연적 진리Necessary truth'이며, 고통이 괴롭지 않은 가능세계는 존재할 수 없었다. 하지만 오늘날에는 그 둘이 분리될 수 있음이 당연한 사실이 되었다.

폴 코데인과 같은 진통제를 이용하면 말이다.

수전 헤로인도 그렇고.

폴 그렇다. 진통제를 맞으면 고통은 더 이상 괴로운 것이 아니게 된다.

수전 여러 예시들 가운데 소리에 대해서는 아무런 거부감이 느껴지지 않았고, 색깔에 대해서는 약간의 찝찝함이 들었다. 하지만 고통의 괴로움이 전측 대상회Anterior cingulate cortex의 활성과 동일하다는 주장은 정말로 받아들이기 어렵다. 도대체 내가 왜 이런 반응을 보이는 걸까?

폴 그건 당신이 지식의 경사Knowledge gradient를 올라가고 있기 때문이다.

패트리샤 게다가 아직 갈 길이 한참 멀다.

폴 뇌는 색이나 고통을 비롯한 여러 감각 자극들을 부호화하고 있다. 그 부호화 벡터Coding vector의 공간이 실제 자극들에 어떻게 대응되는지가 밝혀지면 그것으로 감각질의 미스터리는 풀릴 것이다. 그때 우리는 두뇌 활동이 실제로는 외부 세계의 특징 공간 Feature space에 대한 정교한 표상임을 깨닫게 될 것이다. 물론 지금으로서는 내 말이 조금도 와닿지 않겠지만.

수전 살다 보면 내부와 외부, 주관과 객관, 나 자신과 바깥 세상을 구분 짓는 이원론적 사고에 자꾸만 젖어 들게 된다. 당신들이 말하는 '지식의 경사'를 다 오르고 나면 이원론에서도 벗어날 수 있을까?

패트리샤 이원론 중에는 영혼의 개념을 필요로 하지 않는 것도 있다. 뇌의 대표적인 기능 중에는 '나'의 내부와 외부를 구획하는 모델을 세우는 것이 있다. 뇌는 이 모델을 이용하여 운동 명령에 대한 예측 신호인 원심성 사본Efference copy을 만들어 내고, 이를 통해 나는 내 몸의 움직임이 내 것임을 인식할 수 있다. 자기 자신을 간지럽힐 수 없는 이유가 바로 여기에 있다. 실제로 조현병 환자들은 원심성 사본을 형성하는 체계가 망가져 있기 때문에 자신을 간지럽힐 수 있다.

폴 그들은 자기와 바깥 세계의 경계가 어딘지를 알지 못한다.

수전 다음 주제로 넘어가자. 철학적 좀비의 존재가 가능한가? 차례로 답해 달라.

패트리샤 당신 말은 그러니까 좀비가….

폴 그냥 아니라고 말하게, 패트리샤.

수전 잠깐, 그러면 안 된다. 당신들의 견해가 비슷하다고 해서 서로가 할 말을 정해 버리면 곤란하다.

패트리샤 '가능하다'는 것을 어떻게 정의하느냐에 따라 답이 달라질 것 같다. 논리적으로는 좀비는 당연히 존재할 수 있지만, 사실 그건 별 의미가 없다. 진짜 중요한 문제는 좀비가 실제로 존재할 수 있는지인데, 지금까지 밝혀진 바로는 그 가능성은 높지 않아 보인다. 코마나 깊은 잠, 실신 발작(Absence seizure : 수 초간의 의식 소실을 동반하는 간질 발작의 한 형태 — 역주) 등으로 인해 의식을 잃은 사람이 행동에 있어서 정상인과 매우 큰 차이를 보이는 것을 보면 그렇다.

좀비가 존재할 수 있느냐는 질문은 DNA가 없는 생물 종이 존재할 수 있느냐는 질문과도 같다. 논리적으로는 가능하겠지만 지금까지 알려진 진화론에 의거하면 그런 일은 일어날 수가 없다.

하지만 멜빈 굿데일Melvyn Goodale과 데이비드 밀너David Milner가 무의식적 시각 정보가 운동에 활용될 수 있음을 보여 준 것은 분명 놀라운 사건이었다. 코흐와 크릭이 그것을 '좀비 체계Zombie system'라 부른 탓에 또 다른 오해가 초래된 것은 안타까운 일이지만 말이다.

수전 굿데일 자신은 그것을 좀비 체계라 부르지 않았다. 그들은 의식과 무의식의 차이가 아닌 운동과 지각의 차이를 지적한 것이었다.

패트리샤 그렇다. 어쨌거나 그들의 발견은 전체 의식 연구를 통틀어 가장 기발하고 흥미로운 업적이라 해도 과언이 아니다.

수전 폴, 왜 방금 패트리샤의 말을 가로막은 것인가?

폴 이번에도 비유를 활용해 보겠다. 좀비가 존재할 수 있다는 주장은 전자기파가 가득하지만 칠흑같이 캄캄한 세계가 상상 가능하므로 빛과 전자기파가 동일할 수 없다는 말과도 같다. 물론 상상은 자유지만, 빛의 정체를 밝히는 일이 문제의 핵심임을 잊어서는 곤란하다. 만약 빛이 없고 전자기파만 있는 가능세계가 있다손 치더라도, 그곳에서도 식물은 똑같이 자랄 것이고 해바라기는 태양을 바라볼 것이다. 이처럼 전자기파와 빛에 대해 더 많이 알게 될수록 '빛이 없고 전자기파만 있는 세계'를 상상하기는 점점 어려워진다. 이와 같이 신경과학이 발전함에 따라 찰머스의 좀비 논증은 그 의미가 퇴색될 수밖에 없다. 신경과학의 미시적 접근과 심리학의 거시적 접근은 언젠가 하나로 통합될 것이다. 단순히 어느 하나가 다른 하나에 흡수되는 것이 아니라, 같은 현상을 다른 구도에서 관찰한 것이었음이 드러날 것이다.

수전　오늘날 뇌과학이 발전하는 속도를 보면 오래지 않아 사람들도 좀비 직감에서 벗어나게 될 것 같다.

패트리샤　물론이다.

폴　찰머스의 주장은 애초부터 말이 안 되는 것이었다. 그가 설득력을 발휘한 것은 단지 사람들이 뇌에 대해 무지했기 때문이었다. 그 무지의 장막이 걷히고 나면 그의 주장도 이내 빛이 바랠 것이다.

패트리샤　나는 '과학이 할 수 없는 일'에 관해서도 찰머스와 의견을 달리한다. 콜린 맥긴Colin McGinn이나 제리 포더Jerry Fodor와 같은 많은 철학자들은 과학이 해결할 수 없는 것이 무엇인지를 논하는 것으로 생계를 이어 나가고 있다. 찰머스 역시 신경생물학이 의식을 규명할 수 없다고 주장하며 유명해진 인물이다. 하지만 나는 그것이 신경과학에 밥그릇을 빼앗기지 않으려는 전형적인 철학자의 패배주의라고 생각한다. 무릇 어떤 현상을 설명하려면 그에 관한 실증적인 이론을 제안해야 하는데, 나는 아직 찰머스가 감각질의 정체를 실증적으로 설명하는 것을 본 적이 없다. 의식이 질량이나 전하와 같은 우주의 기본 특성이라고 주장하고 싶다면 그에 대한 과학적 이론을 세우는 것이 우선일 것이다.

수전　당신은 감각질이라는 용어를 계속 사용하고 있는데, 이 대목에서 대니얼 데닛과의 견해차가 느껴진다. 많은 사람들은 당신들과 데닛, 이 세 사람이 유물론자로서 동일한 시각을 갖고 있다고 여긴다. 혹시 당신들이 데닛과 입장을 달리하는 부분이 있다면 무엇인지 간단히 설명해 달라.

패트리샤　내가 먼저 짧게 설명하고 나서 폴이 더 자세한 이야기를 덧붙일 거다.

　사실 데닛이 의식을 바라보는 관점은 우리와는 많이 다르다. 데닛의 관점, 즉 행동주의적 관점에서는 감각질의 개념이 필요치 않으며, 보고 가능성Reportability만이 의식의 필요충분조건이다. 내가 문제를 바라보는 관점은 그보다 훨씬 더 생물학적이다. 데닛과 달리 나는 허기, 갈증, 욕망, 호기심과 같이 외부 자극에 얽매이지 않고 내부에서 생성되는 질적 경험이 분명 실재한다고 믿는다. 또한 나는 그 질적 경험들과 존재론적으로 동일한 두뇌 상태들도 존재한다고 생각한다. 따라서 관건은 질적 경험과 동일한 신경생물학적 활동을 특정할 수 있을 만큼 신경과학을 발전시키는 일이 될 것이다.

수전 하지만 나는 당신의 주장이 데닛의 주장과 무엇이 다른지 잘 모르겠다. 행동적 보고만으로 정신 현상을 설명하기에 충분하다고 믿는 것이 행동주의의 정의라면 데닛은 행동주의자가 아니다. 그도 뇌과학 연구의 중요성을 부정하지는 않을 것이다. 오히려 그는 뇌과학의 결과물만으로도 감각질을 설명하기에는 충분하며, 궁극적으로는 '형언 불가능한 느낌 그 자체'로서의 감각질의 개념은 소거될 거라고 주장한다.

폴 기존의 철학자들이 감각질을 오인의 소지가 없는 '존재론적 단순체Ontological simples'로 규정한 것은 분명한 잘못이었다. 데닛이 그러한 철학적 오개념을 타파하고자 하는 것이라면 나 역시 그의 손을 들어 주고 싶다. 하지만 우리가 빨간색을 바라볼 때 시각계에서 특정한 활성 상태가 나타난다는 것은 어떻게 해도 부정할 수 없는 사실이다.

패트리샤 감각질을 비물질적이고 형언 불가능한 본질로 정의하면 미스터리의 구렁텅이에서 영영 헤어날 수 없다는 데닛의 지적은 매우 합당한 것이었다. 하지만 간혹 데닛이 행동주의자처럼 굴 때면, 솔직히 나로서도 그가 말하고자 하는 것이 무엇인지 이해하기 힘들다.

수전 육체가 죽은 후에도 의식이 살아남을 수 있을까?

패트리샤 치매 환자의 뇌에서 다수의 신경세포가 사멸하면 환자의 자아도 서서히 흐려진다. 기억력과 인지 기능이 저하되고 성격도 변화하며, 공감 능력이나 시공간 지각력도 손상을 입는다.

그렇게 가족과 친구들이 알던 '그 사람'은 이 세상에서 차차 사라지게 된다. 이 모든 증거들은 의식이 정상적으로 작동하기 위해서는 뇌의 작용이 필요하다는 것을 시사한다. 그런데 의식이 어떻게 사후에도 존재할 수 있겠나?

개인적으로도 나는 천국의 존재와 같은 비현실적인 희망을 품기보다는 죽음으로써 모든 것이 끝난다는 것을 받아들이는 쪽을 택하고 싶다. 어린 시절 한 아메리카 원주민 친구가 나에게 말하기를, 자기는 기독교인들이 천국이라는 환상 때문에 고생하는 게 안타깝다며, 자신의 문화권에서는 죽음을 앞둔 이들이 살면서 얻은 지혜를 자손들에게 들려주며 편안하게 끝을 맞이할 채비를 한다더라. 그 편이 훨씬 현명하다고 나는 생각했었고, 지금도 그 생각은 변치 않았다.

폴 나도 동의한다. 의식 역시 생명의 여러 양상 중 하나에 불과하므로 생명이 끝나면 의식도 함께 끝날 것이다. 나는 정말로 그렇게 되기를 바라 마지않는다. 의식이 영원히 존재할 거라 생각하면 솔직히 소름이 끼친다.

때가 되면 부디 편히 잠들고 싶다.

수전 자유의지는 존재하나?

패트리샤 의사 결정이 비인과적인지를 묻는 거라면, 당연히 그렇지 않다. 뇌는 인과적 기계이며, 현재의 두뇌 상태는 전적으로 직전의 조건에 따라 결정된다. 허나 우리는 여전히 '통제된 행동'과 그렇지 않은 행동의 차이가 무엇인지를 알고 싶어 한다. 나는 그 둘의 차이를 신경생물학적으로 표현하는 것이 가능하다고 생각한다. 통제된 행동과 관련된 매개변수를 정의하고, 그것들을 공간상에서 표현하는 것이다. 우리는 3차원까지만 머릿속에서 그릴 수 있지만 통제된 행동의 매개변수 공간은 아마도 임의의 차원에서 그려질 것이다.

폴 그것도 아주 높은 차원에서 말이다.

패트리샤 통제된 행동들의 집합은 매개변수 공간 내에서 특정한 영역을 이룰 것이다. 그 영역은 여러 개로 나뉘어 있을 수도 있고, 불분명한 경계 혹은 특이한 형태를 보이거나, 갖가지 역동적 특성을 지닐 수도 있다. 가령 사춘기의 호르몬 변화는 통제된 행동 영역의 형태를 바꿀 것이고, 이는 곧 행동상의 변화로 귀결될 것이다.

수전 하지만 실제 삶에서는 어떠한가? 만일 뇌가 인과적으로 닫혀 있어서 어떠한 선택을 내리든 상관없다고 믿는다면 도덕적 결정을 내리기란 전혀 어렵지 않을 것이다. 자유의지에 대한 당신의 철학이 실제 의사 결정 과정에도 영향을 미치고 있나?

패트리샤 나는 양가 감정을 가진 채로 살고 있다. 우리 뇌는 자유의지라는 사용자 환상(User illusion : 데스크톱 환경과 같이 컴퓨터 사용자의 편의를 위해 만들어진 환상 ― 역주)을 만드는 방식으로 작동하고 있다. 의식이 효용을 계산하여 선택지를 고르면 그에 따라 행동이 실행된다는, 아주 유용한 환상 말이다.

수전 자유의지가 환상임을 알면서도 그것이 진짜인 것처럼 행동하며 사는 것에 만족하나?

패트리샤 그것은 도덕이 환상인 것과도 마찬가지다. 지금 우리가 따르는 도덕 규범들을 결정한 것은 신의 뜻이 아니라 신경생물학적, 진화적, 문화적 요소들이다. 하지만 그것들이 진리라고 믿는 것이 훨씬 유용한 것도 사실이다. 이와는 살짝 다른 문제이기는 하지만, 나는 의사 결정을 내리고 그에 따른 책임을 지는 일에 별다른 어려움을 느끼지 않는다. 내가 만족감을 느끼는지는 본질이 아니다. 자유의지가 실재하는지 여부가 문제의 핵심이다.

수전 폴, 당신의 경우는 어떤가?

폴 나는 이 상황에 아무런 모순도 느끼지 않는다. 수전 당신은 신체가 행동의 주체이며 의식이 의사 결정에 아무런 영향을 주지 않는다고 주장하고 있지만 내가 경험하는 바는 그렇지 않다. 대부분의 경우 나의 행동은 내 의지의 소산이다.

그렇다면 과연 그 의지의 기저에 모종의 조직적 인과관계가 있을까? 나는 이것이 더 합당한 질문이라고 생각한다. 나로서는 이에 대해 '그렇다'라고 답하고 싶지만, 더 타당한 — 어떤 면에서는 '위로가 되는' — 설명은 다음과 같다.

뇌는 비선형 동역학계Non-linear dynamic systems이다. 비선형 동역학계는 연속체Continuum 이론을 따르며, 극히 미세한 차이에도 완전히 다른 결과가 초래될 수 있다. 가령 어느 시점에 두 뇌가 거의 동일한 상태를 갖고 있더라도 시간이 조금만 흐르면 그 둘은 전혀 달라지게 된다. 이는 이 우주에서 상상 가능한 그 어떤 기계로도 인간의 행동을 — 심지어 쥐의 행동도 — 예측할 수 없음을 뜻한다. 물론 일반적인 경향성이나 패턴은 예외지만, 정확히 언제 무슨 행동을 할지 알아내는 것은 불가능하다. 따라서 인간이 로봇에 불과하다는 과학자들의 주장에 너무 과민 반응할 필요는 없다.

수전 그 설명이 '위로가 되는' 이유는 무엇일까?

폴 나 역시 다른 이들과 다르지 않다. 인간이 프로그램에 의해 움직이는 로봇에 지나지 않는다는 주장은 듣기 불편하다. 하지만 그 가능성을 완전히 배제할 수 없는 것도 사실이다. 필립 딕Philip Dick의 공상과학 소설 『안드로이드는 전기 양의 꿈을 꾸는가?』에 나오는 주인공이 자신이 로봇임을 깨닫고 괴로워하는 것처럼 말이다.

수전 당신도 그 로봇처럼 괴로워할 것 같나?

폴 내가 행동이 예측 가능하게끔 설계되었다면, 그럴 것 같다.

수전 그렇다면 결국 당신에게 중요한 것은 결정성이 아닌 예측 불가능성인가?

폴 그렇다. 나의 행동이 예측 불가능하다면 내가 누군가의 꼭두각시라는 최악의 가능성을 배제할 수 있기 때문이다.

수전 패트리샤, 당신은 의식 연구로 인해 삶의 변화를 경험한 적이 있나?

패트리샤 당신도 알겠지만 나는 의식을 주로 연구한 사람이 아니다. 나의 주된 관심 분야는 신경생물학이다.

수전 다른 분야의 연구까지 모두 포괄한다면?

패트리샤 콕 집어 말하기는 힘들 것 같다. 하지만 어쨌든 신경과학의 발전이 인류의 세계관에 많은 변화를 가져다준 것만은 사실이다. 그중에서도 특히 정신 질환에 대한 시각이 굉장히 많이 달라졌다. 내가 어릴 적에는 자폐증이 부모의 냉담한 양육 태도 때문에 생긴다는 것이 학계의 정설이었으며 그 밖의 많은 병들도 신경쇠약이라는 이름으로 뭉뚱그려졌다. 내가 대학생이던 때에도 사람들은 프로이트적 정신분석이 우울증을 치유할 수 있다고 믿었다. 하지만 오늘날에는 일반인들도 뇌에 대해 적잖은 관심을 갖고 있다. 이는 구성원 중에 정신 질환자가 한 명도 없는 가족이 드물기 때문이기도 하다. 의료용 거머리부터 원숭이와 사람에 이르기까지, 신경생물학은 그야말로 끝없는 경이로 가득 차 있다.

그러한 측면에서는 연구가 내 삶에 적잖은 영향을 끼쳤다고 말할 수 있겠지만, 변하지 않은 것들도 많이 있다. 예나 지금이나 나는 가족과 손주들을 사랑하며, 강아지와 전원 생활, 카누에 대한 애정도 그대로이다.

수전 인간적인 면모만은 그대로인 것 같다!

패트리샤 자유의지에 관한 나의 여러 고민 중 하나는 비이성적인 폭력성에 대한 유전적·신경생물학적 원인들이 밝혀지면 현행 형법이 어떻게 달라질까 하는 것이다. 실제로 모노아민 산화효소 A 유전자에 돌연변이가 있는 사람들은 아동기에 학대를 당할 경우 매우 높은 확률로 비이성적이고 자기파괴적인 폭력성을 갖게 된다. 만일 국가가 그들의 가정 환경에 적극적으로 개입하여 폭력성의 발달을 막을 수 있다면 어떻게 해야 할까? 사생활을 간섭당하는 것은 결코 유쾌한 일은 아니겠지만, 감옥살이에 비하면 훨씬 낫지 않을까?

뿐만 아니라 중독에 대한 치료제의 개발이 임박한 상황에서 마약법에 어떤 변화를 주어야 할지에 대해서도 사회적 논의가 필요하다.

수전 마약법이 어떻게 바뀌었으면 하는가?

패트리샤 지금의 법은 오히려 마약 문제를 악화시키고 있다. 약물 복용을 예방하지도 못할뿐더러 외려 지하 조직의 성장에 일조하고 있다. 정부가 해야 할 일은 마약 거래를 양성화하여 세금을 징수하고, 필요한 경우 정제된 약품을 구할 수 있도록 기준을 마련하는 동시에, 구매자들에게 그 위험성을 최대한 교육하는 것이다. 지금의 여자 화장실에는 '임신 중 음주 금지'라는 표지판이 붙어 있지만, 앞으로는 '임신 중 코카인 및 메스암페타민 복용 금지'라고 써붙여질지도 모른다. 그러한 방향으로 법을 개정한다면 마약 복용자의 숫자도 절반 이상 줄어들 것이다.

이와 같이 과학의 발전은 법률 제도의 구체적인 변화를 불러올 수 있다. 조금 다른 예를 들자면, 오늘날 동성애가 더 이상 '생활 방식의 선택'으로 취급되지 않는 것은 성적 지향이 뇌의 고유한 특성이라는 것이 드러났기 때문이다. 지금의 세대가 동성애를 대하는 태도는 나의 세대와는 완전히 다르다. 이러한 사회적 시선의 변화는 마약에 대해서도 일어날 것으로 예상된다. 실제로 캐나다에서 관련된 법 개정이 진행되고 있기도 하다.

수전 폴, 당신은 언제부터 의식 문제에 관심을 가졌나?

폴 나는 학부에서 수학과 물리학을 전공했고, 그 와중에 우연히 철학이라는 학문에 매료되었다. 인류가 가진 지식의 총체는 역사적으로 어떻게 발전해 왔는가? 그 지식들은 어떻게 체화되는가? 나는 이러한 과학철학 및 인식론 문제들에 관심이 많았다. 일찍이 논리실증주의자Logical positivist들은 지식이 언어에 의해서만 표상될 수 있다고 못박았지만, 그들은 이 지구상에 오직 인간만이 언어를 사용하며, 그 인간조차도 생후 2년간은 언어 없이 외부 세계를 표상한다는 사실을 간과하고 있었다.

인간은 유사 이래로 서로 소통하며 문화라는 유산을 축적해 왔다. 자연주의자였던 나는 그 모든 것이 뇌의 작용이었음을 점차 받아들이게 되었다. 패트리샤는 나보다 한참 전인 1975년 즈음부터 뇌에 관심을 갖고 있었기 때문에 뇌에 관해 훨씬 많이 알고 있었고, 우리는 의식에 관한 여러 실증적 데이터와 이론들을 점점 더 많이 들여다보게 되었다. 그 결과 나의 철학적 관점도 많이 바뀌었는데, 실제로 인식론에 관한 현재 나의 입장은 젊을 때와 180도 다르다.

수전 연구 외적인 부분에서는 어떤가?

폴 우선 도덕적 지식을 바라보는 관점이 크게 바뀌었다. 지금의 나는 열렬한 도덕 실재론자Moral realist로서, 타인의 마음을 지각하는 것이야말로 뇌가 일생 동안 습득하는 기능 중 가장 중요한 능력이라고 보고 있다.

인간은 공간지각력을 바탕으로 물리적 공간을 탐색하듯 도덕적·사회적 지각력을 활용하여 '사회적 공간Social space'을 탐색할 수 있으며, 그 능력을 통해 자신만의 안전 지대를 찾으려 한다. 사람들은 제각기 다른 '도덕적 공간'에 살고 있으므로 뇌는 타인의 공간과 자신의 공간을 비교하는 능력을 갖추어야만 한다. 그래야 어떤 사람이 구제 불능의 악한인지, 위급할 때 의지할 수 있는 친구인지, 공동체의 일원이 될 만한 이웃인지를 분별할 수 있기 때문이다. 한마디로 말해, 뇌를 이해하는 것은 도덕의 작동 원리를 이해하는 것과 같다.

수전 그러한 가치관이 당신의 삶에는 어떤 영향을 끼쳤나?

폴 타인의 도덕적 공간을 추측하는 것은 뇌의 입장에서는 정말로 어려운 과제다. 그렇기 때문에 내가 별 탈 없이 오늘에 이를 수 있었던 것은 행운이다. 이를 깨닫고 난 뒤로는 일상적 갈등이나 타인과의 성격 차이를 이전과는 다른 관점에서 바라보게 되었고, 일상의 행복, 가족과 친구들의 존재도 더욱 소중히 여기게 되었다.

지금도 나는 장기적인 부부 관계란 무엇이며, 그 가운데는 어떤 일이 일어나는지를 최선을 다해 알아 가고 있다. 나는 원래 모든 것들을 낭만적으로 서술하는 편이다. 그래서 신경과학을 논할 때도 되도록이면 엄숙한 표현보다는 낭만적인 말들을 사용하고 싶다. 그렇게 하면 오히려 도덕에 관해 더 많은 통찰을 얻을 수 있을 거라 생각한다.

수전 결혼 제도에 관심이 많은 것 같은데, 당신들처럼 학문적으로도 가까운 철학자 부부가 드물기 때문인가?

폴 우리 세대에서는 그랬다. 실제로 내가 처음 구직하던 당시 토론토 대학은 부부의 동시 채용을 아예 금지하고 있었다. 그 규정만 아니었다면 지금도 토론토에서 살고 있었을지 모르겠다! 그러나 요즘에는 부부가 서로를 도우며 함께 학계에서 활동하는 것이 흔한 일이 되었다. 실제로 같은 학계의 사람과 결혼하는 것은 일거양득의 좋은 기회이다.

패트리샤 사실 우리의 결혼 생활은 정말로 재미있었다.

수전 지금도 그래 보인다! 굳이 과거 시제를 쓰지 않아도 될 것 같다!

폴 신경과학의 발전으로 인한 삶의 변화가 하나 더 있다면, 취미를 대하는 태도를 꼽을 수 있겠다. 나는 소싯적에 음악을 사랑했고, 지금도 집에 혼자 있을 때면 가만히 앉아 기타를 치고는 한다. 하지만 지금의 나는 기타를 연주할 때도 음악에 관한 인지신경생물학적 이론을 고안하려 애쓴다. 뇌가 도대체 어떻게 음악을 듣거나 짓고, 악기를 연주해 내는지를 고찰하면서 말이다.

수전 흔히 사람들은 뇌과학의 발달이 예술의 존립을 위협할 거라고 생각하는데, 당신을 보면 꼭 그렇지만은 않은가 보다.

폴 그렇다. 일각에서는 과학의 발전이 예술의 가치를 격하시킬 거라 염려하지만 실제는 그와 정반대이다. 이는 우리가 아직 지식의 경사를 오르고 있기 때문에 드는 착각이다.

수전　그렇다면 리처드 도킨스가 『무지개를 풀며』에서 언급한 과학과 예술의 융합에 대해서도 동의하나?

패트리샤　물론이다. 사람들은 세속적 의미에서의 영성, 즉 인생의 의미를 삶의 각지에서 얻으며 살아가고 있다. 우리는 그중 일부를 과학에서 구하고자 하는 것이고.

폴　이 세상은 우리 생각보다 훨씬 더 풍요로운 곳이다. 세상이 어떻게 작동하는지를 밝히는 것이야말로 그 풍요를 발견할 유일한 방법이다.

당신은 한 덩이의 신경세포일 뿐이다

프랜시스 크릭
Francis Crick

프랜시스 크릭
Francis Crick

프랜시스 크릭 경(1916-2004)은 DNA의 이중나선 구조를 발견한 영국의 생물학자이다. 런던 대학교에서 물리학을 전공하고 제2차 세계 대전 중 해군에 복무하다 1947년 전역했다. 이후 생명의 미스터리 및 생물과 무생물의 경계 문제를 천착한 끝에 DNA의 이중나선 구조를 밝혀냈고, 이 공로로 1962년에 제임스 왓슨 등과 함께 노벨 생리의학상을 수상하였다. 1954년 케임브리지 대학교에서 X선 회절에 관한 연구로 박사 학위를 받았고, 몇 년 후에는 다시 분야를 바꾸어 시각 이론, 꿈의 기능, 의식의 본성 등을 연구하였다. 2004년 작고하기 직전까지 샌디에이고에 위치한 솔크 연구소Salk Institute의 교수로 재직하면서 크리스토프 코흐와 함께 시각 의식의 신경상관물을 탐구하였다. 저서로는 『놀라운 가설』(1994)이 있다.

수전 의식은 왜 문젯거리인가?

프랜시스 우리가 아는 과학 용어로는 의식을 설명하기가 어렵기 때문이다. 가령 빨간색의 빨간 느낌 그 자체를 어떻게 물리나 화학의 용어로 설명할 것인가? 이렇게 의식 문제는 감각질에 관한 논의에서 출발한다.

수전 처음부터 감각질 문제를 언급하다니, 뜻밖이다. 대니얼 데닛은 아예 감각질이라는 개념을 폐기해야 한다고 말했고, 일각에서는 '의식의 어려운 문제'를 해결함으로써 감각질이 어떻게 생성되는지를 규명해야 한다고도 말한다. 감각질 문제에 대한 당신의 견해는?

프랜시스 코흐와 나는 곧장 '어려운 문제'에 달려들기보다는 의식적 경험의 신경상관물을 찾아내는 것이 우선이라고 생각한다. 방법은 간단하다. 대부분의 두뇌 활동은 무의식적이므로, 어떤 대상을 의식할 때와 그러지 않을 때의 뇌의 활동을 비교하면 된다. 으레 철학자들은 스스로의 이론이 진리라 여기지만 그들의 탁상공론은 실제 현상을 반영하지 않기 때문에 그리 귀기울이지 않아도 된다.

수전 하지만 이 문제는 그리 간단하지가 않다. 뇌의 여러 활동이 의식적 활동과 무의식적 활동으로 나눌 수 있다면, 도대체 그 둘

사이에는 어떤 차이가 있나?

프랜시스 그게 사람들의 일반적인 반응이다. 생명 현상에 대해서도 그랬다. 불과 한 세기 전만 하더라도 사람들은 생명 현상이 물리학이나 화학으로 설명될 수 없을 거라 여겼고, '생명의 영'이 존재한다는 것이 보편적인 상식이었다.

수전 의식 문제가 처한 상황도 그와 비슷한가?

프랜시스 비유하자면 그렇다는 거다. 학문적 입장을 취할 때는 좀 더 신중할 필요가 있다는 뜻이다.

수전 너무 어려운 문제들은 일단 제쳐 두고 의식의 상관물을 찾아내는 것이 최선이라는 말인가?

프랜시스 그렇다. 우선은 '상관'이라는 말의 뜻을 명확히 해야 한다. A가 B와 상관되면 B도 A와 상관되기 때문에 상관관계 그 자체는 그리 많은 정보를 담고 있지 않다. 정말로 중요한 것은 A와 B 사이의 인과성이다. 하지만 일반적으로 과학자들은 상관관계를 먼저 파악한 뒤에 인과관계의 유무를 살피는 전략을 택하는데, 이른바 대조 실험이 바로 그것이다.

수전 실제 신경상관물의 사례를 들면 이해가 쉬울 것 같다.

프랜시스 양안 경쟁이 대표적인 예다.

수전 양안 경쟁 실험에서는 특정 지각물이 의식될 때 그에 대응하는 신경세포 집단이 발화하는 것을 볼 수 있는데, 이 상관관계를 어떻게 해석해야 하나? 또, 상관성을 넘어 인과성을 논하려면 무엇이 필요한가?

프랜시스 우선은 지각물에 대응하는 것이 무엇인지에 관한 작업 가설이 필요하다. 그것은 세포의 위치나 발화의 방식 혹은 그 둘의 조합이 될 수 있고, 아니면 그 밖의 다른 규칙이 될 수도 있다.

작업 가설은 전체 현상의 얼개를 조망하기 위한 연구의 기본 틀이므로, 작업 가설 없이는 연구의 시작점을 설정할 수 없다.

수전 작업 가설을 세우고 나면 상관관계에서 인과관계로 도약할 수 있나?

프랜시스 그게 우리가 기대하는 바이다. 시각 경험의 인과관계를 파악하려면 시각계상의 모든 영역에 전극을 꽂고 시간에 따른 영역 간 상호작용의 변화 추이를 관찰하면 된다. 가령 A 영역의 활동이 B 영역의 활동에 항상 선행한다면 A가 B의 원인이라고 간주할 수 있다. 이것이 바로 인과적 상호작용이다. 이러한 인과성은 시상이나 1차 시각피질[V1]처럼 낮은 단계에서는 일정한 방향성을 띠겠지만, 일정 단계 이상에서는 매우 복잡한 패턴을 보일 수밖에 없다. 시선과 관심, 집중이 어느 대상을 향하느냐에 따라 의식의 내용물과 뇌의 활동이 모두 달라지기 때문이다. 지금 우리가 앉은 이 방을 흘끗 둘러보라. 제일 먼저 피아노와 의자 두 개가 눈에 들어올 것이다. 이렇게 가장 눈에 띄는 사물들은 고차 영역에서 최초로 의식된다. 하지만 잠깐 보아서는 그것보다 더 자세한 묘사를 하기는 어렵다. 색깔이나 무늬와 같은 여러 세부 사항들은 고차 영역의 신호가 다시 아래 단계로 내려오고 나서야 의식되기 때문이다. 요컨대 의식은 감각 신호가 계단을 '오를' 때가 아닌 '내려올' 때 동반된다고 말할 수 있다.

수전 이 과정이 얼마의 시간 사이에 일어나는가?

프랜시스 0.1초 정도다.

수전 벤저민 리벳의 실험에 따르면 의식적 의사 결정이 내려지기 0.5초 전에 뇌에서는 준비 전위Readiness potential가 발생한다. 이 0.1초라는 시간 간격이 혹시 리벳의 실험 결과와도 관련이 있나?

프랜시스 아마 그럴 거다.

수전 방금 이야기했던 양안 경쟁의 작업 가설에 관해 좀 더 논해 보자. 현재까지의 실험적 증거들을 놓고 보았을 때 지각물에 대응되는 것은 무엇인가?

프랜시스 학자들의 잠정적인 결론은 신경세포의 거대 집단이 의식의 상관물이라는 것이다. 이를 일컫는 이름은 다양한데, 대표적으로 제럴드 에델만은 역동적 핵심부라는 표현을 썼다.

나와 코흐는 주로 시각 경로를 연구해 왔다. 일반적으로 시각에서는 같은 정보도 여러 방식으로 해석될 수 있다. 그중에서 가장 타당한 해석을 골라내는 것이 뇌의 역할이기도 하다. 어떤 해석을 고르느냐에 따라 자극에 대한 뇌의 대응 방식도 달라진다.

수전 하지만 그 지점에서 '의식의 어려운 문제'가 대두되지 않나. 세포 집단이 형성되는 메커니즘이나 뇌가 타당한 해석을 고르는 원리를 이해하는 것은 이론적으로는 가능하다. 하지만 그러한 두뇌 작용들과 주관적 경험의 본질적인 차이는 어떻게 이해해야 하나.

프랜시스 나도 그 지적에 충분히 공감한다. 하지만 지금으로서는 뇌를 열심히 탐구하는 수밖에 없다.

수전 '어려운 문제'가 언젠가는 풀릴 거라는 희망을 안고서 우선은 뇌의 작동 방식을 연구하는 것이 최선이란 말인가? 당신의 솔직한 견해가 듣고 싶다.

프랜시스 우리 뇌에서는 세포 집단의 동시적 발화가 계속 이어지고 있으며, 그것이 특정 역치를 넘으면 의식에 떠오르는 것으로 보인다. 에델만과 줄리오 토노니Giulio Tononi가 지적한 것처럼, 특정한 의식적 경험은 가능한 무한히 많은 가짓수들 중 단 하나에 불과하다. 즉 엄청나게 많은 신경 활동들이 의식되지 않은 채로 남아 있는 것이다. 특정 시점의 의식의 신경상관물은 전체 신경세포의 일부에 불과하다. 정확한 비율은 말하기 어렵지만 전체 세포 중 1~10% 정도가 아닐까 싶다.

수전 그 정도도 꽤 많은 양인데.

프랜시스 그보다 훨씬 적을 수도 있다. 여기서 핵심은 의식의 신경상관물이 전체 뇌세포 중 일부라는 거다. 그러나 이 '일부 세포'와 연결된 세포의 수까지 합하면 얼마나 되겠나?

수전 전체 뇌세포의 수만큼 되지 않을까?

프랜시스 세포 하나당 대략 천 개의 시냅스가 있으니, 그렇게 생각하는 것도 무리는 아니겠다. 그렇지만 의식의 신경상관물이 모든 뇌 영역과 연결되어 있을 것 같지는 않다. 의식 바로 아래에 반무의식Penumbra이 존재하는 것, 의식이 그 반무의식의 내용을 연상^Associate하는 것을 보면 그렇다.

연상 작용은 의식의 신경상관물이 위치를 옮겨감에 따라 반무의식의 내용이 의식에 떠오르는 현상이다. 신경세포들의 높은 연결성으로 미루어 볼 때 상당히 많은 신경세포가 반무의식 상태에 놓여 있을 것으로 추측된다. 이러한 반무의식은 현대 컴퓨터에서는 찾을 수 없는 뇌만의 고유한 특성이기도 하다.

따라서 이 반무의식의 본성을 탐구하는 것이야말로 '어려운 문제'의 해결을 위한 중요한 디딤돌이 될 수 있다.

수전 혹시 반무의식이 통합 작업공간 이론에 등장하는 스포트라이트의 주변부에 해당하나?

프랜시스 통합 작업공간의 모델은 너무 모호하다. 나와 코흐도 그 이론에 기반하고 있기는 하지만 우리의 이론은 그보다 훨씬 엄밀하고도 효과적이다.

통합 작업공간 이론은 처음으로 뇌 영역 간의 상호작용의 중요성을 지적했다는 점에서 나름의 시사점이 있지만, 우리의 이론은 거기서 한발 더 나아가 그 상호작용의 구조와 동역학을 실증적으로 확인할 수 있다.

예컨대 양안 경쟁 상황에서 제시되는 자극이 갑자기 바뀌면 그 자극의 변화가 대뇌피질을 타고 전달되는데, 뇌에서의 신호 전달 속도가 유한한 이상 0.05~0.1초 가량의 시간 지연이 발생할 수밖에 없다. 그 시간 간격 내에서 신호가 어느 경로로 퍼져 나가는지, 또한 피험자의 의식은 언제 바뀌는지를 확인한다면 우리의 가설을 실제 실험으로 검증할 수 있을 것이다. 보라, 철학자들의 접근 방식과는 차원이 다르지 않나.

수전 의식 연구의 전반적인 분위기나 발전 속도는 어떠한가?

프랜시스 워낙 긴 정체기를 겪기는 했지만 2000년 이후로는 상황이 많이 나아졌다. 몇 년 사이 의미 있는 연구가 많이 이루어지기도 했고.

수전 의식 연구에서 철학자의 역할은?

프랜시스 철학자들은 본디 질문은 잘하지만 답을 얻는 법은 모른다. 그래서 앞서 내가 그들의 논증에 너무 많은 관심을 쏟지 말라고 했던 거다. 철학이 걸어온 길을 보라. 원자론과 같이 한때 철학에 속했던 것들은 이제는 물리학의 일부가 되었다. 일각에서는 '풀리지 않은 문제를 푸는 것'이 철학의 목표라고 말하지만, 실제로 문제를 해결하는 것은 늘 과학자들의 몫이었다. 역사적으로 철학이 문제를 해결한 사례가 있는지 직접 한번 찾아보라.

기본적으로 철학은 사고 실험에 기반하는데, 사고 실험의 문제는 어떠한 합의나 결론도 도출될 수 없다는 점이다. 존 설이 만든 중국어 방 논증도 그렇다. "구문론syntax만 다룰 수 있는 체계는 의미론semantics을 이해할 수 없다." 아무런 증명 없이 이렇게 주장만 툭 뱉으면 어떡하라는 건가.

사고 실험으로부터 의미 있는 결과를 도출한 사람은 역사상 딱 한 명 있는데, 심지어 일반적으로 철학자로 분류되지도 않는 인물이다. 그가 사고 실험에 성공한 이유는 보통의 철학자들과는 달리 언어가 아닌 수식과 시각적 이미지를 이용하여 사고했기 때문이었다. …그는 바로 아인슈타인이다.

수전 실제로 아인슈타인은 빛의 속도로 움직이는 물체가 어떻게 행동할지를 상상한 끝에 특수상대성 이론을 세울 수 있었다. 하지만 나는 아인슈타인의 사고 실험과 철학자들의 사고 실험이 뭐가 그리 다른지는 잘 모르겠다. 그렇다면 철학적 좀비 문제에 대해서는 어떻게 생각하나?

프랜시스 철학적 좀비는 존재할 수 없다. 우리는 이미 의식의 필요조건들을 많이 알고 있다. 무언가를 인식하는 것은 기본이요, 유연한 사고를 통해 상황에 반응하고 주어진 문제를 해결할 수 있어야 한다. 나와 코흐가 정의하는 '좀비 체계'는 그보다 훨씬 더 정형화되고 자동적인 존재이다. 몽유병 상태나 지금 당신의 고개 끄덕임이 '좀비적 반응'의 예시이다. 하여간에 우리가 생각하는 좀비는 그렇다.

만일 정상인에게서 의식만을 제거할 수 있다면 그는 아마도 몽유병 환자와 비슷해질 거다.

수전 의식이 없는 채로 정상적인 행동이나 뇌기능을 보이는 것은 불가능한가?

프랜시스 그렇다. 용어 자체가 모순되기 때문에 아무 논할 가치가 없다.

수전 화제를 잠시 돌려 개인적인 이야기를 묻고 싶다. 당신이 처음 의식 문제에 관심을 가진 것은 언제였나?

프랜시스 말하자면 긴데, 나는 제2차 세계 대전 당시 해군으로 복무하며 무기 제작에 참여했다. 종전 후에도 무기 개발을 계속할 수 있었으나 나는 거절했다. 이후 정규직 공무원 자리를 얻었지만 그 역시 내가 원하던 일이 아니었다. 그야말로 삶을 처음부터 다시 설계해야 하는 상황이었다.

그 당시 과학에는 두 가지 대표 난제가 있었는데, 하나는 생명의 경계를 구획하는 일이었고, 다른 하나는 뇌의 작동 원리 — 의식을 포함한 — 를 이해하는 일이었다. 나는 이왕 연구자의 길을 택할 거라면 이 둘 중에서 하나를 고르기로 마음먹었다.

수전 생물과 무생물, 의식과 무의식의 경계를 넘나드는 삶이라니! 생각만 해도 멋지다.

프랜시스 말처럼 쉬운 선택은 아니었다. 이 두 선택지로 추리기까지도 몇 주가 걸렸는데, 이제는 둘 중 하나를 택해야 했으니 말이다. 고민 끝에 나는 생명 문제를 연구하기로 최종적으로 결정했다. 그때까지의 내 경력이 뇌보다는 생명 문제와 훨씬 관련이 많아 보였기 때문이었다. 일주일쯤 지나 어떤 연구소에서 눈에 관한 연구를 할 것을 제의해 왔지만 나는 앞선 결정에 따라 거절했다. 돌아보면 잘한 일이었다. 이후 나는 영국 의학연구위원회Medical Research Council에 지원서를 냈고, 이후의 일은 알려진 대로다.

수전 이후 당신은 결국 생명의 미스터리를 해결하고 노벨상까지 수상하지 않았나! 그런데 다시 의식으로 주제를 바꾼 계기는 무엇인가?

프랜시스 무엇보다도 이곳 솔크 연구소로 돌아오고 싶은 마음이 컸다. 게다가 당시 내 나이가 환갑이었다. 분야를 바꿀 수 있는 마지막 시기라는 생각이 들었다. 기존 연구에서 손을 떼기까지만 3년이 걸렸고, 그로부터도 한참 뒤에야 의식 연구를 본격적으로 시작할 수 있었다. 처음 나는 얼떨결에 시각계를 연구 주제로 골랐다. 물론 이유가 아예 없지는 않았다. 인간이 철저히 시각적인 동물이기 때문이었다. 고양이와 마카크원숭이도 마찬가지이고. 게다가 시각은 해부학적 · 행동학적으로 '그나마' 연구가 많이 되어 있었다. 하지만 그 당시 유명했던 허블과 비셀, 세미르 제키의 실험들은 모두 마취된 동물을 대상으로 한 것이었다.

수전 그들이 무언가 중요한 것을 빠뜨렸음을 직감한 것인가?

프랜시스 그렇다.

수전 당신은 저서 『놀라운 가설』에서 '인간은 뇌세포 덩어리에 불과하다'고 주장했는데, 그 '놀라움'은 아직도 유효한가?

프랜시스 내 책은 전 세계 많은 독자들 — 특히 많은 미국인들 — 에게 사랑을 받았는데, 그 당시 내 책을 읽고 '놀라움'을 느꼈던 독자라면 지금도 같은 감정을 느낄 수 있을 것이다. 또 한 가지 다행스러운 점은 의식을 과학적인 주제로 인정하는 과학자들이 점점 늘고 있다는 사실이다.

수전 당신에게는 자유의지가 있나?

프랜시스 이미 대니얼 웨그너가 자유의지가 '유용한' 부수현상에 불과하다는 것을 보여 준 바 있지 않나. 나는 그의 설명이 정확하다고 생각한다. 우리는 대부분의 사건을 의식하지 못한다. 의식은 매 사건의 정확한 묘사보다는, 이미 일어난 사건들에 관한 기록을 모은 것에 더 가깝다. 대니얼 데닛은 이걸 설명하겠답시고 책 한 권(데닛이 2003년에 출간한 『자유는 진화한다』를 말함 — 역주)을 허비했는데, 내가 보기엔 웨그너가 핵심을 훨씬 더 잘 짚어 낸 것 같다.

수전 일전에 두 가지 연구 주제 중 하나를 골랐던 것처럼 당신이 일상에서 여러 의사 결정을 내릴 때, 자유의지에 대한 당신의 생각이 어떠한 영향을 미치나? 웨그너는 의사 선택의 주체가 기계적이고 결정론적인 기저의 두뇌 과정들이며, 의지 감각은 환상이라고 주장했다. 당신은 그의 주장에 아무런 거부감이 없나?

프랜시스 그렇다. 우리의 의사 선택은 당연히 결정론적이며, 그저 몇몇 이들이 영혼과 같은 잘못된 해석을 갖다 붙이고 있을 뿐이다. 그들은 기본적으로 모두 이원론자들이다.

수전 당신은 '골수' 일원론자인 것 같다.

프랜시스 맞다.

수전 죽음 이후에 의식은 어떻게 될까?

프랜시스 개인적으로 나는 죽음 이후에 의식이 존재할 가능성이 매우 낮다고 본다. 하지만 이 역시 아직은 검증의 대상이다. 검증이란 게 가능할지는 모르겠지만 말이다.

수전 지난 몇십 년간 뇌과학은 비약적인 발전을 거듭했다. 뇌에 관한 지식이 늘어나면서 혹시 당신의 삶에도 변화가 생겼는가?

프랜시스 솔직히 말해 큰 변화는 없었다. 그런데 혹시 이런 질문을 하는 것이 불교에 대한 애정 때문인가?

수전 꼭 그런 건 아니지만 … 아니, 그럴지도 모르겠다. 무슨 이야기를 하고 싶은 건가?

프랜시스 사실 당신은 의식 문제의 해답을 불교에서 구하고 싶은 게 아닌가? 그 때문인지 몰라도, 당신은 그다지 신경과학에 입각해서 문제를 바라보는 것 같지 않다.

수전 내가 불교를 좋아하는 것은 그 중심 교리가 신경과학적 지식들과 아주 잘 합치할 뿐만 아니라 수행을 가르쳐 의식의 본성을 더 잘 들여다볼 수 있게 하기 때문이다. 혹시 명상이나 불교적 수행을 해 보거나, 하려고 마음먹은 적이 있나?

프랜시스 아니, 한 번도 없다. 사실 내가 진짜로 묻고 싶었던 것은 당신이 제안하고자 하는 실험이 있는지였다.

수전 예전에 한 가지 구상했던 게 있는데, 대니얼 데닛의 다중 초안 이론Multiple drafts theory이 사실이라면….

프랜시스 에이, 그건 다 허튼소리다. 내 관점에서는 뇌세포를 다루지 않는, 순전히 심리학적인 이론은 아무 쓸모가 없다.

수전 세포 실험만이 정당하고, 심리학 실험들은 무용하다는 건가?

프랜시스 그런 뜻은 아니다. 하지만 데닛은 그 두 가지 방법론을 함께 사용하지 않았기 때문에 잘못된 결론에 빠졌다. 데닛은 신경세포에는 아무 관심이 없기 때문에, 그의 이론을 기반으로 실험을 설계했다가는 학자들의 거센 공격을 피할 수 없을 것이다. 실제로 데닛은 스스로가 신경세포에 관해 무지하다는 것을 인정하기도 했다. 신경세포를 모르고 의식을 논하는 것은 유전자를 빼놓고 진화를 설명하는 것과 같다. 물론 심리학도 중요하지만 심리학과 신경과학은 그 설명의 층위가 다르다. 물론 제대로 된 의식 이론이라면 그 둘 모두에 부합해야 하겠지만.

수전 가능한 가장 미시적인 수준에서부터 설명해야 한다는 말인가?

프랜시스 물론이다. 의식 이론은 결국에는 신경전달물질의 수준까지 내려가게 될 거다. 어쩌면 의식은 특정 세포종의 내부 칼슘 이온 농도에 의한 것으로 드러날지도 모른다. 물론 그게 전부는 아니겠지만 적어도 필수 요소일 수는 있다.

수전 향후 50년 후에는 무엇이 밝혀져 있을까?

프랜시스 나도 의식 연구의 향배를 알고 싶지만, 그것을 예측하기란 불가능하다. 만약 1918년에 같은 질문을 했다면 어땠겠나? 그때는 영국에서 가장 저명한 유전학자조차 유전 현상이 결코 화학의 언어로 표현될 수 없을 거라고 굳게 믿었다.

수전 하지만 그건 최소한 화학으로 유전 현상을 설명하려는 시도가 있기는 했다는 뜻이 아닌가. 100년 전 그 유전학자의 말을 오늘날 의식 문제에 똑같이 대입한다면?

프랜시스 누구나 의식의 연원을 과학적 용어로 간단히 표현하고 싶겠지만, 그것이 어떤 방식이 될지 미리 알 수는 없다. 당신의 말을 들으니 내가 아는 어느 교수의 취임 기념 강연에서 있었던 일이 떠오른다. 한 청중이 '이 다음에 있을 커다란 발전은 무엇이

냐'고 묻자 그 교수는 이렇게 되물었다. 그게 뭔지 알면 왜 자기
가 안 했겠느냐고.

당신은 의식에 관한 직관을 버려야 한다

대니얼 데닛
Daniel Dennett

대니얼 데닛
Daniel Dennett

미국의 철학자인 대니얼 데닛(1942~)은 보스턴에서 출생하여 하버드 대학교를 졸업하고 옥스퍼드 대학교의 길버트 라일Gilbert Ryle의 지도하에 1965년 철학 박사 학위를 받았다. 1971년부터 현재까지 매사추세츠주 터프츠 대학교의 철학과 교수이자 동 대학 인지연구센터의 소장으로 재직하고 있다. 다중 초안 이론을 고안하여 데카르트의 극장 개념을 논박하였으며 타자현상학Heterophenomenology적 연구 방법론을 제시한 것으로도 유명하다. 그 밖에도 그는 인공지능, 로봇, 진화론, 밈학, 자유의지 등 다양한 분야에서 왕성한 지적 활동을 벌이고 있다. 매년 여름 데닛은 메인주에 위치한 자신의 농장에서 배 타기, 건초 다듬기, 사과주 만들기 등을 즐기면서 의식 문제를 고민하며 시간을 보낸다고 한다. 대표 저서로는 『지향적 자세The Intentional Stance』(1987), 『의식의 수수께끼를 풀다』(1991), 『다윈의 위험한 생각Darwin's Dangerous Idea』(1996), 『자유는 진화한다』(2003)가 있다.

수전 의식이 과학의 여타 문제들에 비해 훨씬 난해하게 느껴지는 까닭은 무엇인가? 의식 문제만의 특별한 점이 있다면?

대니얼 인간의 뇌는 진화가 만들어 낸 가장 복잡한 기관이다. 게다가 우리는 뇌를 탐구하기 위해서 그 뇌 자체를 이용하고 있다. 그렇기 때문에 뇌를 완전히 이해하는 것이 영영 불가능하다고 말하는 이들도 있다. 하지만 그들의 주장은 아무런 근거 없는 헛소리에 불과하다. 의식 문제가 어렵게 느껴지는 진짜 이유는 따로 있다. 우리 인간은 진화 과정에서 자아지식$^{Self-knowledge}$, 즉 자기 자신을 파악하는 능력을 습득하였고, 그 덕에 외부 세계를 일인칭으로 바라보는 이른바 주관적 경험을 할 수 있게 되었다. 의식 문제가 난해한 까닭은 이 자아지식이라는 현상이 너무나도 복잡하기 때문이다.

일인칭 관점을 갖는다는 것은 무엇일까? 우리 인간은 단순한 사물과는 달리 자신의 입장을 스스로 반추하거나 타인에게 설명할 수 있다. 이 일인칭 관점에서 벗어나는 것은 불가능하므로 나는 당신의 마음속으로 들어갈 수 없고 당신 역시 그러하다. 일인칭 관점이라는 것이 실재한다는 명제는 그 어떤 지식보다도 확실한, 부정할 수 없는 진리이며, 인간을 제외하면 온 우주에서 일인칭 관점의 존재가 관찰된 바는 없다. 심지어 우리는 바로 옆 사람에게 일인칭 관점이 있는지조차 확신할 수 없는데, 이를 심리철학에서는 '타인의 마음Other minds 문제'라고 부르기도 한다.

사실 우리 인간은 유전적·문화적 진화에 의해 창조된 '긍정적 의미에서의' 인공물Artefacts이다. 그러한 맥락에서 의식 연구는 인간이 어떠한 종류의 기계인지를 알아내기 위한 역설계reverse-engineering 작업이라 말할 수 있다.

수전 일인칭 관점은 주관적 경험과 같은 의미인가?

대니얼 그렇다. 하지만 관점을 갖는다는 것은 그리 단순한 일이 아니다. 우리는 흔히 바닷가재나 모기에게도 나름의 관점이 있다고 여긴다. 거기서 상상력을 조금만 더 발휘하면 소나무의 관점을 상상해 볼 수도 있다. 얼핏 생각하면 소나무도 외부 환경의 여러 자극 중에 자신에게 유용한 것만을 선택하는 분별력을 갖추고 있는 것 같지만, 그것은 무리한 의인화에 지나지 않는다.

반면 인간은 소나무와 달리 '진짜 분별력'을 갖추고 있다. 이 문제를 연구한 많은 학자들은 인간의 분별력이 소나무나 모기의 분별력과는 질적으로 다르며, '진짜 분별력'과 '진짜 관점'을 갖춘 인간과 분별력은 있으나 감각을 느끼지 못하는 로봇 사이에는 넘지 못할 간극이 있다고 결론지었다. 하지만 그러한 해석은 인간을 '부정적 의미에서의' 인공물로 바라보는 것이다. 물론 인간이 소나무나 모기와 어마어마하게 다른 것은 사실이나, 그 간극도 일련의 단계들을 거치면 충분히 극복될 수 있다. 그 '단계'들 중에는 반직관적인 것들도 있는데, 유감스럽게도 현재까지는 모든 이들이 직관을 포기하게 할 만큼 명징한 실험적 증거가 발견되지는 못했다.

지금으로서는 의식 연구자들에게 자신의 직관에서 벗어날 것을 권유하기조차 쉽지 않다. 하지만 그 직관들이 모두 틀렸음은 분명한 사실이다. 놀랄 일은 아니다! 역사적으로도 늘 인간은 세상을 잘못된 직관으로 해석해 왔고, 그 오류를 바로잡는 것이 과학의 역할이었다. 하지만 의식에 관해서는 무슨 직관을 왜 버려야 하는지가 아직 분명하지 않으므로, 이는 설득 혹은 자기설득의 문제가 되어 버린다. 그것이 자의든 타의든 기존의 직관을 뒤엎는 것은 누구에게나 두려운 일이다. 그래서 사람들은 직관을 전혀 뜯어고치지 않아도 되는 이론을 찾으려고 안간힘을 쓴다. 하지만 그러한 시도는 반드시 실패할 수밖에 없다. 반직관적이지 않은 이론은 모두 틀렸기 때문이다.

수전 그 잘못된 직관이란 '좀비 직감'을 가리키는 것인가?

대니얼 그렇다. 좀비 직감은 철학적 좀비, 즉 의식은 없지만 우리와 똑같이 행동하는 존재가 있을 수 있다는 생각을 뜻하는데, 대다수의 사람들이 좀비 직감에 대한 맹목적인 신뢰를 갖고 있으며, 심지어는 좀비 논증의 논리적 결함을 보고 난 뒤에도 좀비 직감을 버리기 두려워한다. 현재 의식 연구계는 나처럼 좀비 직감을 극복한 사람들과 그러지 못한 사람들로 양분되어 있다. 물론 나도 좀비 직감에 전혀 공감하지 못하는 것은 아니다. 단지 거기에 사로잡힌 채로 살지 않을 뿐.

수전 그 두려움의 근원은 무엇일까? 또한 당신은 그 두려움을 극복해 낸 것인가, 아니면 애초부터 좀비 직감이 틀렸음을 알고 있었나?

대니얼 두 번째 질문부터 답하자면, 나는 대학생 시절 앨런 튜링의 연구와 로봇 공학을 접했기 때문에 좀비 직감을 극복하는 것은 그리 어려운 일이 아니었다. 튜링은 "사고라는 것이 어떻게 존재할 수 있는가?"라는 칸트의 철학적 의문을 "사고를 어떻게 로봇에서 구현할 수 있을까?"라는 공학적인 문제로 치환하였다.

그 당시 내 사고의 흐름은 이러했다. "삼인칭 관점에서 의식을 바라보는 것은 내부가 아닌 외부에서의 간접적 접근이므로 한계가 있을 수밖에 없다. 하지만 그렇게라도 의식의 본질을 계속 파악해 나가다 보면 일인칭과 삼인칭 접근법의 차이는 결국 사라질 것이며, 또 그래야만 한다. 의식 역시 물리적 세계의 일부이기 때문이다. 이 세상에 귀신 따위는 없고, 이원론은 완전히 틀렸다. 따라서 우리는 일인칭 관점을 갖기 위한 충분조건을 온전히 유물론적으로 서술할 방법을 모색해야 한다." 나의 생각이 여기에 가 닿자 모든 것이 명료해졌고, 나에게는 세부적인 문제를 해결하는 일만이 남아 있었다.

수전 하지만 당신도 때때로 좀비 직감에 이끌린다고 말하지 않았나?

대니얼 오, 단순히 이끌리는 것은 아니다. 나는 좀비 직감을 느끼기 위해 일부러 나 자신에게 말을 걸고는 한다. '이봐, 대니얼. 이런 식으로 한번 생각해 보라고. 이제는 좀 느껴져?' 그렇게 해서 사고를 전환하고 나서야 비로소 나는 좀비 직감을 느낄 수 있다.

이와 비슷한 예시로, 고개를 알맞게 기울인 채로 맑은 밤하늘을 집중해서 응시하다 보면 지구상 나의 위치는 물론, 지구의 자전과 공전까지도 한꺼번에 느낄 수 있다. 놀랍지 않나?

방대한 천문학적 지식뿐만 아니라 올바른 주의 집중에 대한 훈련이 없으면 불가능한 일이다. 좀비 직감에서 벗어나지 못하는 이들은 이러한 관점의 전환을 연습할 필요가 있다. 하지만 그들은 딱히 그럴 마음이 없어 보인다.

수전 도대체 왜 그럴까? 이성적으로는 좀비 직감을 버려야 한다는 것을 알면서도 거기에 두려움을 느끼는 까닭은 무엇일까?

대니얼 내가 보기에 사람들은 좀비에게 도덕이 적용되지 않는다는 사실을 두려워하는 것 같다. 좀비는 한낱 물건에 지나지 않으므로, 자르든 부수든 던지든 태우든 아무 상관이 없다. 반면 우리 내면에 불멸의 영혼이나 그와 도덕적으로 동등한 무언가가 있다면 우리는 기존의 도덕적 가치들을 보존할 수 있다. 영혼이라는 개념에서 우리는 절대성에 대한 우리 조상들의 욕망을 확인할 수 있다.

수전 그것이 단지 도덕이나 책임감의 문제일까? 영생에 대한 바람이 반영된 것은 아닐까?

대니얼 그 둘은 서로 얽혀 있다. 다윈은 생물계에서 관찰되는 여러 놀라운 설계들이 진화라는 무의식적이고 무목적적인 과정의 소산임을 보여 줌으로써, 창의성이 상향식Bottom-up으로 작동할 수 있다는 파격적인 사고의 전환을 일으켰다. 창의는 반드시 하향식Top-down으로 일어난다는 것, 즉 무언가가 만들어지기 위해서는 그보다 더 복잡한 존재가 필요하다는 것이 당대의 상식이었다. 예컨대 옹기장이가 옹기를 빚고 대장장이가 편자를 만들 수는 있어도 옹기가 옹기장이를 빚거나 편자가 대장장이를 만드는 일은 없다. 그렇다면 우리를 창조한 존재는 우리보다 훨씬 더 위대한 존재여야 할 것이다. 사람들이 아직도 '자신의 존엄'과 '자신을 창조한 존재의 존엄'이 별개의 것임을 받아들이기 힘들어하는 것은 이 하향식 창의성 이론이 여전히 맹위를 떨치고 있기 때문이기도 하다.

흔히 사람들은 자신보다 더 위대한 존재, 즉 신을 발견하는 것이 행복의 지름길이라고 말하지만, 신을 대체할 수 있는 것은 얼마든지 있다.

수전 그 말은 당신이 무신론자라는 뜻으로 받아들이겠다. 그렇다면 당신은 육체가 죽은 이후에도 그 사람의 일부가 잔존할 수 있다고 생각하나?

대니얼 물론이다. 누군가가 사망한 이후에도 그의 언행은 사회에 얼마간 지속적인 영향을 준다. 그 파급의 크기는 사람마다 다르며, 드물게 인류 문화에 엄청나게 강력한 반향을 남기는 인물들도 있다. 가령 에이브러햄 링컨은 사후 100년이 훌쩍 넘었음에도 현존하는 대다수 사람들보다도 더 유명하다. 천국에서의 삶보다는 덜해도, 수많은 사람들이 이러한 '불후의 명성'을 통해 불멸의 지위를 누리기를 소망한다.

그러나 전체 인류 문화의 주목을 받을 수 있는 영역이 극히 제한되어 있으므로, 이 명예의 전당에 들어가기 위한 경쟁은 상상을 불허할 만큼 치열하다. 이러한 '불멸의 인물들'은 도합 몇 명이나 될까? 천 명, 아니면 만 명? 엘비스 프레슬리(Elvis Presley : 로큰롤의 제왕으로 불리는 미국의 음악가 ― 역주)가 새롭게 자리를 꿰차면 디트리히 북스테후데(Dietrich Buxtehude : 바로크 시대 독일의 작곡가 ― 역주)는 쫓겨나게 될까? …어쨌든 이것이 '죽음 이후의 삶'의 유일한 형태이며, 그것도 아주 극소수에게만 열려 있다.

수전 당신이 1991년에 『의식의 수수께끼를 풀다』를 저술한 이후 의식 연구는 세간의 많은 주목을 받았으며 규모 면에서도 엄청나게 성장했다. 여기에 당신이 기여한 바가 있다고 생각하나? 의식 연구에서 당신이 세운 가장 큰 업적은?

대니얼 어떻게 들릴지는 모르겠지만, 나의 가장 큰 업적은 유물론이 생각보다 훨씬 난해하고도 반직관적이라는 것을 사람들에게 알린 것이라고 생각한다. 그 책의 독자들 중 일부는 나에게 찾아와, 내 책을 읽기 전까지는 자신들이 썩 괜찮은 유물론자인 줄 알았는데 진정한 유물론자가 되려면 생각보다 훨씬 더 많은 직관을 포기해야 한다는 것을 알게 되어 마음이 불편해졌노라고 호소하기도 했다.

그들이 핵심을 제대로 짚은 것이다! 상식을 곧이곧대로 믿어서는 안 되며, 이론의 반직관성을 수용해야 한다. 올바른 유물론적 의식 이론이라면 불쾌감을 자아내는 것이 당연하다. 그 불쾌감을 있는 그대로 인정하고서 그것에 관해 터놓고 이야기하는 자세가 필요하다.

매우 다행스럽게도, 책이 출간된 이후 많은 연구 결과들이 나의 생각이 옳았음을 증명해 주었다. 그 책에서 나는 변화맹 현상을 전 세계에서 거의 최초로 예측하기도 했었다. 이제는 아무도 변화맹 현상의 존재를 의심치 않지만, 당시 사람들은 나의 주장에 머리가 어떻게 된 것 아니냐며 노골적인 분노와 불신을 드러냈었다. 나는 그들에게 두고 보면 알게 될 것이라 대꾸했었고, 얼마 지나지 않아 나의 예측은 사실로 밝혀졌다. 사실 변화맹 현상은 내가 그 책에서 '감히' 주장했던 것보다 훨씬 더 깊은 함의를 담고 있었기 때문에, 조금 더 담대한 주장을 펼칠 걸 하는 후회도 남는다. 뒤돌아보면 그때의 나는 필요 이상으로 몸을 사렸던 것 같다.

수전 변화맹에 관해서 좀 더 이야기해 보자. 변화맹 현상은 외부 세계에 대한 시각 경험이 극히 적은 정보만으로도 형성될 수 있음을 시사한다. 이는 '본다는 것'의 정의, 더 나아가 '나'와 외부 세계의 관계에 관한 통념을 완전히 뒤집었다. 변화맹 현상을 알게 되면서 혹시 당신의 삶에도 변화가 있었나?

대니얼 '예'라고 답하고 싶지만 솔직한 내 답은 '아니요'다. 왜냐면 나는 대학생 시절부터 그러한 문제들을 고민했기 때문이다. 내가 의식 연구에 기여한 바를 다르게 표현하자면 이렇다. 의식이 불가사의하게 느껴진다면 그것은 당신이 의식을 과대평가하고 있기 때문이다. 내면을 관찰하다 보면 의식의 내용과 특성에 대해 부풀려진 믿음을 가지기 쉽다. 만일 그 믿음이 모두 사실이라면 의식을 설명하기란 정말로 어려울 것이다. 따라서 우리가 첫 번째로 해야 할 일은 주어진 현상을 냉정하게 바라봄으로써 신비주의를 타파하는 것이다. 그렇게 문제를 '길들인' 후에야 비로소 그것을 해결할 수도 있게 된다.

물론 이러한 '거품 빼기'는 막대한 저항을 불러오기 마련이다. 사람들은 의식의 특성이 과장되었다는 내 주장을 듣기 좋아하지 않는다. 그래서 그들은 내가 의식의 존재 자체를 부인한다고 호도하며 내 입을 막으려 든다. 하지만 그들의 음해는 결코 사실이 아니다. 나는 단지 의식에 대한 그들의 믿음이 틀렸음을 지적했을 뿐이다. 과학사를 들여다보면 한 가지 흥미로운 사실을 발견할 수 있는데, '현상학'이라는 용어가 원래는 이론이 정립되지 않은 현상들을 뭉뚱그려 통칭하기 위해 사용되었다는 점이다. 가령 자석의 작동 방식에 관한 윌리엄 길버트(William Gilbert : 16세기 영국 물리학자 ─ 역주)의 연구가 '자석의 현상학'으로 불리는 것은 그가 전자기력에 관한 구체적인 이론적 기반이 없이 현상만을 연구했기 때문이다. '의식의 현상학'에 관하여 말하자면, 자기-현상학자Auto-phenomelogist, 즉 내성주의자Introspectionist들은 잘못된 결론에 도달할 가능성이 아주 높다. 일인칭 관점에만 의존하면 스스로를 속이고 의식의 특성들을 과대평가하기 십상이기 때문이다. 따라서 우리는 본격적인 연구에 돌입하기에 앞서 중립적인 시선에서 의식의 현상학을 체계화할 필요가 있다. 그리하여 모든 현상이 설명되고 나면 의식 문제 역시 해결되었다고 보아도 무방할 것이다.

수전 그것이 당신이 말하는 타자현상학인가?

대니얼 그렇다. 타자현상학은 규명되어야 할 정신 현상들의 과학적인 분류 체계다.

수전 당신은 일인칭 관점을 이용한 연구에 매우 회의적인 것으로 안다. 하지만 올바른 규율하에 자신을 관찰한다면 그 결과는 유용하게 활용될 수도 있지 않을까? 가령 명상 수행법을 충분히 숙달하면 자아의 연속성, 지각의 연속성, 사건의 동시성과 같은 환상들이 사라지고 시각적 세계도 해체되면서 의식이 더 명료해지는 것을 경험하게 된다고 한다. 어쩌면 그러한 경험 속에 일말의 진리가 담겨 있지 않을까?

대니얼 자기 관찰의 결과가 새로운 현상의 발견으로 이어질 수 있다는 것에 나도 동의한다. 하지만 자기 관찰이 객관적 검증의 맥락에서 활용될 수는 없다. 물론 실험 과학자들이 스스로를 '비공식적인' 피험자로 삼음으로써 실험이 잘 설계되었는지 등을 점검해야 하는 것은 맞지만, 그것 자체로는 실험이라 할 수 없다. 일인칭적인 발견을 중립적인 제삼자에게 제시하기 위해서는 사전 지식이 없는 사람들을 피험자로 삼는 등 여러 객관화 기법들을 반드시 적용해야 한다. 그것이 불가능하다면 자신의 통찰이 틀리지 않았는지를 의심해 보아야 한다.

어떻게 보면 이건 아주 당연한 거다. 오늘날 의식 과학자를 자처하는 이들 중 어느 누구도 자신의 내면을 관찰한 것만으로 논문을 써내지는 않을 테니 말이다. 새로운 현상을 발견하면 반드시 과학적 방법론으로 그것을 검증해야 한다. 그것이 바로 '삼인칭 관점'이 뜻하는 바다.

만약 자기 자신을 내성한 결과를 올바르게 해석하는 것이 가능하다면 지금 내가 하는 말들은 형식과 엄밀성에 대한 철학자 특유의 과민 반응에 지나지 않을 것이다. 그러나 이론화를 동반하지 않는 순수한 관찰이란 존재할 수 없으므로 나의 지적은 유효하다.

수전 타자현상학이나 삼인칭 관점, 좀비 직감, 데카르트의 극장 등의 각종 이슈에서 당신의 주장이 완전히 곡해되는 것을 보면 놀랍기 그지없다. 왜 사람들은 이토록 당신의 주장을 이해하기 힘들어하는 것일까? 적어도 내가 보기에 당신은 충분히 명료하게 당신의 의견을 개진했던 것 같은데, 어쩌다가 이런 처지에 놓이게 된 것인가?

대니얼 나도 그 까닭을 알고 싶다. 하지만 어느 정도 짐작은 간다. 얼핏 직관에 반하는 것 같은 주장을 접하면 사람들은 그것을 수동적으로 듣는 것이 아니라 자신만의 언어로 재해석함으로써 최선을 다해 그것을 이해하려 한다. 하지만 이는 심각한 역효과를 불러올 수 있다. 만일 그 주장의 내용이 실제로도 반직관적이라면 사람들은 높은 확률로 그 주장의 핵심을 곡해하고 전체 주장을 난센스로 치부하게 된다. 그러면 그들은 속으로 다음과 같이 결론지어 버릴 것이다. '나는 이 사람의 말을 이해하려고 최선을 다해 봤지만 아무리 생각해도 저건 미친 소리다. 이 사람도 미쳤고.' 거기다 대고 그 '최선'이 정말 충분했느냐고 해 봤자 달가워할 사람은 아무도 없을 것이다.

어쩌면 나의 저술 스타일이 원흉일 수도 있다. 나의 글은 헤겔이나 하이데거의 글과는 달리 꽤나 술술 읽히기 때문에 내 글을 읽는 사람들은 그 내용도 단순할 거라고 넘겨짚어 버리는 것 같다. 하지만 실제로는 그렇지 않다. 내가 글을 최대한 쉽게 써서 그렇지, 그 내용은 아주 난해하다. 내 글에 그저 간단한 몇 가지 개념만이 담겨 있다고 생각한다면 그것은 심각한 오산이다. 하지만 사람들이 그렇게 느끼는 것도 이해는 간다.

수전　나는 당신의 여러 핵심 논증 가운데 데카르트의 극장을 특히 좋아한다. 당신은 왜 우리의 마음이나 뇌 속에 극장이나 연극, 관객 따위가 존재할 수 없는지를 논박한 바 있다. 또한 유물론자를 자처하면서도 여전히 데카르트의 극장 개념에 사로잡혀 있는 이들을 데카르트적 유물론자로 명명하기도 했다. 어떻게 하면 누군가가 데카르트적 유물론자인지를 확인할 수 있나? 또한 그러한 징후들은 얼마나 흔하게 관찰되나?

대니얼　어떤 이론에 연극이 펼쳐질 '장소'에 대한 은유가 포함되어 있다면 그 이론은 불완전한 이론이다. 또한 의식에 관해 논하면서 '그 다음에는 어떻게 되는가?'라는 질문에 속 시원히 대답하지 못하는 사람이라면 데카르트적 유물론자일 확률이 아주 높다.

하지만 당신이 그 질문에 어떠한 답을 내놓든 간에 많은 이론가들은 당신이 무언가를 빠뜨렸다고 말할 것이다. 그들은 행동, 반응, 언어, 기억 등 각종 뇌기능의 기전이 밝혀지더라도 의식 문제가 해결되지는 않을 거라고 주장한다.

지금의 학계는 일인칭 관점을 포함한 이론이 모두 틀렸다고 여기는 사람들과, 일인칭 관점을 포함하지 않은 이론이 모두 틀렸다고 여기는 사람들로 양분되어 있다. 나는 최종적인 의식 이론에서는 반드시 일인칭 관점의 개념이 소거되어야 하며, 그렇지 않다면 그것은 진정한 의식 이론이 아니라고 생각한다. 일인칭 관점을 설명하는 것이야말로 의식 이론의 과제이기 때문이다. 지금은 일인칭 관점의 존재를 상정하지 않고서는 설명 불가능한 갖가지 정신 현상들도 언젠가는 그 역할과 기능이 잘게 쪼개져 신경계의 작용으로 환원될 것이다. 데카르트적 유물론을 믿는 것은 어느 기계 장치의 작동 원리를 연구하면서 여전히 그 기계 속에 누군가가 들어 있다고 여기는 것과도 같다.

수전 나는 무언가가 '제시된다^{Displayed}'거나 '의식에 들어온다'는 표현이야말로 데카르트적 유물론의 대표적인 징후라고 생각하는데, 당신은 어떻게 생각하나?

대니얼 각별한 주의 없이 그러한 표현을 쓴다면 그 사람은 데카르트적 유물론자가 맞을 것이다.

뇌가 우리에게 무언가를 '말해 준다'는 표현도 마찬가지다. 그 '우리'가 대체 누구란 말인가?

수전 가끔씩 의도적으로 좀비 직감을 느끼려 노력한다던 당신의 말이 참 인상적이었다. 나도 일부러라도 데카르트의 극장 개념에 나 자신을 더 자주 노출시켜 보아야겠다는 생각도 든다.

나는 당신의 이론을 꽤 숙지하고 있지만 이런 나도 이따금씩 데카르트의 극장이 있다는 생각에 빠지고는 한다. 가령 여기 놓인 책상을 바라보면 나는 내가 이 책상의 갈색 빛깔에 대해서 형언 불가능하고 고유한, 사적인 색채 경험을 한다는 확신에 사로잡힌다. 그럴 때면 불쾌한 기분마저도 드는데, 여기서 벗어나려면 어떻게 해야 하나?

대니얼 나는 그 순간 당신의 의식이 정확히 어디를 가리키고 있는지 살피기를 권하고 싶다. 이를 통해 현재 당신에게 정말로 중요한 것이 무엇인지 알아차리는 것이다. 가령 당신이 어떤 음식을 음미하고 있다고 해 보자. 그때의 그 '맛있음'이란 무엇일까? 맛있다는 느낌은 그 음식을 더 먹고 싶은 욕망, 훗날 다시 그 맛을 떠올릴 거라는 사실 등 엄청나게 다양한 반응 성향reactive disposition을 포괄하는 말이다. 이러한 갖가지 감각들을 현재의 우리 자신으로부터 떼어 놓고 분석하는 것이 쉽지 않은 것은 사실이지만, 어쨌든 그것들은 느낌일 뿐 실재하는 것이 아니다.

수전 하지만 당신도 지금 느낌이라는 단어를 사용하지 않았나.

그 감각을 느끼는 자아는 대체 누구란 말인가.

대니얼　느낌과 자아, 이 두 가지는 앞으로 우리가 설명해 내야 할 것들이다. 또한 잊지 말아야 할 것은 좀비에게도 그러한 자아가 있을 거란 점이다.

수전　당신은 자유의지가 있나?

대니얼　그렇다.

수전　당신이 생각하는 자유란 무엇인가?

대니얼　자유는 자신의 가치 판단에 따라 결정을 내리는 능력을 말한다. 강박이나 중독에 빠졌거나 이성적 판단, 혹은 기억 형성에 장애를 가진 사람에게 자유가 있다고 말하기는 힘들 것이다. 자유의지를 위해서는 자율적인 행위자가 필요하다. 여기서 자율이란 단순히 형이상학적인 개념이 아닌, 중요성에 따라 행동을 결정하고 그 행동을 제때 수행하기 위해 필요한 정보를 확보하는 능력을 뜻한다. 이러한 사실은 미래에 관한 예측의 생성이 뇌의 주요 역할이라는 것을 보면 더욱 확실해진다. 가령 당신에게 벽돌이 날아들면 당신은 우선 날아오는 벽돌을 보고 그 궤적을 예측한 뒤 약간의 에너지를 소비하여 몸을 피할 것이다.

인생에는 벽돌 말고도 피해야 할 것이 아주 많다. '피하다'라는 동사에 대해 좀 더 고찰해 보자. 우리는 흔히 어떤 일이 불가피하다고, 다시 말해 '피할 수 없다'고 말한다. 그런데 우리가 이렇게 피할 수 있는 것과 없는 것을 구분할 수 있는 것은 애당초 우리에게 무언가를 피하는 능력이 있기 때문이다. 이를 위해서는 미래에 일어날 일을 어느 정도 예견할 수 있어야 하는데, 바로 그것이 뇌가 존재하는 이유이다.

뇌라는 장치를 사용하면 스스로의 행위를 뒷받침하는 좋은 근거들을 만들어 낼 수 있다. 그 근거들은 하늘에서 뚝 떨어진 것이 아니라, 일생 동안 검토, 반추, 결정에 활용되었던 모든 정보와 가치를 바탕으로 형성된 것이다. 그러므로 우리는 원하든 원치 않든 특정한 가치관에 기반하여 행동할 수밖에 없다.

체스 선수가 다음 수를 결정하는 과정을 한번 상상해 보자. 그는 한정된 시간 안에 반드시 선택을 내려야 하는 상황에 처해 있다. 그 결정은 최선이 아닐 수도 있고, 심지어 불과 몇 초 뒤에 더 나은 수가 떠오를 수도 있다. 이 한 수로 인해 게임에서 패배한다면 평생을 후회하게 될지도 모른다. 하지만 그는 최소한 기물의 위치, 게임의 규칙과 목적은 제대로 알고 있을 것이며, 주어진 능력에서 최선을 다해 결정을 내릴 것이다. 그렇다면 우리는 그가 자유의지에 따라 행동했다고 말할 수 있다.

수전 당신은 데카르트의 극장이나 머릿속 관객 따위가 존재하지 않으며 자아는 유익한 사용자 환상이라고 주장하면서도, 자유의지에 대해 설명하는 내내 '나'나 '그'처럼 누군가를 지칭하는 말을 사용하고 있다. 그렇다면 대체 누가 자유의지를 가진 것인가?

대니얼 그 행위자다.

수전 '행위자'라 함은 몸 전체를 뜻하나?

대니얼 그렇다.

수전　많은 사람들은 자유의지의 주인이 데카르트의 극장의 관객, 즉 머릿속 의식적 자아라고 여기고 있다. 이들의 주장과 당신의 관점을 확실히 구분 지어야 하지 않을까?

대니얼　나의 초기 저작인 『행동의 여지Elbow Room』에 관련 문장이 실려 있다. 그 책에서 나는 "자아가 아주 작아지면 역설적으로 모든 것이 외부화될 수 있다"라고 말했다. 그것이 그 책의 가장 핵심 내용이었음에도 불구하고, 괄호 처리를 했더니 아이러니하게도 아무도 관심을 기울이지 않더라. 자신의 존재를 축소하려는 경향은 여러 곳에서 발견된다. (팔을 흔들며) 내가 이렇게 팔을 움직일 때 무슨 일이 일어나는지를 생각해 보자. 뇌가 근육에 신호를 보낸 것이 팔이 움직인 표면적인 이유이지만, 팔이 움직인 진짜 이유를 계속 되묻다 보면 자연스레 나는 나의 자아가 적절한 이유를 불러올 수 있는 '이유 저장소reason store'의 존재를 상정하게 된다. 이러한 상상은 궁극적으로 자아를 하나의 특이점, 데카르트 좌표계의 원점에 우겨 넣는 아주 치명적인 실수를 범하게 만든다. 자아의 범위는 가능한 한 넓게 잡아야 한다. 최근 앤디 클라크Andy Clark가 그의 저서 『그곳에 있기Being There』에서 지적한 것처럼, 우리는 정신 작용의 상당 부분을 외부 세계에 의지한 채로 수행하고 있으며, 여러 외부 장치들을 마음의 일부처럼 활용하고 있다. 머릿속에서 스스로 문제를 해결할 수 없을 때 우리는 주판이나 계산기, 노트북 컴퓨터, 심지어 타인의 도움을 구한다.

　사실 우리가 남부끄럽지 않을 만큼 도덕적으로 살기 위해서는 타인의 도움이 생각보다 훨씬 많이 요구된다.

수전 당신은 이미 대학생 시절에 이론의 토대를 대부분 완성했다고 말했는데, 그래도 살면서 당신의 삶이나 당신의 의식이 조금은 바뀌지 않았나?

대니얼 이론의 골자를 수정해야 할 만큼 커다란 변화를 겪은 적은 없었다! 하지만 철학자가 아닌 사람들과의 교류가 내게 많은 영향을 준 것은 사실이다. 1965년에 박사 학위를 받은 후 첫 5년간 나는 박사 과정 내내 그랬던 것처럼 대부분의 시간을 동료 철학자들과 함께 보냈지만, 다른 전공의 사람들과도 유익한 대화를 짧게나마 계속 나누었다. 인공지능, 생물학, 신경과학, 심리학 연구자들과의 대화가 철학자들과의 대화보다 더 많은 철학적 영감을 가져다준다는 것을 알고 난 후로는 재미있어 보이는 곳이라면 어디든 찾아가기 시작했다. 철학과 무관한 행사나 학회에 초청받는 일이 잦아지고 다양한 분야의 책과 논문을 접하다 보니 급기야 철학 논문을 읽는 것에 의무감을 느끼는 지경에 이르렀다. 잘 쓰인 생물학, 심리학, 인공지능 논문이 대부분의 철학 논문보다 훨씬 재미있다는 사실이 그 당시 나에게는 커다란 충격이었다. 내 삶이 바뀐 부분이 있다면 아마도 이 점일 테다. 상당수 철학자들은 이런 날더러 더 이상 철학자가 아니라고 말하는데, 나는 그들과 달리 실제로 철학적 결과물을 얻어 내고 학문 분야를 진전시키고 있다. 사람들의 음해에 일일이 대응하려는 생각은 없지만, 만약 내가 철학자가 아니라면 그들도 하루빨리 철학자이기를 그만두고 나를 따라오라고 권하고 싶다. 아마도 그 편이 탁상공론에 빠져 평생을 보내는 것보다 훨씬 유익할 것이다.

수전 그렇다면 철학이란 무엇인가?

대니얼 올바른 질문을 찾는 작업이다.

우리는 정말 중요한 질문들을
간과하고 있다

수전 그린필드
Susan Greenfield

수전 그린필드
Susan Greenfield

그린필드 남작(1950~)은 영국의 과학자이자 작가이다. 청소년기에는 고전을 공부했
으나 옥스퍼드 대학교에서는 심리학과 생리학을 전공하고 약리학 박사를 취득한 이
후 동 대학 약리학과 교수로 부임하였다. 1998년에는 영국 왕립연구소 소장이 되
었고, 2001년에는 남작 작위를 하사받았다. 의식의 뇌과학적 기반 외에도 알츠하이
머병과 파킨슨병의 신경 퇴행 메커니즘을 연구했으며, 신경공학 관련 벤처 기업도
두 개나 창립했다. 저서로는 『마음의 핵심을 향한 여정Journey to the Centers of the Mind』
(1995), 『뇌의 사생활The Private Life of the Brain』(2000), 『미래』(2003) 등이 있다.

수전 일찍이 당신은 의식을 '과학 최후의 불가사의'로 칭한 바 있는데, 의식의 어떤 점이 그리도 불가사의한가?

수전 그린필드 의식은 주관적 현상이어서 제대로 정의되지 않는다. 의식이 무엇인지는 누구나 알고 있지만, 일반적인 조작적 정의로 그것을 정의하는 것은 불가능하다. 의식이라는 주관적인 내적 상태와 뇌라는 물리적 존재의 연관성에 관해서는 질문을 어떤 식으로 구성해야 할지조차도 모르고 있는 상황이다.

수전 의식이 정의될 수조차 없다면 깔끔히 포기하고 행동주의를 수용하는 편이 낫지 않나?

수전 그린필드 그건 아니다. 의식이 변화할 때 뇌에서 어떤 변화가 일어나는지를 관찰하면 인과관계까지는 아니더라도 최소한 상관관계를 파악하는 것은 가능하다. 약물은 상관관계 연구를 위한 좋은 도구인데, 약물에 의해 의식이 변화되거나 사라질 때 그 약물이 뇌에서 어떤 작용을 일으키는지를 살펴볼 수 있기 때문이다.

수전 약물을 이용한 연구의 구체적인 사례가 있다면?

수전 그린필드 근래 나는 마취 현상을 연구하고 있다. 의식이 특정 뇌 영역, 유전자, 화합물에 의존하지 않는 입체적이고 복합적인 작용이라는 것은 주지의 사실이다. 이와 마찬가지로 마취에도 심도^{深度}의 개념이 있다. 마취를 공부하면서 나는 무의식에 깊이가 있다면 의식에도 수준이 있을 수 있겠다는 생각을 했다. 만약 의식 수준을 정량할 수 있다면 의식을 과학적으로 연구하는 일은 한결 수월해질 것이다. 과학의 목적은 어디까지나 정성화(定性化 : Qualification)가 아닌 정량화이니까. 의식 수준이 달라질 때 뇌에서 어떤 변화가 생기는지가 밝혀진다면 의식 문제는 손쉽게 해결될 것이다.

수전 하지만 현재 마취 심도 측정에 사용되는 기준들은 의식의 주관성과는 무관한 것들이다. 의식과 마취 사이의 진짜 상관물이 무엇인지를 알아내려면 어떻게 해야 하나?

수전 그린필드 우리가 찾아야 할 의식의 '진정한 지표'는 의식의 필요조건이 아닌 충분조건이지만, 지금으로서는 뇌 영상 기법을 활용하는 것이 최선이다.

수전 의식의 미스터리가 주관성으로 인한 것일진대 과연 의식의 지표라는 것이 존재할 수 있을까? 내면의 느낌이 도대체 어떻게 지표화될 수 있나?

수전 그린필드 어떤 것의 지표와 그 지표가 가리키는 대상이 동일한 특성을 가져야 할 필요는 없다. 나는 뇌세포들이 이루는 세포집합체^{Assembly}의 크기가 의식의 지표라고 주장한 바 있다. 세포집합체는 지표에 불과하므로 그 세포들을 따로 떼어 접시 위에서 배양한다고 해서 거기에 의식이 있지는 않을 거다. 예컨대, 다리미에 달린 온도 표시등을 생각해 보라. 우리는 표시등의 불빛으로부터 다리미가 켜져 있는지를 알 수 있지만, 그 불빛은 다리미의 상태를 나타내는 지표일 뿐, 다리미와 동일한 것은 아니다.

오늘날 마취 여부를 판단하는 데는 맥박, 심박, 동공의 확장 등이 활용되고 있지만, 우리가 찾아야 할 매개변수는 '세포 집합체의 형성'일 것으로 추측된다. 실제로 우리 뇌에서는 수백만 개의 뇌세포가 뭉쳤다 흩어지는 과정이 1초에 네 번 정도 반복되고 있다. 문제는 그 과정을 현재 의료 영상 기술로는 관찰할 수가 없다는 것이다. 현재의 뇌 영상 기술은 19세기의 사진기와도 같아서 일정 시간 동안 변하지 않는 뇌 종양이나 정상 상태Steady state 등은 잘 보이지만, 세포 집합체의 형성과 같은 일시적 사건들은 포착되지 않는다.

수전 그렇다면 세포 집합체가 의식의 지표라는 당신의 주장을 뒷받침하는, 혹은 반증하는 다른 근거가 있나?

수전 그린필드 그에 앞서 다른 후보들부터 살펴보자. 우선 만물에 의식이 있다는 범심론은 배제하고, 의식이 온전히 뇌의 내부에서 생성된다고 가정하겠다. 후보가 될 수 있는 대표적인 뇌의 내부 요소들로는 유전자, 화합물, 뇌 영역 등이 있다. 과연 유전자가 의식을 생성할 수 있을까? 당연히 아니다. 유전자는 단백질을 만들 뿐, '의식 유전자' 따위는 존재하지 않는다. 혹자는 '의식의 화합물'이 존재한다고 말하기도 하지만 그것은 의식을 변화시킬 수 있는 물질이 있다는 뜻이지, 분자 자체에 의식이 있다는 말은 아니다.

뇌 영역의 경우는 어떨까? 어쩌면 의식을 일으키는 뇌 영역이 있지 않을까? 하지만 우리는 뇌 속에 의식 중추 같은 것이란 존재하지 않음을 이미 잘 알고 있다 — 그 근거들을 논하는 것은 대니얼 데닛의 몫으로 남겨 두겠다 — 뇌의 계층적 구조에서 화합물, 시냅스, 단백질과 같은 미시 수준과 뇌 영역이라는 거시 수준을 제외하면 남는 것은 중간 단계의 신경망Neuronal networks뿐이다. 신경망은 우리 뇌에서 가장 역동적으로 변화하는 구조이기도 하다.

수전 그렇다면 신경망이 의식을 생성하는 것인가?

수전 그린필드 그건 아니지만 신경망이 의식의 좋은 지표임은 분명하다. 방금 말했듯이 세포 집합체를 뇌에서 분리하고 나면 거기에는 당연히 의식이 없다. 일부 연구자들이 뇌 절편에서 40헤르츠의 감마 진동을 발견했다며 의기양양하게 자랑하는 것을 보면 안쓰러움을 넘어 불쾌함까지 든다. 감마 진동이 세포 집합체의 필수적인 특질이기는 하지만, 필요조건과 충분조건은 엄연히 다르지 않나.

수전 '의식을 생성한다'는 것은 무엇을 의미하나?

수전 그린필드 의식과 상관관계에 놓여 있음을 뜻한다.

수전 하지만 무언가를 생성하는 것과 그것과 상관관계를 갖는 것은 엄청나게 다르지 않나.

수전 그린필드 서두에서도 말했듯, 뇌가 의식을 생성하는 메커니즘이 어떤 형태일지는 지금으로서는 예측조차 불가능하다. 누군가 그 메커니즘을 밝혀낸다고 해도 제삼자에게 그것을 납득시키기는 결코 쉽지 않을 것이다. 만약 중력을 거스르는 물체가 있다면 나는 그 물체의 형태를 그리 어렵지 않게 머릿속에서 그려 볼 수 있다. 하지만 의식이 생성되는 메커니즘에 대해서는 그러한 상상조차 불가능하다. 게다가 그 메커니즘을 알게 되더라도 과연 달라지는 것이 있을까? 애초에 '뇌가 의식을 생성하는 메커니즘이 무엇인가'라는 질문 자체도 엄밀하지 않다. 코흐와 크릭 등은 그 질문의 의미를 심각하게 곡해하고 있다.

수전 확실히 그 두 사람은 뇌가 의식을 생성한다고 믿고 있는 것 같다. 하지만 대다수 기능주의자들은 뇌가 의식이 아니라 지능, 시각 등의 각종 뇌기능들을 생성하며, 그 기능들의 집합이 바로 의식이라고 주장한다. 이에 대한 당신의 견해는? 혹시 의식이 다른 뇌기능과 별개의 존재라고 생각하나?

수전 그린필드 내가 옥스퍼드 대학교에서 시각에 관한 강의를 하던 중에 있었던 일이다. 여러 시각 영역들을 차례로 훑고 허블과 비셀의 연구까지 살펴보고 난 뒤에 나는 학생들에게 "그렇다면 우리는 어떻게 사물을 볼까요?"라고 물었다. 그러자 그들은 "그건 의식에 관한 것이잖아요. 강의 계획서에 의식도 적혀 있었나요?"라고 반문하더라.

하지만 나는 의식에 대한 관심 없이 뇌를 탐구할 수는 없다고 생각한다. 그건 소화불량에 대한 관심 없이 위장을 연구하는 거나 매한가지다.

수전 의식을 뇌로부터 분리할 수 있을까? 철학적 좀비의 존재 가능성에 대한 당신의 견해는?

수전 그린필드 의식도 무언가를 보거나 느끼는 과정의 일부이므로, 의식을 시각이나 감정과 같은 뇌기능과 완전히 분리하는 것은 불가능할 것이다.

그렇지만 좀비 문제에 관해 더 고민해 볼 필요는 있다. 조금 덜 극단적인 경우를 생각해 보자. 일전에 소니Sony사에서는 큐리오QRio라는 소형 로봇을 내놓았다. 개의 형태를 가진 아이보Aibo와는 달리 큐리오는 인간의 형태로 만들어진 것은 물론 사람과 대화도 나눌 수 있게끔 제작되었다. 큐리오의 입에서 나오는 말들은 비현실적이고 어색했지만 매력적이기도 했다. 큐리오는 '꿈이 세상에서 가장 중요한 것'이라는 깜찍한 말도 할 줄 알았다.

큐리오처럼 정교한 로봇을 보면 우리는 그 속에 의식이 있는 듯한 느낌을 받는다. 이처럼 인간과 유사한 기능을 지닌 로봇은 얼마든지 제작이 가능하다. 반면 의식은 행동과 별개로 존재할 수 있다. 감각 차단 탱크 안에 가만히 떠 있는 사람도, 혹은 감금 증후군 환자들도 의식을 갖고 있다. 겉으로는 죽은 것처럼 보여도 내면에는 여전히 의식을 지닐 수 있다. 이를 보면 의식이 최소한 행동과 분리될 수 있다고는 말할 수 있을 것 같다.

수전 행동에 관계없이 의식의 유무를 판정할 방법이 있나?

수전 그린필드 외견만으로는 당연히 불가능하다. 눈을 감고 가만히 누워 있는 사람이 잠들었는지 깨어 있는지 어찌 알겠나.

수전 그런데 의식의 지표를 만들고 나면 그 구분이 가능하다는 것인가?

수전 그린필드 바로 그거다.

수전 다른 동물들의 경우는 어떠한가? 동물의 경우에도 세포 집합체의 크기에 따라 의식의 존재 여부가 결정될까?

수전 그린필드 그 대목에서 나는 대다수의 동료 학자들과 의견을 달리하고 있다. 가령 제럴드 에델만은 — 그가 바닷가재를 즐겨 먹기 때문인지는 몰라도 — 바닷가재보다 고등한 동물에서부터 의식이 출현한다고 주장했다. 하지만 나는 아무리 단순한 동물이라도 뇌를 갖추고 있다면 의식도 있다고 생각한다. 배 속의 태아도 뇌가 형성되는 시점부터는 의식을 지니며 그 의식의 수준은 뇌의 복잡도에 비례하므로, 뇌의 성장과 함께 의식도 성장할 것이다.

수전 '뇌의 성장'이라 함은 개체 단위의 발생 과정을 말하는 것인가, 아니면 종 단위에서의 진화를 말하는 것인가?

수전 그린필드 개체발생학적인 성장과 계통발생학적인 성장 둘 다 맞다.

수전 뇌가 클수록 의식 수준도 높아지나?

수전 그린필드 단순히 크기의 문제는 아니다. 인간이 높은 수준의 의식을 갖춘 것은 뇌의 구조가 복잡하기 때문이다. 실제로 인간보다 더 큰 뇌를 가진 동물도 있지만, 대뇌피질의 주름 수는 인간이 다른 동물들에 비해 월등하게 높다.

수전 그렇다면 의식 수준을 결정하는 가장 중요한 요소는 무엇인가?

수전 그린필드 의식 수준은 뇌의 여러 생리학적·해부학적 특징들에 의해 복합적으로 결정된다. 뇌의 크기나 피질의 표면적뿐만 아니라, 영역별로 무슨 기능을 수행하는가도 중요하다. 어쨌든 이러한 인자들은 모두 정량화가 가능한 것들이다.

수전 미래에는 어떠한 인간이나 동물의 의식 수준을 객관적으로 판단할 수 있게 될까?

수전 그린필드 궁극적으로는 그렇게 될 것이다.

수전 방금 당신은 큐리오의 사례를 소개하기도 했는데, 의식을 인공적으로 만들기 위해서는 무엇이 필요한가?

수전 그린필드 우선 인공 의식이 가능한지부터 묻는 게 순서가 아닐까.

수전 불가능하다고 생각한다면 그렇게 답해도 된다.

수전 그린필드 레이 커즈와일Ray Kurzweil이나 데닛과 같은 이들이 의식을 인공적으로 만드는 것이 가능하다고 호언장담하는 것을 볼 때면 나는 화가 치민다. 몇몇 이들은 심지어 인공 의식이 불가능하다는 내 주장을 희화화하기까지 했는데, 그런 식으로 실증적인 근거가 아닌 믿음에 기초하여 무언가를 주장하는 것은 아주 비과학적인 태도다.

그들에게는 이런 조언을 해 주고 싶다. 지금 우리 수준에서는 내가 아닌 타인에게 의식이 있는지도 판단이 불가능한데, 설령 인공 의식을 만든다고 해도 그걸 도대체 어떻게 검증하겠는가.

의식 문제가 풀리지 않는 한, 우리는 의식을 어떻게 모델화하거나 검증해야 하는지 알 수 없다. 만약에 그 방법이 밝혀진다면 그걸로 의식 문제는 자연히 해결될 것이다. 따라서 인공 의식은 논리적으로 일고의 가치도 없는 문제다. 솔직히 나는 사람들이 왜 거기에 매달리는지를 잘 모르겠다.

수전 하지만 인공 의식 문제는 도덕과도 관련이 있지 않나? 괴로움을 느끼는 것처럼 행동하는 로봇이 있다고 가정해 보자. 만일 그것에게 의식이 있다면 그 로봇을 개발한 사람은 로봇이 느낄 괴로움에 대해 책임을 져야 할 것이다. 하지만 인공 의식이 존재할 수 없다면 그 책임 소재를 묻는 것은 무의미하다. 이것만으로도 인공 의식은 중요한 문제가 아닌지?

수전 그린필드 그 로봇이 괴로움을 느낀다고 어떻게 확신하나? 내가 볼 때 그럴 확률은 아주 희박하다. 너무 실용주의자처럼 말해서 미안하지만, 이 논의는 중세 신학자들이 '바늘 끝에 최대 몇 명의 천사가 서 있을 수 있는지'를 따졌던 것만큼이나 무가치하다. 가령 어느 재난 구조 로봇이 백만 분의 일의 확률로 괴로움을 느낄 수 있다면 당신은 그 로봇의 제작을 멈추겠는가? 이건 선택의 여지가 없는 문제다.

수전 당신은 아무런 머뭇거림 없이 선택을 내릴 수 있겠는가?

수전 그린필드 나라면 단 1초의 망설임도 없이 로봇의 제작을 계속하기를 택할 것이다. 인공 의식은 철학적으로 흥미롭기는 해도 현실과는 전혀 관계없는 문제다. 마찬가지로 인공지능도 사람의 수고를 덜어 준다는 점에서는 유용하나 의식 문제를 해결할 도구로서는 적합하지 않다고 생각한다.

수전 당신은 자유의지가 있는가?

수전 그린필드 자유의지는 나도 이따금씩 스스로에게 되물어 볼 만큼 흥미로운 주제다. 나는 존 설을 그리 좋아하지는 않지만, 자유의지에 관해서만큼은 그의 말을 자주 인용하고는 한다. 그의 말을 빌리자면, "결정론자들조차 유전자의 목소리에 따라 점심 메뉴를 고르지는 않는다".

수전 하지만 그렇게 하고 있는 사람이 바로 나다. 나는 실제로 식당에 가면 나 자신이 무엇을 고를지 지켜보고는 한다. 설 본인이야 그러지 않겠지만 자유의지 없이 살기란 영 불가능한 일은 아니다. 당신은 어떤가?

수전 그린필드 나는 자유의지가 실재한다고 생각한다. 당신의 말처럼 자유의지가 환상일 수도 있겠지만, 우리가 그것을 믿는 순간 더 이상 환상은 환상이 아니게 된다. 어쨌든 당신은 자의적으로 메뉴를 고른 것이 아닌가. 만일 자유의지가 없다면 형사 제도의 근간이 무너지게 될 것이다. 자유의지가 없는데 범죄자를 수감하는 것이 도대체 무슨 의미가 있겠나.

수전 그건 다른 문제 같다. 수감 제도의 목적은 징벌에 더하여 나머지 시민들을 잠재적인 위험으로부터 보호하기 위함이기도 하다.

수전 그린필드 하지만 범죄 행위가 자유의지로 인한 것이 아니라면 수감 제도가 어떻게 사람들의 행동을 억제할 수 있다는 말인가.

수전 설령 뇌가 결정론적인 체계라 하더라도 처벌에 대한 위협이 있다면 그로부터 인과적 영향을 받을 수 있지 않을까.

수전 그린필드 글쎄, 과연 그것이 충분한 강제력으로 작용할지 의문스럽다. 1978년 미국에서는 샌프란시스코 시의원이 시장을 총살한 사건이 있었다. 변호인단은 그 시의원이 '트윙키Twinkie'라는 과자를 과다 섭취하여 생긴 고혈당 때문에 우발적으로 범죄를 저질렀다고 주장했고, 배심원들은 이를 받아들였다. 이 판결은 엄청난 논란을 자아냈고, 현재까지도 '트윙키 변호Twinkie defense'라는 이름으로 회자되고 있다. 유전자나 뇌 영역에 이상이 있는 경우 수감 제도만으로는 범죄의 발생을 막기 어려울 것이다.

이와 별개로, 자유의지가 없다면 범죄 행위의 책임 소재를 누구에게 둘 것인가 하는 문제도 생긴다. 오사마 빈 라덴이나 히틀러의 범죄를 유전자나 선천적 기질의 탓으로 돌리는 것이 과연 적절할까? 자유의지가 없기 때문에 빈 라덴 본인에게는 잘못이 없다는 말을 그 누가 납득할 수 있을까?

수전 하지만 과학자라면 악영향을 초래할 수 있다고 해서 눈앞의 진실을 외면해서는 안 될 것이다. 과학자에게는 진리의 탐구가 더 높은 가치가 아닌가?

수전 그린필드 당신이 내 말을 다소 오해한 것 같다. 자유의지가 환상임을 인정하는 것이 사회에 악영향을 가져다줄 수 있다는 것은 맞지만, 나는 있는 사실을 거부해야 한다고 말하지는 않았다.

수전 어쨌든 당신은 자유의지를 어떻게 바라보느냐에 따라 삶의 태도가 바뀔 수 있다는 말을 하려던 것이 아닌가. 내가 확인하고 싶었던 건 바로 그 부분이다.

수전 그린필드 그건 그렇다. 나는 여러 사회 현상에 관심이 많은데, 특히 사람들이 타인에게 비난을 전가하는 것을 목도할 때면 자유의지에 관해 생각하고는 한다. 오늘날 뇌 영상 기술은 어느 뇌 부위에 불이 켜졌는지를 ― 지나치게 과장된 표현이지만 ― 볼 수 있을 정도로 발전했고, 신경과학은 뇌를 신경가소성, 유전자, 단백질 등의 하위 성분들로 어설프게나마 해체하고 있다. 하지만 몇몇 이들은 이러한 뇌의 탈구조화가 자신의 악행에 대한 변명이 되어 줄 거라는 잘못된 기대를 하기도 한다. 내가 우려하는 점이 바로 이것이다. 뇌과학이 지나치게 빨리 발전하다 보면 개인이 자신의 행동에 대해 책임감을 느끼지 못하는 부작용이 초래될 수 있다. 이는 범죄자뿐만 아니라 우리 모두에게 해당되는 문제다. 어쩌면 우리 다음 세대에서는 책임 의식이나 '운명의 주인', 삶을 개척하는 자세와 같은 말들은 옛것이 될 수도 있다. 하지만 어쨌든 나도 모든 범죄가 동등하게 취급되는 것은 불합리하다고 생각한다. 의도의 유무에 따라서 처벌의 강도를 달리할 필요는 있다.

수전 자유의지가 환상인 것은 맞지만 그 부작용을 막기 위해 사회 구성원 모두가 그 환상을 믿어야 한다는 말인가.

수전 그린필드 그렇지 않다. 나는 자유의지가 실재한다고 느낀다. 뭐, 어쩌면 현실 세계 자체가 환상에 지나지 않을지도 모른다. 그래서 나는 식당에서 무엇을 주문할지 스스로에게 묻는 당신의 행동을 충분히 이해한다. 사실 꽤 재미있을 것 같기도 하고. 하지만 당신도 일거수일투족마다 항상 관찰자의 자세로 임하는 것은 아니지 않나. 조현병 환자가 아닌 이상, 대부분의 사람들은 통합된 실체Cohesive entity로서 자유의지에 따라 행동하고 있다.

일전에 나는 벤저민 리벳의 실험에 참여하기도 했었다. 의식이 행동을 결정하기 전에 뇌파가 먼저 변화한다는 것이 그 실험의 요지인데, 일각에서는 뇌가 의식을 통제하고 있다고 잘못 해석하기도 한다. 사실 리벳의 실험은 내 몸이 작동하는 방식을 있는 그대로 보여 주고 있을 뿐인데 말이다.

수전 방금 '내 몸'이라는 표현을 썼는데, '나'와 내 몸은 별개의 것인가.

수전 그린필드 그건 아니다. 오해의 소지가 있다면 '나라는 몸' 혹은 '수전 그린필드라고 불리우는 몸'으로 정정하겠다.

수전 당신의 말대로 의식과 뇌가 분리될 수 없다면, 사후 세계 역시 존재할 수 없다고 보는가?

수전 그린필드 그렇다. 하지만 나는 신앙이나 신념, 종교를 가진 사람들을 부정적으로 보지는 않는다. 과학자라면 무릇 오류가 입증되지 않은 한 모든 가능성에 대해 열린 태도를 견지해야 한다.

수전 죽어서 직접 확인하기 전까지 판단을 유보하겠다는 뜻인가?

수전 그린필드 꼭 그렇지만은 않다. 지금 우리에게 주어진 '팩트'만 놓고 보자면 물리학에 새로운 패러다임이 등장하지 않는 한 사후 세계가 존재하기는 어려워 보인다. 나의 인격, 마음, 의식은 나의 뇌와 매우 밀접한 관련을 맺고 있다. 그런데 어떻게 이 모두가 뇌 없이 존재할 수 있을지 잘 상상이 가지 않는다. 물론 그 가능성을 완전히 부정하려는 것은 아니다. 사후 세계를 믿는 사람들을 낮잡아 보려는 마음도 전혀 없다. 나는 누구처럼 그렇게 교만한 사람이 아니다… 어쨌든 나는 사후 세계 문제에 대해서는 열린 태도를 견지하고 싶다. 지금으로서는 사후 세계가 존재할 가능성이 보이지 않으나 그 존재를 믿는 이들이 모두 틀렸다고 단언하고 싶지도 않다.

수전 당신은 오랫동안 약리학과 신경과학에 몸담으며 의식에 관해 많은 연구를 수행했는데, 당신의 연구가 개인적인 삶에 미친 영향이 있다면?

수전 그린필드 뒤돌아보면 나는 청소년기에 학교에서 고전을 배우면서부터 이미 의식 문제를 접했었다. 그 시절 나는 인간을 인간답게 하는 것이 무엇인지에 대해 관심이 많았다. 그리스의 3대 비극 작가인 아이스킬로스와 소포클레스, 에우리피데스의 작품들만 보아도 인간이 자유의지를 대하는 태도가 운명론적 관점에서 개인의 주체성을 중요시하는 쪽으로 변모하는 것을 확인할 수 있다. 어쩌면 나는 과학자의 입장에서 의식 문제를 다루었던 것이 아니라, 오히려 철학적 문제를 해결하기 위한 도구로써 과학을 활용했던 것 같다.

수전 실제로 의식을 연구하거나 이론을 확립하는 과정에서 경험한 삶의 변화는?

수전 그린필드 과학을 대하는 태도가 많이 바뀐 것은 사실이다. 특히 나는 디테일에 지나치게 집착하는 태도를 버리게 되었다. 그러기에 우리의 인생은 너무 짧은 것 같다. 정말로 중요한 문제들을 간과한 채로 수용체 아형Subtype 연구 따위에 매달리는 동료 과학자들을 보면 나는 바로 옆에 빙하가 스쳐 가는데 갑판에서 의자를 정돈하고 있는 타이타닉호의 승무원이 떠오른다.

나는 오늘날 신경과학의 수준을 다른 이들에 비해 훨씬 낮게 평가하고 있다. 지금의 신경과학은 단순히 일화적 보고를 모은 것에 지나지 않는다. 다른 과학 분야와는 달리 기본 법칙과 원리에 대한 합의가 전혀 이루어지지 않았다. 우리에게는 분자에서 심리학까지 다양한 수준의 현상들을 포괄할 수 있는 학문적 체계가 필요하다. 뇌 연구자들이 대형 학회에서 모여 자신의 업적을 자찬하고 서로를 격려하는 걸 볼 때면 무력감마저도 든다. 아직 우리는 첫 삽도 제대로 뜨지 못했는데 말이다.

수전 그렇다면 우리가 간과하고 있는 그 중요한 문제란 무엇인가?

수전 그린필드 물론, '뇌가 어떻게 의식을 생성하는가'이다.

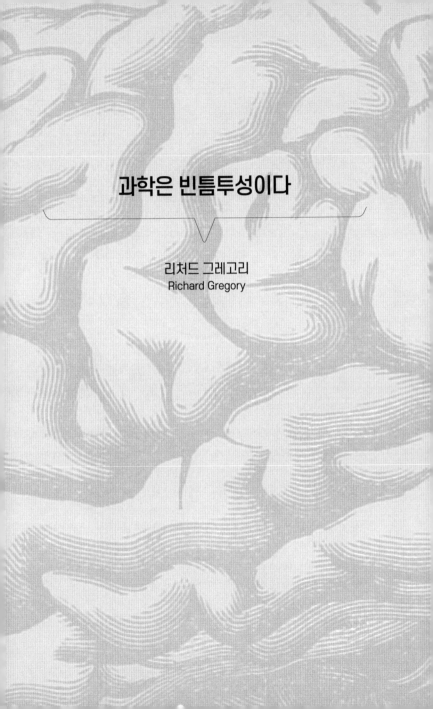

과학은 빈틈투성이다

리처드 그레고리
Richard Gregory

리처드 그레고리
Richard Gregory

영국의 신경심리학자인 리처드 그레고리(1923~2010)는 제2차 세계 대전에서 공군으로 복무한 후 케임브리지 대학교에서 철학 및 실험심리학을 전공하였다. 동 대학에서 특수감각연구소Special Senses Laboratory를 설립하여 실명 환자들의 시력 회복 과정을 탐구하였고, 착시 현상에 대한 연구로부터 뇌가 환경에 대해 가설을 세운 결과가 바로 지각이라는 주장을 내놓기도 하였다. 1967년에는 에딘버러 대학교에 기계 지능 및 지각학과를 개설하여 세계 최초 인지 로봇의 제작에 참여하였고, 1970년부터는 브리스틀 대학교의 신경심리학과 교수와 뇌지각연구소 소장을 겸임하였다. 과학에 대한 깊은 애정과 무궁무진한 호기심의 소유자였던 그레고리는 브리스틀에 위치한 과학 박물관 '익스플로러토리Exploratory'를 건립하기도 하였다. 『눈과 뇌Eye and Brain』(1966), 『과학 속 마음Mind in Science』(1981), 『특이한 지각들Odd Perceptions』(1986) 등을 저술했고, 『옥스퍼드 마음 안내서Oxford Companion to the Mind』(2004)를 엮었다.

수전　의식 문제를 정의하자면? 이토록 많은 이들이 의식 문제에 골머리를 앓고 있는 까닭은?

리처드　진부한 표현일지는 모르겠으나, 의식 문제란 감각질과 뇌 사이의 설명적 간극을 말한다. 즉 감각질과 같은 비물리적인 대상이 어떻게 뇌라는 물리적인 체계에 의해 만들어지는지가 바로 의식 문제의 핵심이다.

　하지만 걱정할 필요는 없다. 과학이란 본래 빈틈투성이이기 때문이다. 전자기 유도 현상의 예를 떠올려 보자. 1831년 마이클 패러데이는 자석이 코일 속을 움직일 때 전류가 발생한다는 사실을 발견했다. 자석을 쥐고 흔든 것뿐인데 전기라는 완전히 별개의 현상이 일어났던 것이다! 의식도 이와 같은 창발의 소산일 수 있다.

수전　감각질과 뇌 사이에 커다란 간극이 있기는 하지만 그 간극이 다른 것들과 별다를 바가 없다는 말인가? 그 두 주장은 서로 모순되는 것 같은데.

리처드　창발이란 무지함의 다른 표현일 뿐이다. 간극을 메워 줄 적합한 모델이 발견된다면 창발의 개념은 불필요해지기 때문이다.

수전　프랜시스 크릭은 설명적 간극이 언젠가 메워질 거라 믿고 뇌과학을 열심히 발전시키는 것이 지금 우리가 할 수 있는 최선이라 말한 바 있는데, 어찌 보면 당신의 주장은 크릭의 입장과도 비슷한 것 같다.

리처드 나도 크릭의 말에 동의한다. 하지만 나는 의식 문제의 실마리가 반드시 뇌과학에서 발견될 거라고는 생각지 않는다.

수전 그렇다면 그 실마리는 과연 어느 분야에서 발견될까?

리처드 어느 분야든 다 가능하다. 기존의 난제가 예상치 못한 발견에 의해 해결된 사례는 과학사에서 쉽게 찾아볼 수 있다. 그렇기 때문에 어떠한 학문이 앞으로 어느 방향으로 발전할지를 예견하기란 불가능하다. 20세기 초 X선의 발견을 예로 들어 보자. 처음 발견된 당시에 X선은 그야말로 신비의 존재로 여겨졌으나 얼마 지나지 않아 그것이 특정 파장의 빛에 지나지 않는다는 것이 밝혀졌다. 다행히 이 경우에서는 문제의 간극이 그다지 깊지 않았던 것이다. 어쩌면 의식도 그럴지 모른다.

수전 흥미로운 관점인 것 같다. 언제 어디서 혁명적인 발견이 일어날지 모르는데 학자들은 무지의 늪에서 허우적대고 있다니.

리처드 내가 보는 현 상황은 그렇다. 문제를 해결하는 데 규칙이 어디 있겠나. '커다란 간극'이라는 표현은 실마리를 어디서 찾을지 모르겠다는 자기고백에 불과하다.

수전 당신은 언제 처음 의식 문제에 관심을 갖게 되었나?

리처드 지각 현상에 관심을 가진 지는 까마득하게 오래되었지만, 의식 문제를 고민하기 시작한 것은 비교적 최근의 일이다. 나는 1977년 『무지의 백과사전Encyclopaedia of Ignorance』이라는 책에 의식에 관한 글을 실으면서 이 문제를 처음 접했다. 그 전까지는 그런 문제가 있다는 것조차 몰랐었다.

여담이지만 당시 출판사 측에서 나에게 책의 제목을 바꾸어도 되겠느냐고 물어 왔는데, 나는 내가 의식에 대해 무지하다는 것을 너무나도 잘 알았기 때문에 그 요청을 거절했다. 다른 저자들도 비슷한 반응을 보여서인지는 몰라도 다행히 책은 원래 제목대로 출간되었다.

수전 정말 그 책을 쓰기 전에는 의식에 관해 생각해 본 적이 없나? 당신이 케임브리지에서 철학을 전공할 당시 버트런드 러셀 Bertrand Russell 등 유명 학자들과 함께였던 것으로 아는데, 왜 그때는 심신 문제를 고민하지 않았나?

리처드 당시 나와 동료 학자들은 '타인의 마음 문제'에 관해서는 많은 이야기를 나누었었다. 특히 존 위즈덤John Wisdom은 그 논의를 발전시켜 책으로 내기도 했다. 그는 '타인의 마음은 강 건너 불과도 같은 것인가?' 따위의 질문을 몇 주 동안이나 천착하고는 했다. 하지만 두뇌 활동과 의식의 관계가 우리 대화의 주제가 되는 일은 드물었다. 사실 우리는 두뇌 활동이나 심리학에 대해서 별 생각이 없었다. 또 그때는 뇌의 생리학을 연구한다는 것이 너무나도 어려운 일처럼 느껴졌었다. 이것이 내가 인공지능으로 분야를 선회한 이유이기도 하다.

그 시절 의식 연구는 얘깃거리가 없다는 것이 가장 큰 문제였다. 먹이가 지천에 널려 있지만 움직이는 표적이 없어 굶어 죽어 가는 개구리의 신세와도 같았다.

아니면 오락에 비유할 수도 있을 것 같다. 나는 탁구나 체스를 즐겨 하다 보니 어떻게 하면 내 실력을 향상시킬 수 있을지를 자주 고민하고는 한다. 하지만 그 당시 의식 문제의 경우에는 공략 가능한 빈틈이 보이지 않았기 때문에 굳이 시간을 들여 그것을 고민할 이유도, 계기도 없었다. 또 원래 내가 단순한 사색보다는 문제에 뛰어들기를 더 선호하는 탓도 있다.

수전 하지만 후즈 후Who's Who 인명 사전에는 당신의 취미가 말장난과 사색이라고 나와 있던데.

리처드 나이를 먹을수록 사색이 느는 것은 사실이더라! 요즘에는 심지어 빅뱅 이전에 무슨 일이 있었는지를 고민하기도 한다.

수전 그렇다면 삶의 의미나 사후 세계 같은 문제들도 고민해 보았나?

리처드 죽으면 그냥 훅 가는 거다. 또한 삶에는 개인이 부여한 것 이상의 의미는 없다. 이는 우리가 색깔을 경험하는 방식과도 매한가지다. 색깔은 사물 자체의 속성이 아니라 우리의 마음이 그 사물에 투사된 것이다. 우리의 마음은 색깔뿐만 아니라 의미도 투사할 수 있어서, 미술 작품을 바라보는 관객은 작가의 의도와 무관하게 각자의 생각대로 작품을 해석한다. 이는 삶에 대해서도 마찬가지다. 조물주나 찰스 다윈이 뭐라 말했건 간에 삶의 의미는 스스로 규정하는 것이다.

수전 당신은 의식의 기능에 관한 이론을 세우기도 했다. 그에 관해 설명해 달라.

리처드 의식의 기능 역시 다른 문제 못지않게 상당히 중요하다. 나는 의식이 인간의 전유물이라고는 생각지 않는다. 하물며 개도 꼬리를 밟히면 아파하며 짖어 대지 않나. 따라서 의식의 기능은 진화적 맥락, 즉 개체의 생존 확률을 어떻게 높이는지를 중심으로 고찰되어야 한다. 구체적으로 나는 의식이 '지금 이 순간'과 밀접한 관련이 있다는 사실에 주목했다.

무언가를 지각하기 위해서는 어마어마하게 많은 정보처리 과정들이 필요한데, 이 과정들은 어느 시점에만 일어나는 것이 아니라 과거로부터 계속 이어지고 있다. 예컨대 당신이 컵이라는 사물을 알아보는 것은 단순히 망막에 맺힌 상이 대뇌로 유입되었기 때문이 아니라, 과거에 당신이 컵을 사용한 경험이 상기되기 때문이다. 하지만 우리는 과거가 아닌 현재에 살고 있다. 당장 눈앞의 신호등 색깔을 식별하지 못하면 차에 치여 죽게 된다. 반면 지각에 필요한 두뇌 과정들은 시간축상에 넓게 펼쳐져 있다. 이 상황에서 무엇이 현재 정보이고 무엇이 과거 정보인지를 구분하려면 어떻게 해야 할까? 나는 현재의 경험에 생생함이라는 꼬리표를 달아 감각질로 만드는 것이 의식의 기능이라고 생각한다.

수전 현재를 과거나 미래로부터 분리하는 것이 의식의 기능이라는 말인가?

리처드 그렇다.

수전 두 가지 반론이 머릿속에 떠오른다. 첫 번째로, 우리는 언제든 과거의 기억을 다시 불러올 수 있지 않나.

리처드 그렇기는 하지만 과거의 기억은 현재에 비해 훨씬 희미한 데다가 생동감도 현저히 떨어진다. 현재를 상징하는 것은 바로 그 생생함이다. 물론 여기에는 정서 기억이라는 예외가 존재한다. 대표적인 정서 기억으로는 수치심이 있다. 가령 당신이 중요한 강연을 송두리째 망친 뒤에 그 순간을 돌아본다면 얼굴에는 홍조가 일 것이고 '내가 왜 그랬을까' 하는 생각도 들 것이다.

수전 그게 무슨 느낌인지 나도 잘 알 것 같다! 나만 그런 게 아니라니 다행이다.

리처드 물론이다. 이때 얼굴에 생긴 홍조는 당신에게 제임스-랭 감정 이론에서 말하는 '구심성 입력Afferent input'을 보낸다. 당신이 그 입력 신호를 알아차리면 의식은 그것을 현재의 경험으로 표지하며, 결과적으로 당신은 수치스러운 기억을 생생히 경험하게 된다.

또 다른 예외 상황으로는 입면환각Hypnagogic imagery이 있다. 입면환각은 반쯤 잠들었을 때 발생하는 환상을 말하는데, 현실과 구별할 수 없을 만큼 매우 화려하고 생생한 것이 특징이다. 심지어 그 내용을 조절하거나 원하는 장소로 순간이동할 수도 있다고 한다.

수전 하늘을 날 수도 있나?

리처드 항상은 아니어도 가능은 하다. 단, 입면환각은 시각에만 한정되기 때문에 소리는 들을 수 없다.

이러한 거짓 현실감은 자각몽, LSD로 인한 환각, 조현병의 경우에서도 관찰되는데, 나는 이것이 의식 체계의 기능에 오류가 생긴 탓이라고 본다.

수전 내가 생각한 두 번째 반론은 반사운동에 관한 것이다. 당신은 감각질의 기능이 다음 행동을 계획하기 위해 현재의 경험을 표지하는 것이라고 말했지만, 실제로 대다수의 즉각적인 행동들은 등쪽 경로와 같은 신경 회로에 의해 무의식적으로 일어나고 있다.

리처드 좋은 지적이다. 하지만 당신이 말한 것들은 인지적 과정을 동반하지 않는다. 나의 이론은 인지적 정보처리가 존재하는 경우에만 적용된다. 가령 반사 신경이나 향성(向性, Tropism)만으로 자극에 반응하는 단순한 생물체들은 기억이나 사고를 활용하지 않기 때문에 과거와 현재의 구분이 문제가 되지 않는다. 하지만 인지 기능이 발달할수록 신경계는 현재와 과거를 구분하는 일에 점점 더 큰 어려움을 겪게 된다.

수전 그렇다면 그 문제에 직면한 모든 동물들이 우리와 비슷한 의식을 갖도록 진화한 것인가?

리처드 그렇다. 우리 인간이 고른 해결책은 의식이었다. 아마 다른 동물들도 그랬을 테고. 그러나 만일 로봇에 그러한 기능을 구현하려 한다면 의식이 아닌 다른 방법도 얼마든지 있을 것이다.

수전 당신의 설명을 듣고 나니, 의식의 본질이 어쩌면 뇌과학자가 아닌 로봇 공학자의 손에 의해 밝혀질지도 모르겠다는 생각이 든다.

지금 당장은 당신의 주장에 마음이 쏠리고 있지만, 솔직히 말하자면 나는 당신의 이론이 실패했다고 생각한다. 아, 방금 말은 너무 무례했던 것 같다. 사과드린다.

리처드 아니, 괜찮다. 실패란 좋은 거다.

수전 내가 당신의 이론이 실패했다고 말한 이유는 다음과 같다. 나는 당신의 설명을 듣고서도 여전히 감각질의 정체가 무엇인지 잘 모르겠다.

리처드 나는 감각질이 뭔지 잘 알고 있다. 그걸 모르는 이는 아마 대니얼 데닛밖에 없을 거다. 당신도 아픔이란 게 어떤 느낌인지 잘 알지 않나.

수전 물론이다.

리처드 그런데 뭐가 문제인가?

수전 당신은 줄곧 의식이나 감각질을 어떤 문제를 풀기 위해 고안된 일종의 '부가 기능Add-on'으로 묘사하고 있다. 어쩌면 개는 우리와 다른 해결책을 찾았을 수도 있다. 그렇다면 꼬리를 밟힌 개는 비명을 지르더라도 고통을 느끼지는 않을 것이다.

리처드 물론이다. 의식과 감각질은 진화 과정에서 획득된 기능이다. 반사운동과 같은 원시적 메커니즘들이 의식을 동반하지 않는 이유가 바로 그것이다.

수전 하지만 기능주의자들의 생각은 다르다. 비명을 지르는 기능을 가진 신경계에는 반드시 의식이 있다는 것이 그들의 주장인데.

리처드 의식은 신경계가 아닌 인지 기능과 연관되어 있다. 의식이 반사작용만큼 민감하지 않다는 것을 보면 그렇다. 행동과 지각이 기존 지식에 크게 의존할 때, 즉 과거로부터 현재를 읽어 내야 할 때 비로소 의식은 신경계에 나타난다.

수전 그렇다면 의식을 나머지 신경계로부터 분리할 수 있을까? 다시 말해, 철학적 좀비는 존재할 수 있을까?

리처드 물론이다. 의식을 떼어 내고 나면 반사작용만 남은 자동인간Automaton이 되어 버릴 거다. 이는 일상생활에서 우리가 반사적으로 빠르게 행동해야 할 때 일어나는 일이기도 하다.

수전 하지만 전통적으로 철학적 좀비는 내적 경험은 없지만 우리와 똑같이 말하고 행동하는 존재를 뜻한다. 당신의 이론에서는 의식 없이 정상적으로 행동하는 것이 가능한가?

리처드 아니, 불가능하다. 좀비는 즉각적인 방어나 공격처럼 인지가 필요하지 않은 단순한 행동만을 할 수 있다. 지금 우리처럼 철학적 사색이나 대화를 하는 것은 의식을 통한 현재와 과거의 구분 없이는 불가능하다.

수전 당신은 일평생 지각 현상을 연구한 대가인 데다가, 특히 1966년에 출간된 명저 『눈과 뇌Eye and Brain』에서는 지각이 외부 세계에 대한 뇌의 가설 혹은 추측이라는 아주 독특한 관점을 제시했다.

리처드 한 가지 유의할 것은 지각 자체와 지각의 대상이 완전히 별개의 존재라는 점이다. 태양계를 설명하는 이론이 태양계와 다른 것처럼 말이다.

수전 그 간극에 대해서는 딱히 문제시하지 않는 것인가.

리처드 그렇다. 뇌와 의식의 경우처럼 지각과 지각의 대상 사이에도 커다란 간극이 있다. 하지만 그건 별 문젯거리가 아니다. 이는 사하라 사막을 묘사한 책과 사하라 사막이 완전히 별개의 존재인 것과 같은 논리다.

수전 지각이 일종의 가설이라는 당신의 이론은 아직도 유효한가?

리처드 나는 내 이론이 옳다고 생각한다. 게다가 내가 기억하기로는 아무도 내게 이렇다 할 반박을 하지 않았다.

수전 나 역시 줄곧 당신의 이론을 지지했었는데, 최근에 지각을 표상이 아닌 행위로 규정하는 감각운동 이론을 접한 뒤로는 마음이 흔들리고 있다.

감각운동 이론이 사실이라 하더라도 당신의 주장이 완전히 힘을 잃지는 않을 것 같다. 어쨌든 행동에 대해서도 가설이 필요할 테니. 하지만 감각운동 이론은 객관적인 외부 세계의 존재, 그리고 지각이 외부 세계에 대한 하나의 거대한 표상 혹은 심상Mental image이라는 것을 모두 부정한다.

리처드 내가 말한 가설은 심상과는 다르며, 그보다 훨씬 더 물리적인 묘사를 담고 있다. 다만 그 가설이 심상을 포함하는지는 별개의 문제다. 그럴 때도 있고, 아닐 때도 있기 때문이다. 그러나 이것만큼은 명확히 해 두고 싶다. 지각과 행위는 전혀 별개의 작용이다. 가령 다의도형Ambiguous figure을 바라보는 상황에서는 몸의 움직임은 하나여도 다양한 지각이 일어날 수 있다. 이를 통해 우리는 지각이 행위에 매여 있지 않음을 알 수 있다.

수전 이것들이 혹시 당신의 인공지능 연구와도 관련이 있나? 실제로 당신은 세계 최초로 로봇을 개발하지 않았나?

리처드 그렇다. 지난 1967년에 나는 동료들을 규합하여 에딘버러 대학교에 인공지능 학과를 개설했는데, 유럽에서는 우리가 최초였을 거다. 이후 우리는 세계 최초의 인지 로봇인 프레디Freddy를 제작했다. 하지만 정작 거기에 내가 기여한 바는 그다지 크지 않다. 내가 한 일은 로봇에 내부 모델을 넣자고 제안한 것뿐이다. 그 당시 다른 모든 이들은 로봇을 입출력 체계로 취급하고 있었지만, 나는 제대로 된 인지 로봇에게는 반드시 내부 모델이 있어야 한다고 강력하게 주장했다. 사실 그 모델도 내 것이 아니라 1940년대에 케네스 크레익Kenneth Craik이 이미 고안한 것이었다.

수전 하지만 행동 기반 로봇이 요즘의 대세가 아닌가.

리처드 나는 그것들이 전부 헛수고에 불과하다고 생각한다.

수전 누구의 말이 옳을지는 곧 밝혀지지 않을까? 의식과는 달리 로봇은 성능 측정이 가능하니까 말이다.

리처드 그러니까 나도 이러쿵저러쿵 예측을 할 수 있는 게 아니겠나.

수전 자, 이제 다시 의식 문제로 돌아오자. 의식이 일종의 부가 기능이라는 당신의 설명은 감각질과 뇌 사이의 설명적 간극을 조금도 해소하지 못하고 있다. 당신은 데닛을 제외한 우리 모두가 감각질이 무엇인지 완벽히 알고 있다고 말했지만 적어도 나는 아니다. 지금 내 눈앞에 무언가가 보이는 것은 사실이나 그 감각질의 내용은 시시각각 바뀌고 있으며, 나는 그것을 포착할 수도, 활용할 수도 없다. 또한 감각질이 두뇌 작용과 무슨 관계인지도 여전히 의문이다.

리처드 나는 당신이 말한 것에서 하등의 문제도 느끼지 못하겠다. 도대체 감각질을 왜 포착할 수 있어야 하나? 감각질은 뇌에서 생성된 감각일 뿐이다. 그게 전부다.

수전 그렇지만 뇌라는 이 물컹한 세포 덩어리가 어떻게 느낌이라는 것을 생성한다는 말인가?

리처드 그 문제는 앞서 언급했던 전기장과 자기장의 관계와 매한가지다. 설명적 간극은 우리가 무지하다는 증거이자 더 나은 이론이 필요하다는 신호이지만, 그렇다고 해서 감각질의 존재 자체를 부정해서는 안 된다. 그건 주어진 조건이다!

수전 그렇다면 당신은 감각질을 거부하는 데닛의 태도도 틀린 것이라고 보나?

리처드 그렇다. 그의 주장은 도가 조금 지나친 것 같다. 당신 생각은 어떤가?

수전 원래 내가 좀 극단적인 이론들을 선호하기 때문도 있지만, 나는 데닛의 의견에 전적으로 동의한다. 나 역시 모든 이원론은 배격되어야 한다고 생각한다. 전통적인 심신 문제에서 말하는 것처럼, 이 우주에 두 가지 실체가 존재한다면 그들 간의 상호작용을 설명할 길이 없기 때문이다.

리처드 그게 왜 문제가 되나? 뇌와 의식의 상호작용은 늘 일어나고 있는데.

수전 나에게 있어 심신 문제는 과학의 다른 미스터리들과 크게 다르지 않다. 내가 과학자의 삶을 택한 유일한 이유는 인류가 아직 알아내지 못한 여러 신비로운 현상에 대해 문제 의식을 느꼈기 때문이다. 이러한 이론적 허점들은 우리의 세계관에 잘못된 부분이 있음을 시사하는데, 심신 문제도 그중 하나다. 서로 다른 두 가지 실체가 존재할 수 없다면 물질세계와 그에 대한 경험이 어떻게든 통합되어야 할 텐데, 나는 그 방법을 도저히 모르겠다. 그래서 나는 평생에 걸쳐 이 문제의 해답을 좇고 있는 것이다.

리처드 나는 거기에 일말의 문젯거리도 없다고 생각한다. 마치 책이 어떤 주제에 대한 설명을 담고 있듯, 우리 뇌도 외부 세계에 대한 내적 묘사를 형성하고 있을 뿐이다.

수전 그렇다면 그 묘사는 누가 하는 것인가?

리처드 외부 세계의 묘사에는 뇌의 인지적 과정이 전부 참여하고 있다. 이들은 오직 구심성 신호에 의해서만 외부 세계와 이어져 있다.

수전 하지만 그건 그저 과학적인 용어의 나열에 불과하지 않은가. 그것이 과연 실제 당신의 경험과도 부합하는가?

리처드 물론이다. 도대체 뭐가 문제란 말인가. 내가 전 우주와 하나가 되기라도 해야 하나?

수전 당신은 나보다 훨씬 더 현실적인 것 같다. 나는 학문적으로는 동일론을 열렬히 지지하며, 경험이 두뇌 활동 그 자체라고 믿고 있다. 하지만 그 둘이 어떻게 같은 것일 수 있는지는 아무리 노력해도 이해할 수가 없었다. 만약에 내가 뇌 영상 장비 속에 들어가서 나의 생각을 실시간으로 관찰할 수 있다면 그때는 설명적 간극이 사라질까. 마치 생명 현상을 가능케 하는 생명력Life force이라는 것이 따로 존재하지 않으며, 샛별과 금성이 같은 존재라는 것이 오늘날 상식이 된 것처럼 말이다.

리처드 당신의 태도는 너무 극단적인 것 같다. 물론 이론을 단순화하는 것은 좋은 일이지만, 이원론을 믿는 사람들에게 감정적으로 대응할 것까지는 없지 않나. 오히려 나는 일원론이 사실로 드러난다면 더 놀랄 것 같다. 한 가지 실체밖에 없는 우주는 너무 따분하지 않을까.

수전 다른 우주들이 어떤지는 나는 모르겠고, 적어도 우리 우주에서는 물리적 대상과 별개로 감각질의 존재를 상정하고 나면 그전에는 없던 문제가 생겨난다. (바닥에 깔린 카펫을 가리키며) 사실 인터뷰 내내 나는 계속 저 카펫의 색깔에 눈이 갔다. 당신은 그것이 짙은 빨간색에 대한 감각질을 지니고 있다고 말하겠지만, 나는 감각질이란 것은 존재할 수 없다고 생각한다. 모쪼록 내가 이 혼란에서 벗어날 수 있게 도와달라. 감각질이란 대체 무엇인가?

리처드 자, 한번 눈을 감아 보라. 카펫은 그 자리에 그대로 있는 채로 감각질만 사라지는 것을 확인할 수 있을 거다.

수전 카펫이 그대로 있다는 것을 어떻게 알 수 있나?

리처드 정 의심스러우면 손으로 바닥을 만져 보면 되지 않겠나. 어쨌거나 분명한 것은 카펫의 존재가 그것의 감각질에 의존하지 않는다는 점이다. 그 둘은 별개다.

수전 아하! 이제야 문제의 핵심에 도달한 것 같다. 물리적 세계와 별도로 감각질이 왜 필요한 것인가? 어째서 나만 이것을 문젯거리로 여기는 건가?

리처드 감각질이 필요한 이유는 그것이 존재하기 때문이다. 원하든 원치 않든 당신은 감각질을 느끼면서 살아야 한다. 마치 사람들이 산에 오르는 이유가 산이 거기에 있기 때문인 것처럼.

수전 어휴, 내가 졌다!

의식은 미세소관의 양자 결맞음이다

스튜어트 하메로프
Stuart Hameroff

스튜어트 하메로프
Stuart Hameroff

스튜어트 하메로프(1947~)는 미국의 의사이자 마취학자로, 피츠버그 대학교에서 화학을 전공하고 필라델피아에서 의학 박사를 취득하였다. 1973년 애리조나에서 인턴 과정을 시작한 이래로 지금까지 줄곧 진료와 연구를 병행하고 있다. 의식, 마취로 인한 의식의 소실, 양자물리학 등이 그의 주요 관심 분야이며, 로저 펜로즈와 협업하여 의식이 미세소관에서의 양자 결맞음Quantum coherence에 의존한다는 이론을 제안한 것으로 잘 알려져 있다. 현재는 애리조나 대학교 의식 연구 센터 소장이다.

수전　도대체 무엇이 문제인가? 의식은 왜 이리도 독특하고도 난해한 것인가?

스튜어트　뇌가 훌륭한 정보처리 체계인 것은 주지의 사실이지만, 우리에게 주관적 경험과 정서적 느낌과 같은 '내면의 삶'이 주어진 이유와 방법에 대해서는 알려진 바가 없다. 이것이 바로 '의식의 어려운 문제'이다.

수전　'어려운 문제'라는 용어가 생겨난 경위는?

스튜어트　때는 1994년, 투손에서 제1차 '의식 과학을 향하여' 학회가 개최되었을 때의 일이다. 내가 주최자로 참여하기도 했던 그 학회는 의식을 주제로 한 사상 첫 다학제적 국제 학회였다. 그래서 우리는 날짜별로 분야를 나누어 첫째 날은 철학, 둘째 날은 신경과학, 셋째 날은 인지과학을 다루도록 정해 두었다.

　대망의 첫 연사는 아주 저명한 철학자였는데, 그의 강연은 명성이 무색할 만큼 너무나 지루했다. 두 번째 강연은 그보다는 나았지만 따분하기는 매한가지였다. 이 학회의 성패가 염려되기 시작하던 찰나, 데이비드 찰머스라는 이름의 무명의 젊은 철학자가 세 번째로 무대에 올랐다. 그는 허리춤까지 오는 긴 머리를 휘날리며 청바지와 티셔츠를 입은 채로 내가 본 가장 훌륭한 의식 관런 강연을 들려주었다. 그 자리에서 찰머스는 감각, 언어 등을 '쉬운 문제'로, 주관적 경험과 감각질 등은 '어려운 문제'로 규정했다.

이윽고 휴식 시간이 되자 사람들의 입에서는 오로지 찰머스의 강연과 그가 말한 '어려운 문제'에 대한 얘기만 오르내릴 뿐이었다. 그 강연에서 찰머스는 우리가 풀어야 하는 문제가 무엇인지, 의식 연구가 인지과학이나 뇌과학과는 어떻게 차별화되는지를 명확히 보여 주었다. 그로 말미암아 세계 각지에서도 의식에 관한 논의가 촉발되었고, 의식 연구는 비로소 독립적인 학문 분야로 발돋움할 수 있었다.

수전 참으로 놀라운 사건이었다. 사실 찰머스는 2천 년 전부터 이미 존재했던 철학적 문제에 새로운 이름표를 달았을 뿐인데, 이제는 모두가 그의 표현을 인용하고 있다. 그 이유가 뭐라고 생각하나?

스튜어트 찰머스 본인도 그의 표현이 윌리엄 제임스의 저술이나 토마스 네이글의 유명 논문 '박쥐가 된다는 것은 어떤 느낌인가?'에서 따온 것임을 잘 알고 있다. 하지만 1990년대 초는 20세기 내내 행동주의의 발 아래 가려져 있던 의식 연구가 프랜시스 크릭과 로저 펜로즈의 노고에 힘입어 막 다시 기지개를 켜려던 시점이었다. 찰머스가 잘한 것이 있다면 그 흐름을 기막히게 잘 포착하여 시의적절하게 명확한 메시지를 던진 일일 것이다.

또한 그 강연에서 찰머스는 감각질과 내면세계가 존재하는 이유를 설명하기 위해 철학적 좀비와 의식적 인간의 차이를 예로 들었다. 여기서 좀비는 인간과 비슷하지만 의식적 경험이 없는 가상의 존재를 말하며, 로봇이나 인조인간과도 비슷한 개념이다. 그 예시 덕에 청중들은 '어려운 문제'가 무엇인지를 쉽게 이해할 수 있었다.

수전 그러한 철학적 좀비가 존재할 수 있을까?

스튜어트 나는 철학자들 가운데 실제로 좀비가 있다고 본다!

대니얼 데닛은 그중에서도 특히 의심이 가는 인물이다. 문제의 본질을 흐리는 그의 교묘한 언변을 보면 더 그렇다. 데닛은 우리의 의식이 계산의 한 형태에 지나지 않는다고 주장하지만 그의 말은 사실과 전혀 다르다.

수전 그렇다면 데닛이 『의식의 수수께끼를 풀다』라는 책을 내놓았을 때 당신은 무슨 생각이 들었나?

스튜어트 농담이지만, 그가 정말 좀비가 맞구나 싶더라. 의식이 없지 않고서야 어떻게 의식 문제를 해결했다고 선언할 수 있겠나. 하지만 그 책에서 데닛은 진심으로 그렇게 믿고 있었다. 그의 주장은 아마도 인공지능을 연구하는 사람들에게는 적잖게 위안이 됐을 것이다. 그쪽 업계의 사람들은 의식이 컴퓨터에 구현 가능할 만큼 단순한 것이기를 바랄 테니까.

수전 당신은 아직 내 질문에 답하지 않았다. 좀비의 존재가 '논리적으로는' 가능한가?

스튜어트 물론이다. 인공지능의 발전이 극에 달하면 좀비와 같아질 것이다. 하지만 인공지능은 절대로 인간처럼 감각질이나 내면세계, 주관적 경험을 가질 수 없다. 어느 정도의 감각 기능이야 있겠지만 그 감각 정보를 의식적으로 경험하지는 못할 것이다.

수전 이것이 내가 생각하는 의식 문제의 핵심이다. 논리적으로 좀비의 존재가 가능하다면, 어째서 좀비가 아닌 인간만이 주관적 경험을 할 수 있나? 이 주관성은 도대체 어디서 유래한 것인가?

스튜어트 그게 바로 '어려운 문제'의 다른 표현이다.

수전 그래도 거기서 한발 더 나아가 보자. 데닛은 인간과 좀비가 다르지 않으며, 인간과 동일한 행동을 구현하는 것만으로도 로봇에게 의식을 부여할 수 있다고 말한다. 하지만 좀비의 존재 가능성을 인정한다면 좀비가 아닌 인간에게만 주어진 의식이라는 이 부가적 기능이 무엇인지도 설명해야만 한다.

스튜어트 '어려운 문제'에 대한 내 견해가 듣고 싶은가?

수전 그렇다.

스튜어트 감각질, 즉 의식적 경험을 설명하는 이론에는 크게 두 가지 형태가 있다. 첫 번째인 창발 이론에서는 뇌가 가진 정보처리의 복잡성으로부터 의식이라는 새로운 상위 속성이 출현한다고 설명한다. 이 이론을 지지한 대표적인 인물로는 제럴드 에델만과 얼윈 스콧Alwyn Scott이 있다. 그에 관해 스콧이 쓴 책이 특히 일품인데, 저서에서 그는 뇌의 계층적 구조와 계층적 체계의 상부에서 일어나는 창발의 여러 예시를 활용하여 의식도 창발의 결과물이라는 논리를 펼친다. 하지만 그가 예시로 언급하는 목성 표면의 대적점大赤點이나 물의 축축함Wetness 등은 모두 의식과는 관계가 없는 것들이다. 그래서 나는 창발이 아닌 다른 접근법이 필요하다고 본다.

수전   창발 이론이 사실이라면 인공지능이나 좀비에서도 의식이 창발하지 않을 까닭이 없을 것 같다.

스튜어트   바로 그렇다. 그게 내가 그 이론이 틀렸다고 생각하는 이유다.

두 번째 관점은 의식 또는 그를 구성하는 원의식(原意識, Proto-consciousness)을 우주의 기본 요소로 보는 것이다. 물리학에는 스핀, 질량, 전하처럼 더 이상 환원 불가능한 요소들이 있는데, 의식도 그 가운데 하나라는 것이다. 이 관점은 찰머스가 투손 학회 직후에 출간한 책에서 제시한 것으로, 그는 의식이 우주의 기본적·내재적 특성이라고 주장한다. 나는 그의 말에 기본적으로 동의한다.

하지만 세부 사항에 대해서는 나는 찰머스와 의견을 달리한다. 그는 의식의 출현에 있어 결정적인 것은 정보처리이며 그 물리적 체계의 크기는 관계없다고 말한다. 그러나 의식이 정말로 우주의 기본 요소라면 시공간의 가장 낮은 수준 — 가령 현대물리학에서 말하는 플랑크 규모$^{\text{Planck scale}}$ — 에서부터 존재해야 할 것이다. 실제로 10^{-35}미터 수준의 극히 미세한 규모에서는 시공간 자체가 양자화되어 입자성을 띠게 된다. 감각질은 이 시공간의 알갱이에 입혀진 무늬와도 같다는 것이 나와 펜로즈의 주장이다. 펜로즈는 그곳에 플라톤적 이데아와 윤리적·미적 가치들도 담겨 있다고 말한다.

수전   플랑크 규모의 미시적인 사건들이 현재 나의 의식적 경험과 무슨 관련이 있나?

스튜어트 물리학 법칙은 크게 두 종류로 나뉘는데, 뉴턴의 법칙처럼 거시 세계를 다루는 것들이 있고, 양자역학처럼 미시 세계를 다루는 것들이 있다. 양자의 세계는 우리의 상식을 벗어나 있다. 하나의 입자가 동시에 여러 장소에 존재하거나 멀리 떨어진 두 입자가 연결되는가 하면, 시간이 거꾸로 흐르기도 한다. 그런데 문제는 어디까지가 양자 세계이고 어디부터가 일상적 세계인지 정해져 있지 않다는 점이다. 이 두 세계의 경계가 되는 양자 상태의 환원Reduction, 소위 파동함수의 붕괴는 오늘날에도 물리학의 난제로 남아 있으며, 의식과도 모종의 관계가 있는 것으로 보인다.

우리가 지각하는 현실 세계의 모습은 양자 세계의 '미시적 세부사항microscopic details'으로부터 한 장면 한 장면 형성된다. 이는 양자 컴퓨터가 작동하는 원리와도 같다. 양자 컴퓨터는 중첩된 다양한 확률을 하나의 값으로 환원 혹은 붕괴시키는 방식으로 연산을 수행한다. 우리의 무의식에서도 중첩되어 있던 다양한 선택지가 특정한 의사 결정 또는 지각으로 환원되는 일이 1초에 40번가량 일어나고 있다. 이 환원 과정이 매 순간의 감각질을 결정하는 것이다.

의식적 경험이 한 폭의 그림이라면, 그 그림을 이루는 물감이 바로 원의식적 감각질이다. 우리 뇌는 시공간의 기본 입자로부터 감각질을 읽어 내어 하나의 통합적 장면을 구성한다. 또한 이를 위해서는 특수한 양자적 과정이 필요할 것으로 추측된다.

수전 그 양자적 과정이란 대략적으로 어떤 형태이며, 뇌의 어디에서 발생하는가?

스튜어트 그에 관해서는 펜로즈가 1989년에 발표한 책인 『황제의 새 마음』에서 찾아볼 수 있다. 그 책에서 펜로즈는 괴델의 정리를 사용하여 마음이 지닌 계산 불가능성과 비알고리즘성을 논증한다. 그는 마치 셜록 홈스가 범인을 뒤쫓듯 단서들을 매우 조심스럽게 조합한 끝에, 플랑크 규모에서의 양자 중력으로 인한 파동함수 붕괴가 계산 불가능한 영향을 줄 수 있는 유일한 후보라는 결론에 다다른다. 이 특수한 형태의 양자 계산은 감각질을 읽어 내는 과정과 연관되어 있을 뿐만 아니라, 비알고리즘적·비계산적 요소를 도입함으로써 의사 결정 과정에서의 우리와 컴퓨터의 차이를 만들기도 한다.

하지만 펜로즈는 신경이 발화하는 사건과 발화하지 않는 사건이 중첩되어 있을 거라 추측할 뿐, 뇌에서 실제로 어떻게 양자 계산이 일어나는지에 관해서는 별다른 답을 갖고 있지 않았다. 한편 그 당시 나는 신경세포의 골격 가운데 하나인 미세소관이라는 단백질 조립 구조의 계산 능력을 연구하고 있었다. 외부 환경의 영향을 차단할 수 있는 미세소관이야말로 양자 계산이 일어나기 위한 최적의 장소였다. 더욱이 나의 연구는 마취 과정에서의 의식 소실이 마취제 분자와 뇌 속 단백질의 양자역학적 상호작용과 관련되어 있음을 보여 주고 있었다. 따라서 나는 의식이 양자적 과정을 수반하며, 미세소관이 일종의 양자 컴퓨터로서 기능하고 있다는 결론에 이르게 되었다.

당신이 음식점에서 메뉴판을 들여다보고 있다고 가정해 보자. 잠재의식 속에 여러 메뉴들이 중첩되어 있다가 그것이 붕괴하면 당신은 여러 메뉴 중 하나를 택하게 된다. 이때 이 의사 결정 과정에는 모종의 계산 불가능한 관념적 가치가 영향을 줄 수 있는데, 그것이 바로 의지의 본질이다.

수전 그렇다면 당신은 자유의지가 존재한다고 생각하는가?

스튜어트 두말하면 잔소리다!

자유의지가 매우 난해한 개념인 것은 사실이지만, 우리 이론은 그에 대해서도 나름의 설명을 제공할 수 있다. 펜로즈와 내가 고안한 모델에 따르면 신경세포 내부의 미세소관에서는 파동함수가 역치에 도달한 뒤 붕괴·환원되는 양자 계산이 1초에 40회가량 일어나고 있으며, 이 빈도는 실제 뇌에 존재하는 감마 진동의 주파수와도 일치한다. 양자 중첩과 양자 계산을 수반하는 이러한 환원 과정은 슈뢰딩거 방정식을 따르므로 기본적으로는 결정론적이다. 하지만 파동함수가 붕괴되는 순간에는 또 다른 힘이 다소간 개입할 수 있는데, 펜로즈가 말했던 '시공간의 기본 입자로 인한 계산 불가능한 영향력'이 그것이다. 요컨대 우리의 의사 결정은 결정론적 양자 계산과 계산 불가능한 영향력이 함께 작용하여 이루어지며, 이에 대한 경험이 바로 자유의지인 것이다.

다른 비유를 하나 더 들어 보겠다. 의식이 없는 로봇이 나룻배를 직접 저어 큰 강을 건너가는 상황을 상상해 보자. 강 건너에는 세 개의 나루터가 있고, 바람의 방향은 계속 바뀌고 있다. 따라서 이 경우 바람은 계산 불가능한 영향력에, 노를 젓는 행동은 알고리즘적·결정론적 작용에 비유될 수 있다. 로봇은 학습된 알고리즘에 따라 노를 젓겠지만 바람도 매 순간 배의 항로에 계산 불가능한 영향을 미치므로 그 두 힘 모두가 배의 목적지를 결정한다고 말할 수 있다. 이처럼 계산 불가능한 영향하에서 결정론적 과정을 수행하는 경험을 우리는 자유의지라고 부른다. 사람들이 때때로 자신도 놀랄 만큼 과감한 결정을 내리는 것은 이 때문이다.

수전 사람들은 의식의 미스터리를 해결하려고 또 다른 미스터리인 양자물리학을 끌어오는 것이 신비주의를 조장할 뿐이라고 비판하기도 했다. 특히 패트리샤 처칠랜드는 당신들의 이론이 시냅스 사이에 '마법의 가루'가 흐르고 있다는 믿음과도 같은 수준이라며 혹평한 바 있다. 이들에게 한마디한다면?

스튜어트 패트리샤 그 여자는 제대로 된 이론도 없고, 우리 이론을 이해하지도 못했으면서 남 험담만 주야장천 해댄단 말이지. 패트리샤는 의식이 '시냅스적 계산'이라는 주장만 반복하면서 다른 가능성들을 죄다 일축하고 있다. 그런데 그녀의 말처럼 의식이 시냅스 수준에서 매개되는 현상이라면, 신경전달물질이야말로 그녀가 말한 '마법의 가루'가 아니겠는가? 도대체 어떻게 신경전달물질이 의식적 경험을 야기할 수 있다는 말인가? 그런데 실제로 세로토닌과 같은 향정신성 신경전달물질이나 환각제 분자들은 고에너지 양자 상태를 지니고 있으며, 세포 표면의 수용체를 통해 에너지의 일부를 세포 내부의 미세소관에 전달하기도 한다. 이로 인해 우리가 양자 잠재의식 단계에 좀 더 가까워진 결과가 바로 변화된 의식 상태이며, 꿈이란 양자 정보와도 같다는 것이 나의 주장이다.

이렇게 나처럼 의식에 계산 이외의 요소가 관여한다고 주장하면 패트리샤나 데닛과 같은 이들에게 마법을 믿는 생기론자라는 비웃음을 받게 된다. 20세기 분자생물학이 발전하면서 생명의 약동이나 생명력과 같은 개념 없이도 생명 현상을 설명할 수 있게 되었고, 생기론을 믿는 것은 금기시되었다. 그러나 살아 있는 세포들이 어떻게 내부적으로 소통하고 통합성을 유지하는지는 아직 완전히 규명되지 않았으며, 양자 결맞음Quantum coherence과 얽힘Entanglement이 생명의 필수 특성임을 시사하는 증거들도 속속 발견되고 있다. 내가 소위 양자 생기론자Quantum vitalist를 자처하는 것은 이러한 까닭이다.

사실 기능주의자들은 검증 가능한 예측을 내놓기는커녕 의식이 창발하는 임계점이 어디인지조차 제시하지 못하고 있다. 그들은 의식을 계산이 가진 속성 가운데 하나라고 말하지만, 이들의 주장은 나와 펜로즈의 이론과는 달리 어떠한 증명도, 반증도 불가능하므로 사실상 이론이라 말하기도 어렵다. 패트리샤와 데닛 등이 우리에게 터무니없는 공격을 퍼붓는 것은 그것이 그들이 유일하게 할 수 있는 일이기 때문일 거다. 어쩌면 당장 내일이라도 우리가 틀렸음이 증명될 수도 있겠지만, 최소한 우리의 주장은 제대로 된 의식 이론의 형태를 갖추고 있기는 하다.

일전에 패트리샤는 우리 이론을 두고 '무수히 많은 애벌레가 있다면 그중에 물담배를 피우는 애벌레(소설 『이상한 나라의 앨리스』의 등장인물 중 하나 — 역주)도 있을 것'이라는 가설만도 못하다고 평한 적이 있다. 우리는 그녀의 힐난에 우리가 이상한 나라에 있는 게 아니라 당신네들이 '모래에 머리를 파묻고 있다'(타조의 행동에 빗대어 눈앞의 현실을 외면하는 것을 가리키는 말 — 역주)고 화답했는데, 이를 나타낸 아주 멋진 삽화가 학술지《의식 연구 저널Journal of Consciousness Studies》에 실리기도 했다.

수전 지금이야 당신은 양자 이론을 세운 것으로 학계에 널리 알려져 있지만, 어떻게 처음 의식이라는 험난한 주제에 발을 들이게 된 것인가?

스튜어트 1970년대 초 의과대학을 다니던 나는 심신 문제에 관심이 많아서 정신과나 신경과 의사가 될 것을 진지하게 고민하고 있었다. 그러던 어느 여름, 암 연구실에서 실습을 하던 나는 분열 중인 세포에서 미세소관이 염색체를 당기는 장면을 현미경으로 보게 되었다. 자신의 과업이 무엇인지 아는 듯 행동하는 이 작은 기계장치의 모습에 나는 완전히 매료되고 말았고, 그들의 신비로운 조직화와 정보처리 능력의 기저에 무엇이 있는지 알고 싶어졌다. 그 무렵 전자현미경의 발전으로 미세소관이 신경세포 내부에도 다량 존재한다는 사실이 드러났는데, 그때부터 나는 뇌 속 미세소관이 초소형 컴퓨터처럼 기능하며, 어쩌면 의식도 미세소관의 수준에서 일어나는 현상이 아닐까 하고 생각하기 시작했던 것이다.

수전 혹시 당신만의 의식 이론을 구축하는 일이 당신 자신의 의식이나 삶에 변화를 가져다주지는 않았나?

스튜어트 그 덕에 나는 전 세계 곳곳을 누비고 멋진 사람들을 많이 만날 수 있었다! 내가 미세소관을 연구한 지도 어언 30년이니 연구가 내 삶의 큰 부분을 차지하는 것은 당연한 일이지만, 그렇다고 연구가 내 삶의 전부인 것은 아니다. 일례로 나는 연구 외적으로도 충분히 돈을 벌고 있다. 내가 지금까지 연구비나 인기에 연연하지 않고 원하는 주제를 탐구할 수 있었던 것은 그 때문이다. 만약에 내가 대학 병원에서 의사로 일하면서 생활비를 벌지 않았다면 이만한 학문적 자유는 누릴 수 없었을 거다.

수전 그것 말고도 의식 문제를 내적으로 고민해 본 적은 없나? 예를 들자면 나는 일상생활 속에서도 의식이란 무엇인지, 왜 이런 식으로 작동하는지를 계속 고민하고 있다. 이는 의식의 본질을 이해하기 위한 내 노력의 일환이며, 그 과정에서 내가 의식을 경험하는 방식 자체가 변화하기도 했다. 혹시 나와 비슷한 경험을 한 적이 있나?

스튜어트 나는 스스로가 온 우주와 이어져 있다고 생각하며, 물질세계와 양자 세계 간의 상호작용을 즐기려 한다. 내가 관심을 갖고 있는 유대교의 신비주의 전통인 카발라^{Kabbalah}에서는 갈등과 혼돈으로 가득한 물질세계와, 지혜와 깨달음의 세계 그 경계에서 의식이 널뛰듯 춤을 춘다고 묘사하는데, 나는 이것이 매우 정확한 서술이라고 본다. 실제로 의식은 양자 세계와 고전 세계의 경계에서 춤을 추고 있으며, 깨달음이 살아 숨쉬는 양자 잠재의식 세계에 가까워질수록 우리는 점점 더 행복해질 것이다.

이러한 나의 믿음은 수술대에서 환자들을 마주하면서 점점 더 확고해졌다. 사실 그것이 내가 마취과를 택한 이유이기도 하고. 나는 하루가 멀다 하고 사람들을 재우고 또 깨우지만 여전히 나는 이에 대해 경이로움을 느낀다. 도대체 그들의 의식은 어디에 있다가 어디로 간단 말인가?

수전 그렇다면 죽음 이후에 의식은 어떻게 된다고 생각하나?

스튜어트 심정지 등의 이유로 몸의 기능이 정지하여 미세소관의 양자 결맞음이 사라지면 생전에 의식과 잠재의식을 구성하던 플랑크 규모의 양자 정보는 머릿속에서 새어 나와 전 우주로 퍼져 나가게 된다. 하지만 그들 중 일부는 양자 얽힘으로 인해 서로 붙들려 소멸의 운명을 피할 수도 있을 것이다. 이들 양자 상태는 중첩된 채로 더 이상 환원되거나 붕괴하지 않으므로, 어쩌면 잠재의식이나 꿈과 비슷한 상황이 무한히 지속될지도 모른다. 게다가 플랑크 규모의 우주는 비국소적Non-local이므로 이들은 홀로그램의 형태로 무한히 존재할 것이다.

누가 알겠나, 어쩌면 그것이 영혼의 정체일지도.

고통은 왜 아픈가?

크리스토프 코흐
Christof Koch

크리스토프 코흐
Christof Koch

크리스토프 코흐(1956~)는 미국의 생물물리학자이자 신경과학자이다. 미국 캔자스 주에서 태어나 네덜란드, 독일, 캐나다, 모로코 등지에서 유년 시절을 보냈다. 독일 튀빙겐 대학교에서 물리학 및 철학을 전공하였고 1982년에 박사 학위를 취득했다. 그 후 4년간 MIT 대학교에서 근무하였고, 1986년부터 2013년까지 캘리포니아 공과 대학교 계산 및 신경시스템학과 교수로 재직하였다. 현재는 앨런 뇌과학 연구소Allen Institute for Brain Science 의장이자 수석 과학자로 활동하고 있다. 프랜시스 크릭과 함께 의식의 신경학적 기원을 탐구했으며, 대뇌피질과 시상의 상호작용 연구의 토대를 마련하였다. 산악 애호가이자 달리기 마니아이기도 하며, 저서로는 『계산의 생물물 리학Biophysics of Computation』(1999)과 『의식의 탐구』(2003) 등이 있다.

수전   도대체 무엇이 문제인가? 의식 문제가 이토록 많은 관심과 논란을 자아내고 있는 것은 무엇 때문일까?

크리스토프   왜 어떤 것이 보이기도 하고 안 보이기도 하는지를 밝히는 것이 의식 문제의 핵심이다. 다양한 착시 이미지에서 우리는 특정 대상이 나타났다 사라지는 것을 경험하고는 한다. 네커의 정육면체Necker cube가 대표적인 예시인데, 이 사례에서 우리는 정육면체의 앞뒤 방향이 자꾸만 뒤집히는 것을 느낄 수 있다. 그림은 그대로인데 단지 나의 의식만이 달라지는 것이다.

사실 이 문제를 해결하는 방법은 간단하다. 의식의 내용물이 바뀔 때 뇌에서 어떤 변화가 일어나는지를 살펴보면 된다.

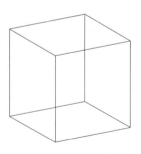

다의도형의 일종인 네커의 정육면체는 두 가지 방향으로 인식될 수 있다.

수전　이것이 신경상관물 연구의 가장 큰 난점인 것 같은데, 우리가 정말 의식의 내용물을 보는 것이 맞나?

가령 내가 그 도형을 어떻게 경험하는지를 언어를 사용하여 보고한다면, 그것이 실제로 나의 의식의 변화로 인한 것인지, 혹은 그러한 말을 생성하는 언어 능력으로 인한 것인지 당신이 어떻게 알 수 있나?

크리스토프　당연히 의식을 보고 있는 것이 맞다. 당신이 착시를 경험하는 것은 굳이 누군가에게 보고하지 않고도 가능하다. 경험에서 언어는 전적으로 부차적인 요소에 불과하다. 의식의 변화를 보고하는 것은 고개 끄덕임과 같은 몸짓이나 감탄사만으로도 충분하다.

수전　어쩌면 내가 속고 있는 것은 아닐까? 몇몇 이들은 의식에 대한 우리의 직관이 근본적으로 잘못되었으며, 더 나아가 의식 자체가 환상이라고 주장하기도 한다. 결국 내가 나에 대해 100% 확신할 수 있는 것은 입 밖으로 내뱉어진 말뿐이지 않나.

크리스토프　아니, 절대로 그렇지 않다. 우리에게는 언어와 무관한 '느낌'이란 것이 존재한다. 네커의 정육면체를 바라볼 때 나는 정육면체의 방향에 대한 두 가지 느낌을 번갈아 경험한다. 다른 사람들은 몰라도 적어도 이 우주에서 단 한 사람, 나는 그렇게 느낀다. 이 의식적 느낌은 특정한 시간 간격을 두고 나타났다 사라지기를 반복하는데, 내가 그것을 경험할 때 뇌에서 무슨 변화가 생기는지를 나는 알아내고자 하는 것이다.

내가 나 자신을 속일 수 있을까? 그 가능성도 아예 배제할 수는 없다. 하지만 그렇다기에는 의식적 경험은 내 삶의 너무나 큰 부분을 차지하고 있다. 그러므로 확정적인 실험적 증거가 발견되지 않는 한 나는 의식적 느낌이 실재한다고 가정하고 그것의 신경상관물을 찾고자 한다. 신경상관물을 특정하고 나면 우리는 의식에 대해 검증 가능한 명제를 세울 수 있다. 뿐만 아니라 뇌를 자극하여 의식의 내용을 인위적으로 제어하는 수준에 도달하면 상관관계를 넘어 인과관계도 말할 수 있게 될 것이다.

수전 어떻게 하면 상관관계에서 인과관계로 넘어갈 수 있는지 예시를 들어 달라.

크리스토프 착시 현상 중에 '플래시 억제Flash suppression'라는 것이 있는데, 한쪽 눈에 어떤 사물을 보여 주면서 반대쪽 눈에 새로운 사물을 '깜박거리듯' 잠깐 비추었을 때 기존의 사물에 대한 의식이 억제되고 두 번째 사물이 계속해서 의식되는 현상을 말한다. 한편 우리 뇌의 내측 측두피질Medial temporal cortex에는 특정 사물을 의식하면 활성화되는 사물 인식 세포들이 존재한다. 가령 당신의 뇌에 '자동차 인식 세포'가 있다면 — 실제로도 많이 있을 거다 — 그 세포들은 다른 사물이 아닌 오직 자동차를 의식할 때만 활성화되며, 심지어 마음속으로 자동차를 떠올릴 때도 활성화될 것이다.

앞서 설명한 플래시 억제 상황에서 첫 번째 자극으로 자동차를 보여 주었다고 가정해 보자. 이 자극이 반대쪽 눈에 들어온 자극에 의해 억제되고 나면 망막에 자동차의 이미지가 계속 제시되고 있음에도 불구하고 자동차 인식 세포는 더 이상 발화하지 않는다. 어떤가, 이 정도면 이 세포들이 의식과 아주 밀접한 관계에 놓여 있다고 말할 수 있지 않을까. 물론 여기까지는 인과가 아닌 상관관계이지만, 미세한 전류를 흘려보내 이 세포들을 특이적으로 자극하는 수준에 이르게 된다면 그때는 인과관계를 밝히는 것도 아주 불가능한 일은 아닐 것이다.

수전 어떤 사람의 자동차 인식 세포들을 자극했을 때 그가 자동차를 본 듯한 인상을 받았다고 보고한다면 그걸로 끝인가?

크리스토프 오, 그게 전부는 아니다. 다음에는 그 세포들이 신호를 전달하는 목적 세포가 어디에 있는지를 확인해야 한다. 사물 인식 세포들은 그대로 남겨 둔 채 목적 세포들만을 제거한다 해도 감각이 정상적으로 일어날까? 그렇지 않다면 목적 세포들 중 지각에 필수적인 것은 무엇이고, 불필요한 것은 무엇일까? …이처럼 의식의 신경상관물 연구는 전체 뇌를 다 훑어야 하는 일이다. 이 밖에도 세포와 사물의 대응 관계는 시간에 따라 어떻게 변하는지, 사물 인식 세포만의 구조적·기능적 특징은 어떠한지 등, 밝혀야 할 것이 엄청나게 많다.

수전 하지만 뇌 속의 정보 흐름을 관찰하는 것만으로는 문제가 해결되지 않을 것 같다. 방금 당신이 말한 의식의 신경상관물이 발견된다 해도, 왜 하필 그 특정 영역이나 세포 집단 혹은 활동 패턴만이 주관적 경험을 만들어 내는 것인지는 여전히 미스터리로 남아 있지 않을까.

크리스토프 뇌세포의 활동이 도대체 어떻게 주관적 느낌을 유발할 수 있는지를 묻는 것인가?

수전 바로 그렇다.

크리스토프 지금으로서는 나도 답을 알지 못한다. 하지만 그다지 걱정할 필요는 없다. 지금의 상황이 생기론의 경우와 매우 흡사하기 때문이다.

20세기 초만 하더라도 사람들은 생명을 가능케 하는 불가사의한 힘이 존재한다고 믿었다. 1916년 영국의 저명한 생물학자 윌리엄 베이트슨William Bateson이 '유전은 결코 화학의 언어로 서술될 수 없을 것'이라고 말한 것에서 볼 수 있듯, 그 시절 유물론자를 자임하던 이들의 눈에도 생명은 비과학적인 현상처럼 보였다. 그들이 그렇게 생각한 것은 하나의 분자에 얼마나 많은 정보가 담길 수 있는지 알지 못했던 탓이 컸다. 고분자macromolecule의 개념조차 없었을 때니 말해 무엇하겠나.

이 사례는 우리가 의식 문제에 대한 입장을 취할 때 각별한 신중을 기할 필요가 있음을 보여 준다.

수전 하지만 생기론 문제는 유전 정보를 저장하고 복사하는 물리적 과정이 무엇인지를 규명하는 일이었으므로 객관적인 삼인칭 접근법만으로도 충분히 해결될 수 있었다. 반면 의식 문제는 주관적인 일인칭 경험에 관한 것이므로, 생기론 문제와는 본질적으로 다르다. 그래도 당신은 뇌를 완전히 이해하고 나면 '어려운 문제'도 자연히 사라질 거라고 여기는가?

크리스토프 물론이다. 뇌과학이 이만큼 발전할 수 있었던 유일한 이유는 과학적 엄밀성을 준수했기 때문이다. 이 방식을 견지하고 끊임없이 나아가다 보면 언젠가는 어느 쪽으로든 결판이 날 것이다. 물론 찰머스의 말대로 영원히 인간의 이해 밖에 놓인 것들이 있을지도 모르지만 지금으로서는 아무것도 단언할 수 없다.

다만 과학자로서 내가 지적하고 싶은 것은, 2300년 전 플라톤 이후로 의식에 관한 철학은 아무런 진전도 이룩하지 못했다는 점이다. 지난 2000년간 철학자들이 올바른 답, 의미 있는 답을 내놓는 경우는 극히 드물었다. 그러나 그들이 간혹 흥미로운 질문을 제기하는 것은 사실이므로, 나는 철학자들의 말 중에서 질문만 취하고 답은 거르기를 권하고 싶다.

우리 과학자들은 그들보다 훨씬 겸손한 편이다. 왜냐면 우리는 변수가 서너 개만 되어도 그 체계를 전부 이해하기가 매우 어렵다는 것을 잘 알고 있거든.

오늘날 상식으로 통용되고 있는 지식들도 시간이 지나면 얼마든지 뒤집힐 수 있다. 따라서 어떤 결론이 날지 지금 판단하는 것은 아무 소용이 없다. 그러나 지난 200년 동안 과학이 거두었던 눈부신 성과를 보자면, 과학적 방법론에 기대를 걸어 볼 이유가 충분하다고 나는 생각한다.

수전 그 의견엔 나도 동감이다. 그런데 말이다, 과거의 철학자들은 그렇다 쳐도 현재 활동 중인 철학자들조차도 정말 의식 문제의 해결에 아무런 기여를 하지 못했나?

크리스토프 물론 나는 개인적으로 그들을 좋은 동료이자 벗으로 생각한다. 학문적으로 그들이 기여한 바도 아예 없는 것은 아니다. 특정 문제들을 명확하게 정의하는 데 그들의 도움을 받았으며, 상관과 인과, 논리적 조건들을 논할 때 과거에 비해 용어의 선택에 훨씬 더 많은 주의를 기울이게 된 것도 그들의 영향이다. 하지만 나는 의식의 존재 여부나 설명 가능성을 두고 벌이는 그들의 지난한 말잔치에 아무런 가치를 느끼지 못하겠다. 의식의 탐구는 어디까지나 실증적인 문제다. 우선은 지금의 과학적 방법론을 끝까지 밀어붙여 보고, 어떻게 될지는 차차 지켜보자.

수전 처음 의식 연구를 시작한 계기는 무엇이었나?

크리스토프 이래 봬도 철학이 내 부전공이었다! 나의 모교인 튀빙겐 대학교가 전통적 독일 관념론의 성지였던 탓에 나는 일찍부터 칸트, 니체, 쇼펜하우어의 사상을 접할 수 있었다. 하지만 내가 처음으로 의식 문제를 진지하게 고민한 것은 지금으로부터 대략 18년 전이었다. 당시 치통에 시달리던 나는 문득 내가 왜 아픔을 느끼는지 알고 싶어졌지만, 아무리 찾아보아도 그 해답을 구할 수가 없었다. 물론 통상적인 수준의 의학적 설명은 이미 있다. 치아 조직의 염증이 활동 전위를 일으키면 그 신호가 5번 뇌신경을 타고 뇌에 전해져 특정 세포의 발화를 유발하기 때문이라는 것이다. 하지만 활동 전위란 나트륨, 칼륨, 염화 이온들이 세포막의 안팎을 오가는 것에 지나지 않는다. 그런데 어째서 그것이 아픔을 일으킨다는 말인가? 만일 다른 세포가 활성화되었다면 고통이 아닌 쾌락이나 시각이 느껴졌을 텐데 말이다. "도대체 아픔은 왜 생길까?" 나에게는 이 질문이 발단이었다.

수전 이제는 그 질문에 대한 답을 찾았나?

크리스토프 그것에 답하기 위해 어떠한 학문적 기틀이 필요한지에 대한 이해가 증진된 것은 사실이다. '의미'가 왜 생기는지, 왜 어떤 것이 다른 것보다 더 많은 의미를 갖는지도 설명할 수 있게 되었다. 그러나 신경 활동이 왜 느낌으로 이어지는지는 아직 모르겠다. 단, 이 문제가 영원히 해결 불가능하다거나, 기존의 사고나 물리 법칙을 죄다 뜯어고치지 않는 이상 풀리지 않을 거라 말하려는 것은 전혀 아니다.

수전 철학적 좀비에 대해서는 어떻게 생각하나? 좀비의 존재는 가능할까?

크리스토프 가능하지 않다. 또한 의식의 상관물 세포를 죽인다고 그 사람이 좀비가 되는 일도 없을 것이다. 하지만 의식 유발 세포들이 여타 뇌세포와 차별화되는 형태학적 특징이나 연결 패턴을 지닐 가능성은 있다. 만일 그것이 사실로 드러난다면 의식 문제는 한결 단순해질 것이다.

수전 자유의지는 실재하나?

크리스토프 아니라고 본다.

수전 그것을 쉬이 받아들일 수 있겠던가?

크리스토프 칸트는 그의 저술에서 "자유의지의 존재는 우리의 주관적 경험과 합치하므로 우리는 자유의지를 가진 것처럼 행동해야 한다"라고 주장했다. (한쪽 팔을 들며) 지금 내가 이 팔을 든 것도 누구의 강요도 아닌 나의 자유의지에 따른 것이다. 사법적 관점에서도 자유의지는 존재하는 것으로 전제되고 있다. 범죄자에 대한 처벌이 그의 범법 행위가 자유의지에 따른 것이라는 가정하에서 이루어지기 때문이다. 하지만 정말로 모든 범죄가 자유의지에 의해 일어난 것일까? 형이상학적 관점에서 보자면 이는 굉장히 어려운 문제다.

형이상학에서 자유의지란 어떤 행위가 물리적 선행물Precedent 없이도 발생할 수 있음을 의미한다. 하지만 이는 과학적으로도, 상식적으로도 분명 불가능하다. 자유란 별게 아니다. 타인의 생각, 타고난 운명, 기타 초자연적인 힘 따위가 나의 행동을 좌지우지하지 않는 것, 그 대신 나의 유전자와 양육된 방식, 살면서 형성된 기호와 욕망, 거기에 뇌의 잡음과 같은 다소간의 무작위적 요소가 더해져 나의 의사 결정이 형성되는 것. 그것이 바로 내가 생각하는 자유다.

그래서 나는 내가 '형이상학적' 자유의지가 없다 해도 개의치 않는다.

수전 하지만 당신과는 달리 자유의지의 존재를 배제하고 도덕적 결정을 내리는 것에 어려움을 느끼는 이들도 적지 않다. 어째서 당신은 이 상황을 문제시하지 않는 것인가? 고민을 많이 하다 보니 마음의 평온을 찾은 것인가, 아니면 다른 논리적인 근거가 있나?

크리스토프   좋은 질문이기는 한데, 사실 그에 관해서는 깊이 생각해 본 적이 없다. 어쩌면 그러한 불편감은 자기 삶을 통제하고자 하는 욕구가 지나쳐서 생기는 것이 아닐까 하는 생각도 든다. 사실 이 세상에는 내가 통제할 수 있는 것이 거의 없다. 얼핏 보기에 통제가 가능할 것 같은 몇 안 되는 요소들조차 실제로는 그렇지 않은 경우가 대부분이다.

수전   당신이 말하는 '나'란 여기 앉아 있는 당신의 육체를 말하는 것인가, 아니면 그 속에 들어앉아 세상을 내다보고 몸을 조종하고 있는 당신의 자아인가?

크리스토프   주관성에 관한 이야기이므로 당연히 후자이다. 나의 자아는 정확히 여기, 두 눈 사이에 자리하고 있다. 아마 내가 맹인이었다면 다른 곳을 짚었겠지. 내가 두 눈 사이를 짚은 것은 대부분의 사람들처럼 두 눈을 이용한 시각이 내 의식적 경험을 이루는 가장 주요한 요소이기 때문이다. 물론 신경생물학적으로든 철학적으로든 진정한 '나'라는 것이 실재하지 않음을 나 역시 잘 알고 있다. 자아는 끊임없이 변화하며, 오늘의 '나'는 어제의 '나'와는 다른 존재이다. 그러나 나의 자아가 머릿속에 들어앉아 세상을 내다보고 있다는 믿음은 나의 주관적 경험과 완벽히 합치한다. 당신은 이를 환상이라 여기겠지만 개인적·주관적·현상학적 관점에서 이는 충분히 만족스러운 서술인 것이다.

수전   당신이 두 가지 모순된 반응을 보이는 것이 참으로 흥미롭다. 자유의지나 자아감에 대해서는 당신은 그것들이 환상이 맞으며, 그 사실에 아무런 문제 의식을 느끼지 않는다고 말했다. 하지만 아까 서두에서 의식적 느낌과 의식의 내용물에 대해서는 그것들이 환상임을 인정하고 싶지 않다고 말하지 않았나.

크리스토프 내 주장에 엄밀한 증거가 ─ 그런 것이 있을지도 의문이지만 ─ 없다는 것을 나도 인정한다. 어쩌면 의식 전체가 환상이라는 데닛의 주장이 옳을지도 모른다. 하지만 최소한 나는 내가 말한 바대로 외부 세계를 경험하고 있으며, 내가 가진 지식은 거기에 기반하고 있다. 급진적 회의론Radical skepticism을 적용하더라도 내가 무언가를 느끼거나 느끼지 않는다는 사실은 부정할 수 없다.

가령 지금 나는 나의 위장의 상태가 어떠한지, 그 pH가 얼마인지를 느끼지 못한다. 그러나 우리의 소화계에는 약 1억 개의 신경세포로 이루어진 장신경계Enteric nervous system가 존재한다. 장신경계는 매우 복잡하고도 정교하게 조직되어 있어 의식의 개입없이도 수없이 많은 기능을 수행하고 있다. 그런데 어째서 나의의식은 장신경계를 느낄 수 없는 것일까? 또한 나는 면역계의 상태에 대해서도 의식적으로 알아차릴 수 없다. 나의 의식이 다다를 수 있는 범위는 오직 뇌의 특정한 부분에 한하는데, 그렇다면의식의 접근이 가능한 것과 그렇지 않은 것 사이에 근본적인 차이가 존재할 수밖에 없다는 것이 나의 주장이다.

나는 이 문제에 관해 데닛과 서신으로 의견을 주고받기도 했다. 나는 원래 등산과 하이킹을 자주 즐기는데, 시에라 산맥을 오르던 중에 — 이번에도 — 심한 치통이 도져서 모든 일정을 취소하고 돌아와야 했던 일이 있었다. 그런데 때마침 데닛이 나와 크릭의 이론을 비판하는 편지를 보내온 것이다. 그는 그 글에서 의식적 감각이라는 것이 애초에 존재하지 않으므로, 의식의 신경상관물을 찾으려는 우리의 시도가 망상에 불과하다고 말했다. 여행에서 돌아온 직후 나는 데닛에게 그 감각이란 놈이 준 엄청난 괴로움 때문에 등반도 그만두고 돌아와야 했노라고 답을 써서 보냈다. 치통은 절대로 단순한 행위 성향Behavioural disposition이 아니다. 입가를 움켜쥐고 신음을 내거나 "으으, 진짜 아프다"라는 문장을 말하는 것 말고도, 엄청나게 괴로운 느낌이 머릿속에 가득 찬다는 말이다. 고통을 느끼는 바로 그 순간에는 그 느낌이 이 세상에서 가장 성가신 존재로 다가온다. 깊은 산속에서 진통제도 없이 최악의 치통을 겪고 있는 나에게 그 고통이 언어적인 혼도Linguistic confusion에 의한 것이라고 주장한들 내가 얼마나 납득할 수 있겠나?

수전 의식적 접근이 불가능하다는 것이 정확히 무슨 뜻인가?

크리스토프 어떤 것에 대한 명시적인 신경 표상이 형성되지 않아 뇌가 다음 행동을 계획할 때 그 정보를 이용할 수 없는 상황을 말한다.

수전 계획 단계에 활용될 수 있는지가 핵심인가?

크리스토프 그렇다. 주변의 모든 상황 가운데 지금 나에게 중요한 것만을 요약하여 뇌가 다음 행동을 결정할 수 있도록 돕는 것이 크릭과 내가 생각하는 의식의 기능이기 때문이다.

그것이 우리가 비철학적인 의미에서의 좀비 체계 이론을 제안한 까닭이기도 하다. 우리가 생각하는 좀비 체계는 안구의 움직임이나 장신경계의 활동 등을 조절하는 몸의 자동적 체계들이다. 이들 덕에 우리는 달리기, 등산, 운전 등 갖가지 복잡한 동작이나 반복적 행위들을 의식을 건너뛰고서 수행할 수 있다. 하지만 갑자기 굉음이 들리거나 지진이 난다면 우리는 지금 우리가 있는 곳이 어디인지, 여기서 어떻게 나갈 수 있는지를 생각해야만 한다. 바로 이때 의식이 필요한 것이다.

수전   의식 그 자체에 기능이 있다는 말인가?

크리스토프   아니면 의식의 신경상관물에 기능이 있다고 말할 수도 있겠다. 나는 네드 블록이 말한 현상적 의식과 접근적 의식의 구분에 동의하지 않는다.

수전   그렇다면 그 둘은 같은 것인가?

크리스토프   블록은 두 가지 종류의 의식을 구별할 실험적·조작적 방안을 한 번도 명확히 제시한 적이 없다. 그 둘이 개념적으로 다를 수야 있겠지만 실효적인 구분이 불가능하다면 그건 별 의미가 없다.

수전   그렇다면 당신이 말하는 '의식의 기능'이란 실은 '의식과 그 신경상관물'의 기능을 뜻하는 것인가?

크리스토프   그렇다.

수전   의식을 연구하면서 당신의 개인적인 삶에는 어떠한 변화가 있었나?

크리스토프　현실적인 예를 들자면, 나는 이제 ─ 먼저 공격받지 않는 한 ─ 더 이상 벌레를 짓이겨 죽이지 않는다. 농담이 아니고 정말이다. 왜냐고? 나는 생물학자니까. 애완동물을 한 번이라도 길러 보았다면 개나 고양이, 원숭이와 같은 동물들에게 의식이 있음을 알 것이다. 물론 원숭이는 인간만치 풍부한 의식을 경험할 수 없으며 죽음이나 매킨토시 컴퓨터, 대의 민주주의와 같은 복잡한 개념을 이해하지도 못하지만, 그들 역시 무언가를 보고 느낄 수 있으며 심지어 인간과 아주 유사한 뇌를 가지고 있다.

그렇다면 '진화의 사다리'상에서 의식은 언제부터 나타날까? 가령 벌에게는 의식이 있을까? 벌이 매우 복잡한 패턴 인식 과제를 얼마나 빠르게 습득할 수 있는지를 알면 아마 깜짝 놀랄 것이다. 심지어 벌은 과제 수행에 필요한 정보를 수십 초간 기억할 수도 있다. 우리 인간이 동일한 과제를 수행하기 위해서는 의식이 반드시 필요하다. 의식이 손상되면 애초에 단기 기억이 필요한 과제를 수행할 수가 없기 때문이다. 이를 보면 벌의 의식 수준을 판단하는 것조차 결코 쉬운 일이 아님을 알 수가 있다. 그렇다면 과연 신경계가 의식을 갖기 위한 최소한의 조건은 무엇일까? 정말 우리가 가진 200억 개의 뇌세포가 전부 필요한 것일까?

수전　벌의 뇌세포는 몇 개인가?

크리스토프　100만 개 정도다. 인간은 200억에서 500억 개쯤 되고.

수전　그뿐만 아니라 벌의 뇌는 구조 측면에서도 인간의 뇌와는 완전히 다르지 않나?

크리스토프 그렇다. 벌의 뇌세포와 인간의 뇌세포는 기능과 구조에서 별다른 차이가 없지만 거시적인 뇌 구조는 상당히 다르다. 가령 벌의 뇌에는 피질도, 시상도 존재하지 않는다. 그러나 벌도 되먹임 경로Feedback pathway나 순환적 신경망Recurrent network 구조를 갖추고 있으므로, 적어도 이론적으로는 포유류의 피질처럼 정보를 표상할 수 있다. 모든 동물에게 의식이 있다는 말은 아니다. 예쁜꼬마선충C. elegans의 경우만 하더라도 의식이 있다고 판단될 만큼 충분히 복잡한 행동을 보인다고 말하기 어렵다. 의식의 존재 여부를 검증하는 실증적인 방법은 본능에 근거하지 않은 비정형적이고도 복잡한 행동이 가능한지, 그리고 새로운 과제를 빠르게 학습할 수 있는지를 관찰하는 것이다. 벌이 이 둘 모두를 할 수 있음은 이미 과학적으로 검증되었으며, 따라서 벌에게도 모종의 지능이 있음은 나에게는 부인하기 힘든 사실이다. 이처럼 벌이 단순한 자동 기계가 아니라 실제로 무언가를 느끼고 경험하는 존재라면, 내가 이들을 죽일 권리가 어디 있겠나.

수전 당신도 육식을 하고 있지 않은가?

크리스토프 (한숨을 쉬며) 그렇다.

수전 마음이 가볍지는 않을 것 같다.

크리스토프 그렇다. 되도록이면 고기를 적게 먹으려 노력하기는 하지만, 맛있는 건 어쩔 수가 없다.

수전 왠지 당신은 의식이 언어에 묶여 있다거나, 언어 없이는 의식도 존재할 수 없다는 주장에 동의하지 않을 것 같다.

크리스토프 그렇다. 언어가 없이는 감각이나 느낌을 경험할 수 없다는 주장을 제대로 뒷받침하는 근거를 나는 아직 한 번도 본 적이 없다.

수전 인간을 제외하고도 상당수 동물에게 의식이 있음을 주장한 것은 당신이다. 그렇다면 근거도 당신 쪽에서 내놓아야 하는 게 아닌가. 어느 동물에게 의식이 있는지 여부를 도대체 어떻게 판정할 것인가?

크리스토프 좋다, 그렇다면 나는 당신이 의식이 있는지 어떻게 판단할 수 있을까?

수전 사실 내게 의식이 없다면?

크리스토프 글쎄, 대부분의 사람들은 스스로에게 의식이 있다는 것을 전제로 깔고 살아가고 있다. 그건 나도 마찬가지이고. 뿐만 아니라 나는 당신도 의식이 있다고 생각한다! 왜냐고? 당신과 나의 뇌가 통계적으로 유의미하게 다르지 않으며, 우리 두 사람이 단일 종으로서 같은 진화적 역사를 거쳐 왔기 때문이다. 발을 밟혔을 때 당신과 내가 보일 행동 반응은 크게 다르지 않을 거다.

원숭이는 생김새도 다르고 언어를 구사하지도 못하지만, 인간과 상당히 유사한 뇌 구조를 지닌 데다가 지난 1300만 년을 제외하면 우리와 동일한 진화 역사를 밟아 왔다. 실제로 원숭이로 시각 실험을 한 결과는 일반 대학생을 대상으로 한 결과와 크게 다르지 않다. 원숭이 뇌를 좁쌀 크기로 토막 내면 그것을 인간의 뇌와 육안으로 구별하기는 거의 불가능하다. 내가 원숭이에게도 의식이 있을 거라고 유추하는 것은 이러한 이유에서다.

사실 지금으로서는 인간과 비교하는 방법밖에 없기 때문에 인간과 진화적으로 멀수록 의식 유무를 판단하기는 점점 어려워진다. 따라서 궁극적으로는 임의의 체계가 주관적 상태를 갖고 있는지를 인간과의 유사성에 기대지 않고 판별할 수 있게 하는 의식 이론이 필요하다. 그러한 판별 기준은 로봇이나 인터넷과 같은 인공적인 체계들에도 적용 가능할 것이다. 우리가 의식 과학을 완성했다고 선언할 수 있으려면 그러한 이론이 반드시 필요하다.

수전 그렇게 되면 당신의 말마따나 무엇이 의식적이고 무엇이 무의식적인지를 판단할 수 있을 것 같다. 비록 지금은 그러한 판단이 불가능하더라도 그것이 가능해질 날이 반드시 올 테니 염려하지 않아도 된다는 것이 당신의 생각인가?

크리스토프 그렇다. 과학자로서 말하자면, 지금 당장은 뇌를 열심히 연구하는 것 말고는 별다른 방도가 없다.

현실이라는 꿈에서 깨어나라

스티븐 라버지
Stephen LaBerge

스티븐 라버지
Stephen LaBerge

스티븐 라버지(1947~)는 미국의 정신생리학자로, 자각몽 연구의 선구자이다. 학부에서는 수학을 전공하고 스탠퍼드 대학원 화학과에 진학하였으나 약 8년간 휴학한 후에 정신생리학 분야로 박사 학위를 받았다. 자각몽이 렘 수면 중에 일어난다는 것을 최초로 입증했다. 1988년에는 루시디티 연구소Lucidity Institute를 설립하였고, 현재까지도 스탠퍼드에서 자각몽 및 다양한 의식 상태의 정신생리학적 상관물에 관한 연구를 계속하고 있다. 저서로는 『자각몽Lucid Dreaming』(1985)과 『꿈 : 내가 원하는 대로 꾸기』(1990) 등이 있다.

수전 의식은 왜 이리도 많은 관심을 자아내는 것인가?

스티븐 의식을 흥미롭게 하는 것은 의식 그 자체이다. 이러한 자기닮음성Self-similar quality과 프랙털적 특성(Fractal : 일부를 확대하였을 때 전체와 닮은 구조가 나타나는 기하학적 형태 — 역주)에서 우리는 그것이 가진 끝없는 매력을 느낄 수 있다.

수전 어쩌다가 처음 의식 문제에 관심을 갖게 되었나?

스티븐 원래 나는 스탠퍼드에서 화학물리학을 전공하던 순수 자연과학도였고, 세상을 보는 나의 시야는 상당히 좁았다. 하지만 1960년대 후반 캘리포니아에 여러 환각제가 유행하면서 나는 내면세계라는 또 다른 우주의 존재에 비로소 눈을 뜨게 되었다.

특히 LSD라는 약물은 나에게 한 가지 중요한 교훈을 가져다주었다. LSD를 복용한 상태에서 나는 상형문자들이 살아 숨 쉬면서 빈 벽을 가득 메우는 모습을 보았다. 이게 이 세계의 진짜 모습이었구나, 내가 이토록 의미 있고, 아름답고, 복잡한 세상에 살고 있었다니, 왜 이걸 이제야 알았을까, 나는 한탄했다. 하지만 그 다음 날이 되고 약효가 사라지자 다시금 지금의 느낌이 진짜이고 LSD로 본 경험은 환상에 지나지 않는다는 생각이 들었다. 이윽고 내가 깨달은 것은 그 두 경험 모두 나의 마음이 이 세상을 해석한 결과에 불과하며, 그것의 본모습은 영원히 알 수 없을 거란 사실이었다. 약물은 그 해석의 여러 가능성 가운데 하나를 살짝 엿볼 수 있게 할 뿐이었다.

8년이라는 기나긴 방황 끝에 나는 대학원으로 다시 돌아와 정신생리학을 연구했고, 그 결과 자각몽이 실재함을 입증해 낼 수 있었다. 그로부터 25년이 지난 지금에도 내가 자각몽을 계속 연구하고 있다는 것이 짐짓 놀랍기도 하다. 연구를 시작할 때는 이 주제가 얼마나 방대한지, 앞으로 얼마나 먼 길을 가야 할지 미처 알지 못했다.

수전 자각몽이라 함은 꿈을 꾸는 도중에 그것이 꿈임을 깨닫는 것을 뜻하나.

스티븐 그렇다. 일반적인 꿈 상태에서 우리의 의식은 체험적 Experiential 수준에 머무른다. 가령 잠에서 깬 뒤에도 꿈의 내용을 설명하는 것이 가능하다는 사실은 의식이 꿈 속에서도 최소한 보고 가능성의 요건은 충족함을 시사한다. 단 대부분의 꿈에서는 반성적 의식Reflective consciousness이 결여되어 있으므로 지금 일어나는 일들이 내 머릿속의 꿈에 지나지 않으며, 실제로 나의 몸은 이불 속에서 잠들어 있다는 것을 알지 못한다. 하지만 그 사실을 자각하고 나면 모든 게 바뀐다. 가능성의 폭이 확장되고, 말 그대로 '생각지도 못했던' 것들을 할 수 있게 된다. 이는 마치 새로운 차원에 발을 내딛는 것과도 같다! 말도 안 되는 소리 같겠지만, 몸에 전극이 달린 채로 실험실 침대에서 잠들어 꿈속 인물들에게 실험 좀 도와 달라고 말을 걸다 보면 당신도 그런 기분이 들 거다.

수전 꿈을 자각하면 오히려 잠에서 깬 듯한 느낌이 들지 않나? 내가 경험한 첫 자각몽이 그랬다. 꿈속에서 나는 스키 리프트를 타고 있었는데 마침 산 너머로 떠오르는 아침 해를 보고 나는 스키장이 원래 이렇게 일찍 문을 열었었나 생각했다. 그런데 리프트 정상에 도착해서 보니 내가 스키를 안 신고 있었던 거다. 스키 없이 리프트에서 어떻게 내릴지를 망설이다가 애초에 내가 스키 없이 어떻게 리프트에 탔을까 하는 의문이 든 순간, 나는 이것이 꿈이라는 것을 알아차렸다. 그런데 꿈을 자각하고 나니까 주위 풍경은 오히려 더 생생하고 현실에 가깝게 변하던데, 그건 왜 그런 것인가? 이것이 의식에 관해 시사하는 바는?

스티븐 무언가가 '진짜'가 아님을 깨닫는 것이 오히려 그것을 더 진짜처럼 느껴지게 한다니, 참 역설적이지 않나? 사실 그 생동감의 증가는 의식이 현재에 더 몰입하기 때문인 것으로 보인다. 해탈의 경지에 도달한 사람들, 의식의 신비를 깨닫고 지금, 여기에 머무를 수 있게 된 사람들도 아마 비슷한 경험을 할 것이다.

자각몽이 굉장히 특이한 경험이라는 것도 한 가지 이유다. 잠에서 깬 상태, 이른바 '깨어 있는 실존Waking existence'이 삶의 전부라 여기던 이들은 꿈속에서 그보다 더 생생한 경험을 하고 나면 굉장한 희열을 느끼는데, 어쩌면 그 벅찬 감정이 순간에 대한 자각을 더욱 고양시키는 것일지도 모른다.

수전 추측건대 당신은 행동주의자들로부터 철저히 외면당했을 것 같다. 과학자들에게 꿈 연구는 오랫동안 기피의 대상이었다. 당신이 연구를 시작할 당시에 꿈 연구자들이 아예 없지는 않았겠지만 그렇다고 자각몽이 특별히 인기 있는 주제는 아니었지 않나?

스티븐 그렇다. 인기는커녕 과학 취급도 못 받았었다. 물론 나 자신은 자각몽을 겪어 봤기 때문에 그것이 실재함을 잘 알고 있었다. 나 역시 생애 첫 자각몽을 아직도 생생히 기억하고 있다. 그때는 어느 겨울이었는데, 문득 잠에서 깬 듯하여 주위를 둘러보았으나 이불의 감촉도, 침대 옆에 놓아둔 시계의 째깍임도 느껴지지 않았다. 물리적 세계와 감각적으로 단절되어 있다는 것은 내가 잠에 들어 있음을 뜻하므로, 그것은 의심의 여지 없는 자각몽이었다. 하지만 이러한 경험적·일인칭적 지식을 다른 사람들에게, 특히 회의론자들에게 증명하는 것은 몹시 어려운 일이었다. '잠든 채로 어떻게 의식이 있을 수 있다는 말인가?' 이렇게 말하면 이 상황이 얼핏 모순적인 것처럼 느껴질 수도 있지만, '외부 환경의 감각 신호는 의식하지 않으면서 꿈을 꾸고 있다는 사실만을 의식하는 것이 어떻게 가능한가?'로 질문을 고치면 그다지 큰 문제가 아니게 된다.

수전 그 정도 논리로는 과학자들의 의심의 눈초리를 꺾지 못할 것 같은데.

스티븐 그렇다. 필요한 것은 실험적 증거였다. 나는 기존 문헌 가운데 꿈속에서의 시선 방향과 실제 안구의 움직임이 정확히 일치한다는 것을 밝힌 논문이 있음을 알고 있었다. 나는 그 사실에 착안하여 피험자들에게 자각몽 상태에서 좌우를 번갈아 바라볼 것을 지시하였고, 나는 그들의 안구 운동으로부터 자각몽 상태로의 진입 여부를 간단하게 판별할 수 있었다. 또한 이를 수면 검사와 함께 진행하여 자각몽이 수면의 어느 단계에서 발생하는지도 확인하였는데, 결과적으로 대부분의 자각몽은 선잠 상태가 아닌 렘수면, 그중에서도 가장 격렬한 형태인 '위상성Phasic' 렘수면에서 발생하는 것으로 드러났다.

수전 굳이 안구 운동을 신호로 이용한 것은 다른 근육들이 전부 마비되어 있기 때문인가?

스티븐 바로 그렇다. 일반적으로 렘수면 상태에서는 대부분의 근육들, 그중에서도 특히 걷거나 말할 때 필요한 근육들이 마비된다. 단, 호흡에 필요한 근육은 정상적으로 기능하므로 원한다면 호흡 운동을 신호 삼아 자각몽을 판별할 수도 있다. 내가 눈의 움직임을 신호로 택한 것은 측정이 훨씬 용이하기 때문이다. 이처럼 렘수면 상태에서 일부 근육만이 마비되는 경향은 진화적 선택압이 작용한 결과로 보인다. 꿈을 꾸는 중에 근육을 억제하지 못했다면 몸을 뒤척이다가 나무에서 떨어져 죽었을 수도 있지 않겠나. 하지만 안구 근육의 움직임은 그와는 무관했으므로 진화 과정에서 억제되지 않았고, 그 덕에 우리는 이를 꿈속 세계와 외부 세계를 잇는 통로로 이용할 수 있는 것이다.

처음에 우리 연구팀은 이 결과를 《사이언스》지에 투고했는데, 두 명의 심사자 중 한 사람은 우리의 실험이 '새로운 기법을 개발한 놀라운 혁신'이라며 아주 긍정적인 평가를 내렸지만, 나머지 심사자가 '명백한 실수는 보이지 않지만 있을 수 없는 결과'라고 말하는 바람에 우리는 결국 심사에서 탈락했다. 《네이처》지로부터도 게재를 거절당했는데, 대중의 관심사와 부합하지 않는다는 것이 이유였다. 결국 우리의 논문은 그로부터 2년 후, 《지각 및 운동 기술Perceptual and Motor Skills》이라는 이름의 수면 및 꿈 분야에서 중간 정도 위상을 지닌 학술지에, 그마저도 숱한 문제제기와 해명이 오간 후에야 겨우 실릴 수 있었다. 사람들을 설득하기란 대단히 어려웠다. 지금도 대다수의 연구자들이 자각몽 실험의 의의를 제대로 이해하지 못하고 있음은 말할 나위도 없고. 나는 우리 논문이 발표되면 꿈이 경험이 아니라는 오개념은 자연히 사라질 줄 알았는데, 아직도 몇몇 이들은 대니얼 데닛의 '카세트 이론' (Cassette theory : 데닛은 꿈이 실제 경험이 아니며, 무의식적 기억이 재구성되면서 생기는 착란의 일종이라고 주장했다 — 역주)과 같은 허무맹랑한 주장을 믿고 있다.

수전 사실 나도 그중 한 명이다! 나는 일반적인 꿈은 경험이 아니지만, 자각몽은 경험이 맞는 것 같다. 결국 현 상황을 자각할 수 있느냐가 핵심이 아닌가?

스티븐 기본적으로 꿈을 자각한다는 것은 '내가 꿈을 꾸고 있다'는 사실을 명시적으로 알아차리는 것이다. 이때 변하는 것은 단

하나, '경험'에 대한 나의 메타인지^{Metacognition}('내가 무엇을 알고 무엇을 모르는가'에 대한 지식 — 역주)뿐이다. 그렇다, 경험 말이다! 다시 말해, 꿈을 자각하기 전에도 경험은 일어나고 있었던 것이다. 불과 방금 전까지 꿈의 재료가 될 기억의 카세트들을 무의식적으로 만들고 있던 사람이 자각몽 상태에 들어선다고 갑자기 경험을 한다는 건 논리적으로도 말이 안 된다. 앞서 말했듯, 우리는 피험자의 안구 운동을 기록하여 자각몽이 시작된 시점을 특정할 수 있으며, 피험자가 잠에서 깨어난 뒤 보고하는 꿈의 내용도 안구의 움직임과 정확히 합치한다. 이를 카세트 이론으로 어떻게 설명할 것인가? 수면 중의 무의식적 안구 운동을 '기적적으로' 기억해 내어 그럴듯한 이야기로 지어낸다? 하지만 안구 운동보다 더 복잡한 예시도 얼마든지 만들 수 있다. 이번만큼은 우리의 상식이 옳다. 꿈은 경험이다.

수전 자각몽 상태에서는 꿈의 내용을 제어할 수 있다고들 하는데, 그것이 사실인가? 만일 그렇다면, 어느 수준까지 통제가 가능한가?

스티븐 우선 일상생활에서 제어 가능한 것들은 꿈에서도 제어할 수 있다. 가령 여기 이 녹음기의 테이프를 갈거나, 저쪽으로 치워 버릴 수도 있겠지. 하지만 자각몽 상태는 내 의지대로 모든 것을 할 수 있는 상황보다는, 더 많은 선택지와 가능성이 주어진 상황이라고 이해하는 것이 더 바람직하다. 또 다른 세계, 또 다른 삶속에 들어와 있음을 깨닫고 나면 꿈속에서의 행동은 현실과는 전혀 다른 의미를 갖기도 한다.

일반적으로 사람들이 말하는 꿈 제어는 꿈속에서 '마법'을 부리는 것에 더 가깝다. 그런데 실제로 티벳 불교의 꿈 요가 수련자들은 사물의 개수, 크기, 온도와 같은 꿈의 내용물을 원하는 대로 바꾸는 것이 가능하다고 주장하기도 한다.

우리 연구팀은 간단한 과제들을 활용하여 꿈 상태와 비수면 상태의 대응 관계를 파악하는 일에 초점을 맞추어 왔다. 예를 들어 피험자에게 자각몽 상태에서 눈을 움직이고 나서 10초를 센 뒤에 다시 눈을 움직이게 지시하면 꿈속에서 시간이 얼마나 빨리 흐르는지를 측정할 수 있다. 그 결과 꿈에서 시간이 흐르는 속도는 깨어 있을 때와 큰 차이가 없는 것으로 드러났다.

나 개인적으로는 꿈을 제어할 수 있는지 한 번도 실험해 보지 않았다. 오히려 나는 꿈에서 일어나는 사건들에 유연하게 대처하는 법을 터득하고 삶에 대한 적응력을 기르는 일에 관심이 많다. 그 삶이 꿈이든, 현실이든, 아니면 또 다른 세계이든 말이다.

수전 그 말은 꿈 연구가 당신의 개인적 삶에도 영향을 주고 있다는 뜻인가.

스티븐 그렇다. 사실 나의 연구는 자아, 존재, 체화와 같은 주제들을 다루므로 내면세계를 탐구하는 것과 다르지 않다. 가령 우리는 흔히 스스로가 물리적 신체를 가지고 있다고 느끼지만, 사실 그것은 현상적 신체 혹은 신체상Body image에 대한 경험이다. 꿈에서도 이러한 신체상을 경험할 수 있는 것을 보면, 어쩌면 현상적 신체가 물리적 신체보다 실재에 더 가까운 것일지도 모른다. 이와 같이 자각몽 실험의 결과들은 우리의 세계관에 혁명적인 변화를 가져올 수 있는 내용들로 가득하다. 실제로 나는 지금 당신과 인터뷰하는 이 경험도 꿈의 여러 형태 중 하나라고 생각한다. 농담이 아니라, 정말이다. 다만 일반적인 꿈과는 달리 이 '현실'이라는 꿈은 소위 물리적 세계에서 주어지는 감각 신호에 의해 내용상 제약을 받고 있으며, 그로 인해 당신과 내가 같은 경험을 공유할 수 있는 것이다. 비록 우리 각자의 경험은 스스로의 심적 공간Mental space에 갇혀 있지만, 우리는 물리적 세계라는 제3의 공간에서 서로 상호작용할 수 있다. 하지만 이 두 공간이 서로 어떠한 관련이 있는지, 그 둘이 동일한 실체인지 혹은 별개의 실체인지, 우리는 알지 못한다.

수전 바로 그게 의식 문제의 핵심이 아닌가. 어떻게 이 세상에 하나 이상의 실체가 있을 수 있나? 내가 주관적 경험을 하고 있음은 분명한 사실이다. 당신도 그러하다는 것도 믿을 수는 있다. 우리 둘이 어떤 것에 대해 이야기를 나누고 합의에 다다를 수 있다는 것을 보면 제3의 세계 — 물리적 세계 — 가 존재하는 것도 같다. 하지만 물리적 세계와 주관적 경험은 너무나도 다르지 않나. 이를 어떻게 받아들여야 할까?

스티븐 나는 그게 그렇게나 큰 문제인지 잘 모르겠다. 당신이 말한 제3의 세계, 물리적 실재라는 개념은 당신과 내가 가진 심적 경험의 상호관계를 설명하기 위한 가설에 가깝다.

자각몽 상태에서는 지금이 '꿈인지 생시인지'를 알아보는 것이 가능한데, 손목시계로 현재 시간을 확인하면 된다. 꿈속에서는 두 번 연속으로 시간을 확인하면 아주 높은 확률로 숫자가 바뀐다. (자신의 손목시계를 쳐다보며) 하지만 내가 세 번 연속으로 쳐다보아도 숫자가 그대로인 걸 보면, 지금 나는 깨어 있음이 확실하다.

만에 하나 내가 지금 꿈을 꾸고 있는 거라면 당신을 포함한 내 눈에 보이는 모든 것, 몸에 걸친 옷과 시계도 모두 다 꿈속의 허상에 지나지 않을 것이다. 그렇다면 '나 자신'은? 나 역시도 꿈에 의해 만들어진 존재일까? 아니, 그렇지 않다. 우리가 꿈 상태와 깨어 있는 상태에서 동일한 방식으로 신체를 경험한다는 사실을 상기한다면, '나'라는 것도 한낱 꿈이자 개념에 불과하다고 말할 수 있다. 이러한 이유로 우리는 세상의 진면모를 결코 알지 못하는 것이다.

수전 흔히 꿈인지 생시인지를 확인하려면 몸을 꼬집으면 된다고들 한다. 실제로 나도 꿈속에서 그렇게 해 봤지만 아픔이 아예 없지는 않던데.

스티븐 우리 연구팀에서도 그와 관련한 실험을 수행한 적이 있다. 우리는 먼저 피험자에게 자신의 팔뚝을 꼬집고, 쓰다듬고, 누르게 한 뒤 감각의 세기와 쾌-불쾌 정도를 평가하게 했다. 이후 같은 자극을 머릿속으로 상상하게 하고, 자각몽 상태에서도 반복하여 세 가지 의식 상태에서의 감각적 경험을 비교하였다.

수전 어떻게 꿈을 꾸면서 질문에 답할 수 있나?

스티븐 피험자가 질문에 답하는 것은 잠에서 깬 후다! 결론을 요약하자면, 누르는 느낌의 경우 깨어 있는 상태와 꿈 상태가 얼추 비슷했고, 상상은 그 둘보다 훨씬 약했다. 쓰다듬음으로 인한 쾌감은 꿈 상태에서 가장 높았다. 일반적으로는 스스로의 팔뚝을 만지는 것이 기분이 좋을 이유가 없다. 그러나 꿈속에서는 마치 조현병 환자가 스스로를 간지럽히는 것처럼 여러 독특한 느낌들이 뒤섞이면서 쾌감이 증가하는 것으로 보인다. 가장 큰 차이는 고통 감각에서 나타났는데, 꿈속에서의 고통이 깨어 있는 상태에 비해 훨씬 약한 것으로 드러난 것이다.

실제로 나도 꿈속에서 몸을 꼬집고는 놀랐던 기억이 있다. 고무를 만지는 느낌이 들 뿐, 아무런 느낌도 들지 않더라. 그래서 나는 홧김에 연필로 내 손등을 찍었는데, 어휴! 꿈이라고 해서 고통이 아예 없는 것은 아니었다. 어쨌거나 통각이 꿈속에서 더 부정확해지는 것은 사실이다. 이는 렘수면 상태의 뇌에서 보상을 담당하는 영역이 처벌 영역보다 더 많이 활성화되기 때문으로 추정된다.

수전 간혹 어처구니없는 내용의 꿈을 꾸고 나면 왜 그게 꿈인 걸 못 알아챘을까 하는 생각을 하곤 한다. 꿈을 자각하는 것은 왜 이토록 어려운 것인가?

스티븐 일반적으로는 마음의 고차 인지기능의 결함이 그 이유로 꼽힌다. 이는 깨어 있을 때는 비논리적인 감각 변화를 즉각 알아챌 수 있을 거라는 가정에 기초하고 있는데, 그 가정은 최근의 변화맹 실험 결과에 의해 이미 반박되었다. 뿐만 아니라 꿈을 자각하는 일이 발생한다는 사실은 렘수면 중에도 고차 메타인지가 충분히 일어날 수 있음을 시사한다. 꿈을 자각하기가 어려운 것은 오히려 낮은 수준의 변화 탐지 회로가 제대로 작동하지 않아서일 수도 있다. 꿈 상태에서는 외부로부터 감각 입력이 주어지지 않으므로 감각 입력을 작업 기억과 대조할 수 없을 것이다. 이는 주의를 기울이지 않았을 때 사물의 변화를 알아채기 힘든 것과도 마찬가지다. 자각몽을 처음 익히는 사람들은 자각 상태에 진입했다가도 꿈 속 사건들에 감정적으로 대응하느라 꿈 속임을 다시 잊기도 한다. 그래도 어쨌든 연습을 거듭하다 보면 충분히 숙달할 수 있다.

얼마 전 우리 연구팀에서는 루이스 부뉘엘Luis Buñuel 감독의 영화 〈욕망의 모호한 대상That Obscure Object of Desire〉을 가지고 간단한 실험을 실시했다. 그 영화에서는 두 명의 여배우가 하나의 배역을 번갈아 연기하는데, 150여 명의 피험자 가운데 25%만이 영화를 보면서 그 사실을 눈치챌 수 있었다. 깨어 있을 때도 이 정도라니, 믿어지는가? 의식에 대한 우리의 통념이 잘못되었다는 것, 이게 문제의 핵심이다. 하지만 꿈 상태와 비수면 상태의 의식을 비교하는 시도는 거의 이루어지지 않고 있다.

수전 변화맹 실험이 시사하는 바 중 하나는 우리가 일반적으로 경험하는 시각 세계의 풍부함이나 연속성이 환상이라는 것인데, 당신의 연구는 깨어 있는 것과 꿈을 꾸는 것 모두가 환상임을 보여 주는 것 같다.

스티븐 그렇다. 깨어 있든 꿈을 꾸든 우리 뇌는 같은 기능을 수행하고 있다. 주변에서 일어나는 일들을 이해하여 원하는 것을 얻고 해로운 것은 피하는 일이다. 우리의 감각 경험이 환상인 것은 텔레비전에 보이는 것이 환상인 것과도 같다. 하지만 텔레비전 쇼 중에는 컴퓨터 그래픽이나 특수효과와 같이 완전히 가짜인 것도 있지만, 다큐멘터리처럼 실제 현실을 담고 있는 것도 있다. 그렇기 때문에 텔레비전의 화면이 환상이라는 사실만으로는 그 내용이 진실이 아니라고 단언할 수 없다. 마찬가지로 이 세계 자체는 환상일지라도, 몇몇 종교에서 말하는 것처럼 진리는 항상 우리 눈앞에 놓인 것일지 모른다.

수전 정말로 꿈과 현실 모두가 환상이라면, 꿈에서 깨듯이 현실에서도 깨어나서 자각몽과 같은 '자각생Lucid living'을 사는 것도 가능하지 않을까?

스티븐 물론이다. 각종 종교에서 말하는 깨달음의 경지가 바로 그것이다. 자각몽이야말로 깨달음이 무엇인지를 가장 잘 설명해주는 비유일 것이다.

꿈속에서는 우리의 시야가 극히 좁아지므로 내가 누구인지, 여기가 어디인지도 알 수 없게 된다. 그러나 꿈을 자각하고 나면 모든 것이 달라지는데, 깨달음도 이와 같다. 흔히 깨달음을 얻으면 세상 만물이 이어져 있음을 알게 된다고들 한다. 보통 우리는 타인과의 분리감 속에서 살아가고 있지만, 한 차원 위에서 바라보면 자아가 아닌 '나 자신', 즉 경험자Experiencer를 갖고 있다는 점에서 나와 타인은 크게 다르지 않다. 찬찬히 들여다보면 우리 각자의 경험자는 궁극적으로 서로 다르지 않다. 이름이나 생일, 생김새처럼 일반적으로 나를 타인과 구분하기 위해 쓰이는 것들은 모두 경험자로서 존재하기 위해서는 불필요한 것들이기 때문이다.

수전 깨달음을 얻고 현실이라는 꿈에서 깨어나면 분리감과 자아도 사라진다는 말인가? 그런데 꿈을 자각하는 상황에서는 오히려 자아가 더 뚜렷해지는 것이 아닌가? 꿈의 주인공이 나라는 사실조차 모르고 있다가 꿈속에 있었음을 자각하게 되니까 말이다.

스티븐 그건 자아를 어떻게 정의하느냐에 달린 문제다. 타인이 바라보는 겉모습으로서의 자아는 흐려질 것이고, 내면 그대로의 나 자신은 뚜렷해질 것이다. 우리 각자의 정체성은 눈송이들의 결정 구조와도 같은 것이다. 어떤 눈송이 하나가 바다에 떨어져 녹아 없어질 때, 과연 그 구조가 사라지는 것을 슬퍼해야 할까? 실제로 일어나는 것은 소멸이 아닌 무한한 확장이며, 결정 구조의 형상을 잃더라도 물 분자로서의 실체는 변하지 않는다. 내가 작은 얼음 알갱이가 아니라 물이었음을 알아차리는 것, 자아라는 형상 너머에 합일Unity이라는 실체가 있음을 이해하는 것이 죽음 또는 깨달음의 본질이다. 그렇다고 해서 자아의 분리가 곧바로 사라지는 것은 아니다. 형상과 실체는 다른 차원의 문제이니까.

수전 이제 보니 당신은 신비주의나 자기 변혁에 관해서도 통달한 것 같다. 보통 그것들은 과학의 영역이 아니지 않은가? 의식 과학이 자기 변혁 문제까지 포괄할 필요가 있을까?

스티븐 나는 그렇다고 생각한다. 지식에도 다양한 종류가 있다.

일반적인 상황에서는 과학적 지식이 그중에서 가장 우월하지만, 스스로의 내적 경험에 관해서만큼은 주관적 지식도 과학적 지식에 결코 뒤지지 않는 높은 가치를 지닌다. 예컨대 당신과 나는 자각몽을 경험해 보았기 때문에 구태여 우리 자신에게 자각몽이 존재함을 증명할 필요가 없다. 삼인칭적인 과학적 증거는 자각몽을 꿔 본 적 없는 사람들에게만 필요한 것이다.

동양인들은 지난 수천 년간 인간의 내면세계를 지속적으로 탐구해 왔다. 따라서 지금이야말로 우리 서양인들이 우리의 과학적 관점에 동양의 전통을 접목하여 의식의 본질을 이해하고 우리의 잠재력을 온전히 발휘하는 법을 터득할 적기인 것이다.

수전 오늘날 의식 연구자들은 크게 두 집단으로 갈라져 있는 것 같다. 첫 번째 부류는 객관적 방법론을 신봉하고 뇌 스캔을 통해 의식의 신경상관물을 찾고자 하며 대체로 자기변혁과 같은 문제에는 관심이 없는 사람들이고, 두 번째 부류는 변화된 의식 상태나 동양의 종교들에 관심이 많고 순수 자연과학에 자못 적대적인 태도를 보이는 사람들이다. 이러한 대립 양상은 앞으로 어떻게 전개될까?

스티븐 나는 제3의 길이 필요하다고 생각한다. 뇌과학과 내적 경험에 모두 능통한 과학자들이 더 많아져야 한다. 의식을 이해하기 위해 뇌를 연구하면서 정작 의식에 관해서는 잘 모른다면 그만한 모순이 어디 있겠나? 나는 그 둘을 떼어 놓는 것이 불가능하다고 생각한다. 내가 정신생리학자로서의 삶을 택한 이유도 관찰과 이해, 내면과 외면이라는 두 접근법 중 어느 하나도 포기하고 싶지 않았기 때문이다.

수전 다른 과학자들의 반발이 거셌을 것 같은데.

스티븐 물론이다. 특히 나처럼 중도적 입장을 취하면 양 집단 모두에게 공격을 받게 된다. 뉴에이지 신봉자들은 나의 과학적 태도를 전혀 이해하지 못하며, 과학자들 중 주관적 경험에 관해 무지한 이들도 나를 반쯤 미친 사람으로 여긴다. 하지만 수전 당신처럼 나의 주장에 공감하고 새로운 관점으로 세상을 바라보는 일에 열린 마음을 갖고 있는 이들도 적지 않다.

수전 당신도 지금의 이 반목이 해소되기를 바라나?

스티븐 그렇다. 머지않아 그리 될 것이다.

수전 자유의지는 존재하나?

스티븐 그에 대한 답은 자유의지나 '나 자신'을 어떻게 정의하느냐에 따라 달라질 것 같다. '나'라는 존재를 의식적 마음, 꿈속 주인공, 자아모델과 같은 마음의 일부분이 아닌 '내 전부'로 놓고 보면, 자유의지는 존재한다고 말할 수 있다. 오히려 문제는 자유의지를 가진 '나'라는 존재가 무엇인지를 알아내는 일일 것이다.

수전 아까 깨달음에 관해 설명할 때, 당신은 개인이나 자아가 거대한 합일 속으로 빨려 들어가는 것처럼 묘사했다. 그렇다면 자유의지에 관해서도 우리의 의사 결정이 의식이나 신체가 아닌 우주 만물에 의해 이루어진다고 말할 수 있지 않을까?

스티븐 나도 동의한다. 그래서 '나 자신'에 대한 정의에 따라 달라진다고 말하지 않았나. 내 전부라 함은 단순히 정신과 신체를 통칭하는 말이 아니다. 거기에 국한할 이유가 무에 있겠나? 나는 자각몽을 연구한 사람이다. '나는 누구인가?'라는 질문에 답할 때 열린 태도를 가진 사람도 드물 것이다.

나는 투시적 자아모델의 내용물이다

토마스 메칭거
Thomas Metzinger

토마스 메칭거
Thomas Metzinger

토마스 메칭거(1958~)는 독일의 철학자이다. 프랑크푸르트 괴테 대학교에서 심신 문제 연구로 박사 학위를 받은 후 독일과 미국의 유수 대학에서 활동했다. 윤리 문제, 자아의 본성, 과학철학, 인지 및 신경과학 등이 그의 철학적 관심사이다. 주관적 경험을 설명하기 위해 자아모델 이론Self-model theory을 고안한 것으로 잘 알려져 있으며, 다년간 명상을 수련하기도 했다. 현재는 독일 마인츠 대학교의 철학과 교수이자, 동 대학 이론철학 연구단장으로 재직 중이다. 논문집 『의식적 경험Conscious Experience』(1996)과 『의식의 신경상관물Neural Correlates of Consciousness』(2000)을 편집했고, 『아무도 아님Being No One』(2003)을 저술하였다.

수전 의식의 특별한 점은 무엇인가? 오죽하면 '의식 문제'라는 말이 새로 생겼을 정도인데, 도대체 무엇이 문제인가?

토마스 문제의 핵심은 의식이 여타의 상태들과는 다르다는 것이다. 가령 어떤 대상의 물리학적·생물학적·화학적 상태를 알기 위해서는 외부에서 삼인칭 관점으로 접근하는 수밖에 없다. 이에 반해 의식 상태에 관한 지식은 외부에서뿐만 아니라 내부의 일인칭 관점에서도 획득이 가능한데, 이를 철학에서는 '인식론적 비대칭성Epistemic asymmetry'이라 부른다. 뇌에 관한 객관적인 삼인칭 지식을 얻는 일은 얼마든지 가능하다. 크기, 색깔, 모양과 같은 물리적 속성은 육안으로도 확인할 수 있고, 화학적·생물학적·신경학적 속성을 파악하는 것도 충분한 시간이 주어진다면 가능한 일이다. 심지어 이러한 객관적 속성들을 조합하면 현재 뇌가 무슨 정보를 처리하고 있는지, 어떠한 종류의 표상적 내용물Representational contents을 활성화하고 있는지도 기술할 수 있을 것이다. 그런데 의식적 경험의 상태에 대한 정보를 얻을라치면 갑자기 기존의 삼인칭 접근법에 더해 일인칭이라는 새로운 접근법이 사용 가능해진다. 일인칭 방법이라 함은 경험자 스스로가 내면의 자아를 경험하는 것을, 삼인칭 방법은 그 경험의 물리적 상관물을 추적하는 것을 말한다.

의식도 결국에는 자연현상 중 하나다. 다만 내부와 외부에서 모두 접근할 수 있다는 점이 독특할 뿐이다. 그러나 이 내부와 외부의 관계에 대해서는 밝혀진 바가 없다. 흔히 '속마음을 들여다본다Knowing from the inside'라고 말할 때의 그 속마음이 무엇인지를 모른다는 것이다.

수전 프란시스코 바렐라나 맥스 벨만스와 같은 이들은 당신의 의견에 반대한다. 그들은 내부와 외부가 실제로는 다르지 않으며 더 넓은 관점에서 바라보면 하나로 통합될 수 있다고 주장한다. 이에 대한 당신의 의견은?

토마스 그건 서술의 수준에 달린 문제다. 어쨌든 지금 우리에게 급선무는 일인칭 관점이 무엇인지, 의식 상태를 결정하는 것이 무엇인지, 그것들이 어떻게 의식적 자아를 이루는지를 알아내는 일이다. 우리는 이 주관성이라는 말을 쉽게 입에 올리지만, 정작 그 의미를 제대로 알고 쓰는 사람은 나 말고는 거의 없는 것 같다.

수전 그게 정말인가? (창밖을 바라보며) 지금 창문 너머에는 아름다운 구릿빛 너도밤나무 한 그루가 서 있다. 내가 보는 이 광경은 오직 나만이 체험할 수 있는 사적인 경험이다. 그건 당신에게도 마찬가지일 테고. 주관성이라는 이 놀라운 미스터리의 해답을 당신은 알고 있다는 것인가?

토마스 분명한 것은 우리의 일인칭적 의식 경험이 개개인의 뇌 속 실재 모델Models of reality에 의해 일어난다는 점이다. 따라서 자아, 즉 일인칭 관점이 무엇인지가 문제의 본질일 것이다. 나는 자아란 뇌가 외부 세계를 그려 낼 때 중심점이 되는 — 진화적으로도 유용한 — 아주 독특한 표상적 구조라고 생각한다.

뇌와 의식 사이의 괴리는 설명적 간극보다는 '이해적 간극Intelligibility gap'에 가깝다. 설혹 의식의 정체를 완벽히 설명하는 이론이 있더라도 우리는 그 이론을 직관적으로 받아들일 수는 없을 것이다. 가령 물리학자들은 현실 세계가 11차원의 끈으로 이루어져 있다고 주장하지만, 11차원의 세계가 느껴지지 않는다는 이유만으로 그 이론을 비판하는 이들은 아무도 없다. 이론이 반드시 현상을 재현할 수 있어야 하는 것은 아니기 때문이다. 이는 의식 이론에 대해서도 마찬가지다. 박쥐의 의식이나 감각에 대한 이론을 공부한다고 박쥐의 의식을 경험하게 되지는 않을 것이다. 그런데 유독 의식 연구계에서는 직관성이 좋은 이론의 지표로 취급되고 있다. 어쩌면 우리는 지금까지 여러 이론들을 잘못된 잣대로 판단해 왔던 것일지도 모른다.

수전 만일 반직관적인 의식 이론이 배척되는 것이 경험에 대한 기존의 직관 때문이라면, 우리 의식 과학자들에게는 스스로의 의식을 관찰하는 훈련이 필요하지 않을까? 그리하여 의식이 가진 능력과 개인별 차이를 알아차릴 수 있다면 다양한 이론에 대한 이해의 폭도 넓어질 것 같다.

토마스 당신의 말처럼 의식 연구자들이 직접 명상을 하거나 무아지경에서 춤을 추는 등의 경험을 하고, 이를 통해 다양한 실재

모델을 활용하여 발전된 일인칭 접근을 할 수 있다면 불필요한 시행착오를 피할 수는 있을 것이다. 하지만 그렇다고 해서 더 나은 직관이나 개념을 얻게 되리라는 보장은 없다. 어차피 의식 이론은 직관적으로 경험하는 것이 아니기 때문이다.

간단한 예를 하나 들어 보겠다. 색깔이 사물의 객관적 속성이 아닌, 마음에서 빚어낸 허상이라는 것을 이해하기는 그다지 어렵지 않다. 하지만 자아가 정교한 표상적 현상의 일종이라는 ─ 실제로도 이러한 결론이 날 가능성이 높다 ─ 것을 우리가 과연 이해할 수 있을까? 우리 스스로가 그러한 현상적 자아하에서 작동하는 의식적 체계이며, 그것을 경험적 수준에서 초월하는 것이 불가능하다면 말이다.

수전 매우 적절한 예시인 것 같다. 나 역시 이성적으로는 자아가 경험의 주체라는 믿음이 환상이라고 생각하지만, 그것을 직관적으로 받아들이기는 무척 힘들었다. 그런데 명상이나 마음챙김Mindfulness을 수련한 이후에는 자아가 없다는 사실을 받아들이기가 훨씬 쉬워지더라. 앞서 내가 의식 연구자들에게 내적인 수련이 필요하다고 주장한 것은 그 때문이다.

토마스 나도 내적 수련이 우리에게나 우리 자녀들에게도 여러모로 유익할 거라고 생각한다. 당장 나도 30년 넘게 명상을 수련하고 있으니 말이다. 하지만 그것이 강제되어서는 안 될 것이다. 나는 우리의 경험이 현실 그 자체가 아닌 표상이라는 사실을 이해하는 것만으로도 충분하다고 본다.

표상은 크게 이론적 표상과 현상적 표상으로 나뉠 수 있는데, 뇌과학자들이나 심리학자들이 세운 이론을 토대로 의식에 관한 지식을 얻는 것은 이론적 표상에, 의식적 마음이나 뇌가 실재와 자아를 그려 내는 방식대로 현실을 파악하는 것은 현상적 표상에 해당한다. 이론적 표상, 그중에서도 과학적 표상은 최대한의 객관성과 간결함을 추구하며, 미래를 예측하는 데 활용된다. 반면 현상적 표상은 현실을 완벽히 반영하는 것이 아닌, 유전자의 생존과 복제를 위해 만들어졌다. 실제로도 자아의 존재나 삶의 가치에 대한 믿음과 같이 기능적으로도 유용한 일부 환상들이 존재하는데, 철학에서는 이를 오표상Misrepresentation이라고도 부른다.

수전 자아의 개념이 진화적으로 유용한 환상에 불과하다는 당신의 주장은 일반적인 통념과는 어긋나는데, 이에 대해 부가적인 설명이 필요할 것 같다.

토마스 철학에서 말하는 투시적 자아모델Transparent self-model에 입각해서 설명하자면, 우리는 스스로에 대한 내적 심상, 즉 자아의식Self-consciousness을 갖고 있지만 그것을 심상 중 하나로 인식하지는 못한다. 수억 년 동안 생물계에는 자연선택이라는 비정한 경쟁이 계속해서 이어지고 있다. 이러한 관점에서 보면 자아의식은 진화적 경쟁을 위하여 탄생한 무기 중 하나에 지나지 않는다. 기억, 사고, 지각과 같은 여러 정신 작용의 출현은 튼튼한 다리, 간, 심장 등이 진화한 것과 전혀 다를 바가 없다. 따라서 자아모델은 뇌가 감각과 운동을 통합하는 일에 쓰이는 신경계산적 무기의 일종이라 말할 수 있다. '나'라는 자아의식은 나의 자아 기계 Ego machine가 현상적 자아의 전원을 켜는 그 순간에 탄생하는 것이다.

어떠한 환경에서 성공적으로 생존하기 위해서는 잘 작동하는 자아모델을 이용하여 내 몸의 크기나 내가 할 수 있는 움직임과 같은 특성을 바르게 이해하는 것이 아주 중요하다. 하다못해 내 몸의 경계가 어디까지인지는 알아야 스스로의 다리를 먹는 불상사를 막을 수 있을 것이기 때문이다. 자신의 몸을 먹는 일은 하등한 동물이나 정신질환자의 경우에서 실제로 발생하기도 한다. 그렇다면 어느 것이 좋은 자아모델이라 말할 수 있을까? 특히 인간의 자아모델은 여러 사회적 환경에 적응하는 기능도 수행할 수 있어야 한다.

토요일 밤 3시에 거나하게 술에 취한 상태의 자아모델과, 그 다음날 아침 10시에 부모님의 집에서 식사를 할 때의 자아모델은 결코 같지 않을 것이다. 이처럼 적절한 자아모델을 활용하여 사회적 맥락에 맞게 처신하는 능력은 정신 건강의 척도이기도 하다. 물론 다중인격 장애나 일부 정치인의 경우처럼 도가 지나쳐서는 안 되겠지만 말이다.

수전 진화가 또 한 번 우리를 속인 것인가! 죽고 싶어도 죽지 못하는 신체를 준 것도 모자라, 자아라는 환상을 심어 두어 스스로를 해칠 수 없도록 막아 놓았으니 말이다.

토마스 우선, 진화는 행위의 주체가 아닌, 우주 전체에서 일어나고 있는 비정하고 무자비한 자기조직Self-organization이므로 고의로 누군가를 속일 수 없다. 또한 나는 우리의 모든 현상적 상태나 의식적 경험이 전부 환상이라고 생각하지는 않는다. 인간에게는 체온이나 혈당과 같은 외부적·물리적 상태뿐만 아니라 감정과 같은 내부적 상태도 분명 존재하며, 생존을 위해서는 이 두 상태 중 어느 하나도 무시해서는 안 된다. 대부분의 경우 우리의 경험은 실제에 기반하고 있다. 그렇지 않았다면 물리적 신체로 물리적 환경 속을 돌아다니는 일을 잘 해내지 못했을 것이다. 하지만 몇몇 고등한 심적 속성 중에는 객관적·철학적 관점에서 보았을 때 환상인 것들도 있다. 가령 기독교도나 데카르트적 철학자들은 자기 동일성 — 자아의 일부가 영속한다는 믿음 — 과 같은 개념들을 굳게 믿고 있지만, 굳이 과학을 전공하지 않더라도 양식을 지닌 사람이라면 스스로의 자아가 시간에 따라 변화한다는 것쯤은 알고 있을 것이다.

어쩌면 지금 우리가 해야 할 작업은 낡은 이론이나 개념에 얽매이지 않고 의식의 구조를 있는 그대로 탐구하는 것일지도 모르겠다. 소위 자아와 같은 개념들이 기존의 신념이나 이데올로기와 별도로 정말로 존재하는지를 확인하는 거다.

수전 혹시 그러한 작업을 스스로 해 보지는 않았나?

토마스 "아는 자는 말하지 않고, 말하는 자는 알지 못한다"(『도덕경』 56장 — 역주)라는 격언이 있듯이, 보고의 신뢰성을 담보할 수 없다는 것이 일인칭 연구의 가장 큰 문제다. 비트겐슈타인 역시 삶의 의미와 같은 중요한 가치들은 언어로 표현될 수 없다는 것을 지적한 바 있다.

가령 누군가 당신에게 "어젯밤 숲속을 산책하다가 내 의식이 몸을 빠져나와 우주와 하나가 되는 무아의 상태를 경험했다"라고 말한다면, 과연 당신은 그것을 곧이곧대로 받아들일 수 있겠는가? 그 사람의 의식이 거기에 있지 않았다면 자전적 기억은 어떻게 형성될 수 있었을까? 그가 기존에 알고 있던 여러 이론으로 자신의 경험을 재해석한 것은 아닐까? 이런 식으로 방법론적인 관점에서 엄밀히 따지다 보면 그러한 일화적 보고의 타당성을 인정하기란 쉽지 않다.

하지만 우리 삶에는 진리의 탐구가 지상의 목적이 아닌 영역도 있을 수 있다. 쟁취해야 할 보상도, 얻어야 할 교훈도 없이 자연스러운 주의Effortless attention 속에 침잠하여 현재에 녹아들어가야만 하는 시기도 있기 마련이다. 나는 그 역시 엄연한 진실이 될 수 있다고 생각한다.

수전 철학적 좀비의 존재는 가능할까?

토마스 지금 내 말이 틀린 것으로 드러날 수도 있겠지만, 의식의 정의가 불분명한 이상 좀비의 가능성을 논하는 것은 별 의미가 없다고 생각한다. 앞으로 200년 뒤쯤에는 좀비는 구시대의 상징물이 될 것이다. 이제는 형식 의미론Formal semantics이나 양상 논리Modal logic 따위로는 실질적인 학문적 진전을 거두기가 어렵다.

수전 자유의지에 대한 견해는? 당신은 자유의지가 있나?

토마스 없다 한들, 내가 없다고 말할 수 있겠나.

수전 당신은 수십 년 동안 의식 철학과 자아모델 문제를 천착해 왔는데, 당신에게 있어 학문적 연구와 개인적 삶은 어떠한 관계인가?

토마스 나는 의식을 연구하는 대가를 톡톡히 치르고 있다. 신경심리학의 여러 증후군을 철학적으로 분석하는 것이 나의 일인데, 이를 위해서는 심각한 뇌손상이나 정신병을 앓고 있는 환자들을 직접 마주해야 한다. 그들의 주관적 경험을 이해하려 애쓰다 보면 나의 마음도 괴로워지기 일쑤다. 뇌를 다치면 우리는 존엄을 완전히 잃은 채 처치 곤란한 애물단지가 되어 남은 생을 보내야만 한다. 인간이란 이다지도 연약한 존재인 것이다.

또 한 가지, 일반적으로 학자의 삶은 그리 권할 만한 것이 못 된다. 머리 좋은 동료 연구자들과 치열하게 경쟁해야 하고, 수많은 야심과 위선을 목도해야 한다. 한평생을 보내기에 그다지 편안한 조건은 아닌 것이다. 하지만 많은 실험 기법들이 발달한 오늘날에 용감하게 의식을 자신의 연구 주제로 택하여 학문적 이상을 좇는 것은 아주 매력적인 일이다. 단, 일반인들도 의식 연구에 관심을 가질 거라거나, 의식 연구가 사람들의 삶을 획기적으로 바꿀 거라는 건 잘못된 믿음이니 주의해야 한다.

세상에는 일부 학자들만이 관심을 가질 법한 '딱딱한 문제'도 있지만, 답이 정해져 있지 않은 '말랑한 문제'들도 있다. 그런데 장차 인류가 직면해야 할 과제들은 대체로 이 말랑한 문제들이다. 급격한 사회 변동이 코앞에 다가와 있지만, 정작 우리는 그에 대한 대비가 거의 되어 있지 않다.

현대에는 유전학과 신경과학이 발전하고 사후 세계에 대한 희망이 사라짐에 따라 형이하학적이고 탈종교적인 새로운 인간상이 출현하고 있다. 현생 인류는 자신의 죽음을 역사상 그 어느 때보다 더 직접적으로 마주하게 되었다. 오늘날 아무도 천동설을 믿지 않듯, 머지않아 사후 세계의 개념도 조소의 대상이 될 것이다. 이른바 '환원적 인류학Reductive anthropology'의 시대가 도래하고 있는 것이다. 하지만 이 사고의 전환이 생각보다 너무 빠르게 전개되고 있다는 것이 문제다. 전 세계 인구의 80%를 차지하는 개발도상국 국민들은 이러한 새로운 인간상을 접했을 때 감정적으로 타격을 입을 수 있다. 그들 중 대다수는 수백 년 전의 형이상학적 인간상을 여전히 따르고 있을뿐더러, 의식의 신경상관물은커녕 뇌과학에 대해서 들어 본 적도 없는 이들이 부지기수이기 때문이다.

그 와중에 서양인들이 찾아와 대뜸 정신 질환들을 치료해 준답시고 영혼 따위는 없다든가, 인간이 유전자 복제 장치라는 말을 늘어놓으면 그들은 어떻게 반응할까? 어쩌면 세속적·과학적 세계관을 따르는 이들과 그렇지 않은 이들 사이에 사회적 갈등이 발생할지도 모른다.

인간상의 급변은 필연적으로 사회적 부작용을 낳는다. 마음의 구조가 낱낱이 밝혀지고 나면 사회적 탈연대화가 뒤따를 수도 있다. 지난 1000년 동안 서구 사회를 존속시킨 것은 유일신에 대한 형이상학적 믿음이었다. 근대에도 정신분석학과 같은 종교의 대체제들이 사람들이 도덕적으로 행동하도록 이끌어 왔다.

과연 과학은 과거의 형이상학적 관념들이 모두 소거된 이후의 우리 사회를 하나로 묶을 수 있을까? 모든 사회 구성원이 영혼의 존재를 믿지 않게 된다면 어떤 일이 일어날지는 상상조차 하기 어렵다. 그러나 신경과학의 혁명적 발전이 곧바로 통속적인 유물론으로 이어지지는 않을 것이다. 인간이 한낱 기계라든가, 존엄성·이성·책임 따위가 환상에 불과하다는 그러한 믿음은 미디어에 의해 만들어진 것이기 때문이다.

이외에도 의식 연구의 문화적 파급력이나 그에 뒤따를 윤리적 문제 역시 생각해 볼 만하다. 의식 연구의 발전은 반드시 새로운 기술의 개발로 이어질 것이다. 약물의 힘으로 원하는 경험을 마음대로 켜고 끄거나 경두개 자기 자극Transcranial magnetic stimulation을 이용하여 데이터 클라우드의 미디어를 즐기게 될 수도 있고, 사이버 세상이나 홀로그램 영화관처럼 꿈도 꾸지 못했던 새로운 오락 콘텐츠가 등장할지도 모른다. 하지만 이와 더불어 정보 공해나 산업에서의 속도 만능주의와 같은 오늘날의 사회 문제가 더욱 심화될 수도 있다.

인터넷은 우리에게 편의를 제공하지만, 한편으로는 우리를 노예화하기도 한다. 나는 얼마 전에 장면의 전환이 마치 하이퍼링크를 타고 가듯이 이루어지는 꿈을 꾼 적이 있다. 이를 보면 오늘날 컴퓨터 기술의 발전이 뇌 자체에도 모종의 영향을 주고 있다는 것을 확인할 수 있다.

향정신성 약물도 또 하나의 중요한 주제이다. 앞으로 50~100년 내에는 생물정신의학이 비약적으로 발전하여 수천 년간 인류를 괴롭혔던 여러 정신 질환들을 퇴치해 낼 것이다. 다른 한편으로는 우리의 상상을 뛰어넘는 오락성 약물들이 개발될 수도 있다. 가령 별다른 부작용 없이 이성의 환심을 살 수 있는 약물이 개발된다면, 사람들은 그 약을 몇십 년이고 복용하려 들지도 모른다. 그렇게 되면 함부로 약을 처방하지 않으려는 의료진과 스스로의 의식적 삶을 선택할 권리를 주장하는 사람들 사이에 갈등이 빚어질 수도 있을 것이다.

나는 개방된 사회에서 자율적인 개인으로 살고 싶다. 신기술들을 불법화하여 막는 것은 아무 실익이 없다. 수요가 있다면 불법적으로라도 그것을 공급하는 산업이 생겨날 것이기 때문이다. 미래의 사람들에게는 엑스터시가 정말 뇌를 손상시키는지를 두고 투닥대는 지금이 그야말로 태평성대처럼 보일 터이다. 의식을 조절하는 신종 약물들이 범람하고 아동·청소년들이 정신과 병동 응급실을 흔하게 드나드는 날이 오면 법적 제제, 가짜 뉴스, 물리적 탄압과 같은 구식 전략은 더 이상 듣지 않을 것이다. 기술의 진보를 성숙하고 지혜롭게 활용할 수 있도록 우리 사회가 이성적인 합의점을 찾아야 한다.

수전 당신 스스로의 미래는 어떻게 전망하나?

토마스 나는 원래 미래를 다소 비관적으로 바라보는 편이다. 하지만 기억해야 할 것은 전 세계 일류 사회학자들과 정치학자들 중 베를린 장벽의 붕괴를 예견한 이가 단 한 명도 없었다는 점이다. 만약 그것을 맞힌 사람이 있었다면 지금쯤 엄청난 유명세를 누리고 있지 않았겠나. 인류의 역사는 기본적으로 모든 가능성에 대해 열려 있다. 내일의 일은 그 누구도 알 수 없다.

눈길을 주기 전까지 거기에는
아무것도 없다

케빈 오리건
Kevin O'regan

케빈 오리건
Kevin O'regan

영국의 심리학자 케빈 오리건(1948~)은 서섹스 대학교에서 수리물리학을 전공하였고, 케임브리지 대학원에 진학한 지 2년째 되던 해에 심리학으로 분야를 바꾸어 읽기 활동 중 안구 운동에 관한 연구로 박사 학위를 취득하였다. 이후에는 단어 인식, 변화맹, 시각 경험의 안정성 등에 관한 연구를 수행하였다. 시각의 감각운동 이론을 통해 현상적 경험의 발생 원리를 규명하는 것이 그의 궁극적 목표이다. 연구 외적으로는 브라질 전통 무술인 카포에라Capoeira를 즐겨 한다. 프랑스 파리 국립과학연구소 실험심리학 연구소장으로 재직하다 지난 2013년 퇴임하였다.

수전 당신은 의식 문제를 어떻게 정의하나?

케빈 의식은 언어의 오용에서 비롯된 의사 문제다.

수전 아하!

케빈 사실은 문제될 만한 것이 전혀 없다.

수전 보통 그렇게 말하는 사람들은 무슨 상황인지를 전혀 이해하지 못하고 있거나, 본질을 꿰뚫어 보았거나, 둘 중 하나이던데. 당신은 후자에 속한 것이 맞나?

케빈 우리 모두는 감각, 사고, 존재감 등 삶의 여러 요소들을 아주 생생하게 경험하고 있으며, 과학자들은 그 모두가 각종 두뇌 과정에서 유래한 것이라 보고 있다. 문제는 경험과 두뇌 과정 사이의 연결고리를 규명하는 일인데, 아직은 어떠한 합리적인 물리화학적 메커니즘도 발견되지 않은 상태다.

수전 그게 바로 '의식의 어려운 문제'가 아닌가. 그런데 어째서 그것이 가짜 문제라는 것인가?

케빈 그것이 경험의 본질을 잘못 이해한 데서 비롯된 것이기 때문이다. 20세기 초만 하더라도 생명 현상이란 마법과도 같은 것이었으며, 생명체 속에 생명의 정수Vital essence가 흐른다는 믿음이 팽배했다. 하지만 이른바 유물론의 시대가 도래하고 생명의 여러 요소가 물리화학적인 메커니즘으로 설명되면서 사람들은 생기론적 사고에서 점차 벗어날 수 있었다. 소위 '의식의 어려운 문제'에 관해서도 이러한 패러다임의 전환은 얼마든지 발생할 수 있다. 의식을 두뇌 과정에 의해 형성 혹은 창발되는 단일한 대상으로 바라보는 고정관념을 타파하고 실제로 우리의 경험을 구성하는 각 성분들을 하나씩 규명하다 보면 의식 문제는 자연히 해결될 것이다.

수전 과연 그럴까? 지금 이 순간에도 나의 주관적 경험은 생생한 하나의 장면으로 합쳐져 있다. 그런데 어떻게 의식 문제가 생명 현상과 비견될 수 있는 것인가?

케빈 주관적 경험과 객관적 세계의 존재, 자유의지와 감각질, 행위와 실존 같은 개념들은 모두 밈의 일종이다. 사람들 간에 공유되는 믿음이므로 언제든지 바뀔 수 있다. 수전 당신도 밈 연구자이니 이에 대해 누구보다 잘 알고 있지 않은가.

어린 시절 읽었던 책 한 권이 떠오른다. 20세기 초 물리학자들이 쓴 책이었는데, 책에서 저자들은 생명 현상의 불가사의함을 설명한 뒤 그것이 단백질의 고유 특성으로 인한 것이라는 가설을 조심스레 제안했었다. 물론 그 특성이 무엇인지는 명시되지 않았고. 그 당시 사람들은 생명이 유기체에서 창발하는 불가사의한 현상이라고 인식하고 있었다. 이는 의식을 대하는 우리의 태도와도 사뭇 비슷하지 않나?

수전 의식이 밈 중 하나라는 주장에는 나도 동의한다. 나는 자아의 개념도 밈이 스스로의 존속을 위해 지어낸 이야기라고 생각한다. 하지만 내가 하나로 통합된 의식적 경험을 하고 있다는 사실 자체는 부정하기 어렵다. 간혹 명상을 하면서 차분히 내면을 관조하다 보면 자아가 사라지는 것을 경험하기도 하지만, 그 순간이 지나고 나면 모든 것이 원래대로 돌아오고 만다. 이러한 나의 경험이 모두 환상이라는 말인가?

케빈 그렇다. 지각 경험이 연속적이라는 믿음은 환상에 불과하다. 철학자 나이젤 토마스Nigel Thomas가 고안한 '냉장고 조명 환상'을 생각해 보자. 냉장고의 문을 열면 내부 조명이 켜지는데, 문이 닫힌 뒤에는 어떻게 될까? 아무리 빨리 문을 여닫아도 조명이 꺼지는 것을 볼 수 없는 우리는 냉장고의 조명이 늘 켜져 있다는 느낌을 받게 된다. 우리의 시각도 이와 마찬가지다. 눈을 뜰 때마다 주어지는 풍부한 시각 정보는 우리로 하여금 외부 세계가 계속 실재한다고 믿게끔 하지만, 그 믿음은 틀렸다. 지금 내 눈앞에 있는 것이 무엇인지를 알아보려 하지 않는 한, 거기에는 아무것도 존재하지 않는다. 바로 이 '묻는 행위'가 지각을 가능케 하는 것이다. 다시 말해, 궁금해하지 않으면 지각할 수 없다.

수전 며칠 전 학회장에서 당신에게 처음 이 이야기를 듣고 나도 몇 차례 시도해 봤는데, 아무리 노력해도 외부 세계에 대한 지각이 사라지는 것을 알아채기는 불가능하더라.

케빈 사람들이 특히 받아들이기 어려워하는 것은 시각이 뇌 속에서 발생하는 사건이 아니라는 사실이다. 대부분의 신경과학자들은 두뇌 활동을 의식적 경험의 상관물로 여기고, 그로부터 의식의 근원을 찾으려 하고 있다. 하지만 세포의 활동을 의식이라는 비물리적 존재로 재구성하는 신비한 물리화학적 메커니즘의 존재를 가정하지 않는 이상, 뇌세포의 발화가 의식적 경험이라는 그들의 주장은 참이 될 수 없다.

의식적 경험을 뇌 속에 있는 어떤 대상이 아니라, 뇌의 기능이자 능력Capacity으로 바라보면 문제는 깔끔하게 해결된다. 기저의 신경 과정들이 의식을 가능케 하는 것은 사실이지만, 신경 활동 '그 자체'가 의식인 것은 아니라는 말이다.

이는 부자가 되는 것과도 비슷하다. 부자가 되면 할 수 있는 것이 굉장히 많아진다. 거액의 현금을 인출할 수도, 보증수표를 쓰거나 초호화 크루즈 여행을 떠날 수도 있다. 하지만 자신의 부유함을 느끼기 위해서 반드시 무언가를 해야 하는 것은 아니다. '부유한 느낌'은 뇌 속에서 일어나는 사건이 아닌, 자신의 능력 — 원한다면 무엇이든지 할 수 있음 — 을 자각하는 일이다.

수전 그게 시각과 무슨 관련이 있나? 원한다면 언제든 외부 세계를 쳐다볼 수 있다는 사실이 외부 세계가 존재한다는 환상으로 이어진다는 뜻인가?

케빈 단순히 쳐다보는 것만으로는 경험이 일어나지 않는다. 경험은 눈의 움직임에 따른 감각 신호의 변화를 예측하는 작용이다.

시선을 움직여 새로운 사물을 바라보면 의식적 경험이 발생한다는 관념을 버려야 한다. 시각은 스냅 사진을 찍는 것이 아니라 눈과 몸, 사물의 움직임에 따라 빛 자극이 어떻게 변화하는지를 이해하는 과정이다. 물론 사물을 보기 위해 반드시 몸을 움직여야 하는 것은 아니지만 말이다.

사실 시각과 부유함 사이에는 시각이 행동과 더 밀접하게 관련되어 있다는 점에서 상당한 차이가 있다. 눈을 감는 순간 시야는 사라진다. 안구나 신체의 근육을 살짝만 움직이더라도 눈으로 유입되는 감각 신호는 완전히 변한다. 그러나 나의 통장 잔고는 단순히 눈을 깜빡인다고 변하지는 않는다. 부자가 되는 느낌과 무언가를 보는 느낌의 차이는 여기서 비롯된다.

이처럼 나의 이론을 적용하면 여러 느낌들 간의 차이를 정형화·체계화하는 것이 가능하다. 우리의 오감은 특정한 몸의 움직임과 밀접하게 연관되어 있다. 그에 반해 부유함, 행복함, 가난함과 같은 느낌들은 행동과의 연관성이 비교적 낮기 때문에 개념적이고도 추상적으로 느껴지는 것이다.

이뿐만 아니라 나의 이론은 의식의 여러 미스터리에 대해서도 만족스러운 답을 제공할 수 있다. 예컨대 왜 우리는 소리를 보거나, 냄새를 듣거나, 모양을 맡을 수 없는 것일까? 일반적인 과학자들은 특정 감각 자극이 그에 대응하는 감각 피질만을 활성화시키기 때문이라고 답하겠지만, 그러한 방식의 설명은 아무것도 말해 주지 않는다. 시각피질의 구조가 청각피질과 다르지 않은데 왜 굳이 시각피질의 세포만이 시각 경험을 유발해야 한다는 말인가. 이처럼 여러 감각 간의 차이를 두뇌 과정에 근거해서만 설명하려 하면 각각의 감각이 왜 특정 뇌 영역에서만 발생하는지를 답해야 하는 더 복잡한 상황에 놓일 수밖에 없다.

하지만 나의 이론으로는 이 모든 문제를 아주 손쉽게 설명해 낼 수 있다. 시각을 느끼는 것은 시각 신호가 신체의 특정한 움직임에 따라 변화하기 때문이다. 눈을 감으면 시야가 어두워지고, 앞으로 걸어가면 그에 따라 망막에 맺히는 상의 크기가 달라지게 된다. 반면 눈을 감는 일은 청각 정보에는 아무런 변화를 주지 않는다. 우리가 소리를 듣는 것은 머리의 움직임에 따라 양쪽 귀에 유입되는 소리가 일정한 규칙에 따라 변화하기 때문이다. 다시 말해, 행동에 따라 입력 신호가 변화하는 규칙을 이해하는 것이 바로 감각 경험이다.

수전 실제로 시각을 경험하는 것과 무언가를 상상하는 것이 다른 것은 그 때문인가?

케빈 그렇다. 환각이나 꿈의 경우도 마찬가지다. 꿈속에서는 눈을 깜빡여도 아무 일도 일어나지 않으며, 일반적인 물리 법칙들도 적용되지 않는다. 얼마 전에 특수 장비를 이용하여 시각 정보를 촉각 정보로 변환함으로써 맹인에게 시각과 유사한 제6의 감각을 느끼게 만들어 준 사례가 있었다. 이 장비를 사용하면 앞을 볼 수 없더라도 멀리 떨어진 사물의 존재를 느낄 수 있는데, 이러한 감각 치환Sensory substitution 현상도 나의 이론으로 단번에 설명할 수 있다.

수전 실제로 박쥐는 메아리를 이용해 물체를 본다. 당신의 이론으로 박쥐의 경험도 설명할 수 있을까?

케빈 나의 이론에서는 시각 경험이 눈의 작동 원리와 밀접하게 연관되어 있다고 설명하므로, 눈을 다른 기관으로 갈아 끼우지 않는 이상 박쥐의 경험을 직접 느끼기는 힘들 것으로 보인다. (흰 종이에 빨간색 펜으로 점을 찍으며) 자, 당신이 이 점을 똑바로 바라보면 망막의 중심와Fovea에 위치한 적색 원추세포가 활성화될 것이다. 원추세포의 밀도는 중심와에서 멀어짐에 따라 급속도로 낮아지며, 망막은 같은 빛에 대해서도 초점이 맺히는 위치에 따라 제각기 다른 반응을 보인다. 따라서 당신이 시선을 조금만 돌리더라도 이 점이 주는 느낌은 달라지게 될 것이다. 이는 단일한 개념으로서의 '빨간색'이란 존재하지 않으며, 색깔은 신체의 움직임에 따라 표면의 반사광이 달라지는 방식 중 하나에 불과하다는 것을 보여 준다.

수전 빨간색은 감각질의 대표적인 예시로 자주 언급되는데, 심리학이나 신경생리학에서는 색깔이 물체의 자체적 특성이 아닌 빛·눈·신경계의 상호작용으로부터 창발하는 것이라고 설명한다. 당신의 주장은 가만히 응시할 때와 눈을 이리저리 움직일 때 우리가 다른 종류의 빨간색을 느낀다는 것인데, 이는 실제로 내가 경험하고 있는 바와는 많이 다른 것 같다. 내가 틀린 것인가?

케빈 내가 말하고자 하는 바는 우리의 경험이 두뇌 과정으로 인한 것이 아니라 뇌의 자체적 능력에 기초하고 있다는 것이다. 이러한 관점에서 보면 어째서 내 통장 잔고가 빨간색보다 덜 생생하게 느껴지는지, 시각과 청각은 왜 다른지, 고통은 무엇인지도 이해할 수 있다. 특히 고통은 그것을 일으키는 원인에 주의를 집중할 수밖에 없게 만든다는 점에서 다른 감각들과는 다르다.

수전 결국 경험을 이해하려면 그 경험으로 인해 가능해지는 것이 무엇인지를 보아야 한다는 것인가?

케빈 얼추 맞다. 한 가지만 바로잡자면, 경험은 무언가를 가능케 하는 것이 아니다. 경험 그 자체가 행위의 일종이라고 보는 것이 옳다.

수전 당신의 이론을 검증할 방법으로는 무엇이 있나?

케빈 나는 오랫동안 변화맹이라는 현상을 연구해 왔다. 우리는 자신이 아주 풍부한 시각 경험을 하고 있다고 여기지만, 특정한 환경에서는 눈앞의 장면에 커다란 변화가 일어나더라도 이를 알아채지 못한다. 변화맹 현상은 우리의 마음속에 외부 세계에 대한 내부적 표상이 형성된다는 심리학적 통념에 의문을 제기한다. 나의 이론에 의하면, 외부 세계에 대한 내부 복사본은 필요하지 않다. 우리는 외부 세계를 뇌 속에 재현Re-present하는 것이 아니라, 오히려 그것을 기억이 담길 수 있는 도구로 활용한다.

수전 아직 알 듯 말 듯한데, 좀 더 명확하게 짚고 넘어가고 싶다. 기존 신경과학에서는 경험이 외부 세계에 대한 풍부한 내적 표상을 형성하는 일이라고 설명하지만, 당신의 주장은 외부 세계의 정보는 내적으로 표상되는 것이 아니라 늘 그 자리에 있고, 뇌는 필요할 때만 그로부터 약간의 정보만을 얻어 온다는 것인가?

케빈 거의 정확하다.

수전 또 '거의'인 건가!

케빈 내가 '거의'라고 말한 것은 당신이 '정보를 얻는다'고 말했기 때문이다. 그러한 표현은 정보가 획득된 뒤에 뇌 속으로 집어넣어진다는 의미를 내포하는데, 그게 잘못된 생각이다. 의식적 경험은 환경 속 우리의 행동으로부터 생겨나는 것이다.

수전 당신의 이론을 이해하려면 기존의 관점을 아예 내다 버려야 할 것 같다.

케빈 나는 당신이 이 정도로 따라잡은 것도 놀랍다.

수전 그렇다면 다행이지만, 더 완벽히 이해하고 싶다. 그래야 당신의 이론을 정말로 받아들일지 말지 마음을 정할 수 있을 테니까 말이다. 그럼 이번에는 변화맹 실험에 관해서 좀 더 설명해 달라.

케빈 좋다. 우선은 실험의 개요와 사람들이 놀란 이유를 언급한 뒤에, 그에 대한 해석을 이야기하겠다. 변화맹 실험에서 우리는 피험자로 하여금 어떤 그림을 바라보게 하다가 장면의 일부에 변화를 준다. 만약 그 그림이 파리의 거리 풍경이었다면, 노트르담 성당이 갑자기 그림 너비의 4분의 1만큼 옆으로 움직이는 식이다. 일반적인 상황이라면 피험자는 장면의 변화를 곧바로 알아챈다. 하지만 그림이 바뀌기 직전에 0.2초 정도 빈 화면을 보여 주면 — 즉 화면을 짧게 깜빡이면 — 피험자들은 그 변화를 식별하지 못한다. 실험이 끝난 뒤 배경의 건물이 움직였음을 알려 주면, 사람들은 자신들이 눈앞에서 벌어진 일을 알아채지 못했다는 사실에 깜짝 놀란다.

수전 피험자에게 그림을 보여 주다가 화면을 깜박이고 그림에 커다란 변화를 주면 피험자들이 그 변화를 알아채지 못한다는 것인가?

케빈 그렇다. 설령 그들이 변화가 일어나는 지점을 응시하고 있더라도 말이다.

수전 도대체 왜 그런 일이 일어나는 것인가?

케빈 나의 해석은 다음과 같다. 우리는 그림에 대한 내부적 표상을 형성하지 않으며, 뇌는 오히려 그 그림을 일종의 외부 기억 장치로 활용한다. 장면의 변화를 감지하는 유일한 방법은 바뀌기 전의 모습을 기억하는 것인데, 그러기에 뇌의 기억력은 턱없이 모자라다. 가령 당신이 어떤 사진을 쳐다본 직후에 눈을 감고 그 사진의 내용을 상기한다면, 사물의 종류 정도는 말할 수 있겠지만 개별 사물의 무늬나 상대적 배치와 같은 세부 특징을 떠올리기는 어려울 것이다. 사진을 보고 얻는 것은 그에 관한 의미론적 서술뿐이다. 마치 책을 읽을 때처럼 말이다.

따라서 나는 시각 경험이 일어날 때 우리 뇌에서는 아주 간단한 의미론적 서술을 제외하고는 어떠한 내부적 표상이나 지식도 형성되지 않는다고 생각한다. 눈을 뜨면 이러한 서술이 눈앞의 시각 정보들로 가득 채워지므로 그 장면이 실재하는 것처럼 느껴지게 된다. 거기서 더 알고 싶은 정보가 있다면 — 가령 이 방의 카펫 무늬를 알고 싶다면 — 그것을 쳐다보고 아주 조금의 주의를 기울이는 것만으로도 충분하다.

다시 냉장고 조명의 비유를 차용하자면, 당신이 카펫의 무늬를 보고 있다고 느끼는 이유는 궁금할 때마다 눈을 움직여 그에 대한 정보를 얻을 수 있기 때문이다.

수전 무언가를 바라보는 순간에는 풍부한 정보가 주어지지만, 눈길을 다른 곳으로 돌리면 그 정보가 이내 사라진다는 것인가? 고정된 표상이란 없고, 장면과 장면 사이에도 시각 기억이 지속되지 않는다는….

케빈 한 가지 틀린 부분이 있다.

수전 세상에, 또 틀렸다니. 하지만 이번 기회에 꼭 당신의 이론을 제대로 이해하고 싶다. 그러니 모쪼록 바로잡아 달라.

케빈 당신은 방금 '정보가 주어진다'라고 말했는데, 그건 틀린 표현이다. 당신이 카펫의 색을 느끼는 것은 카펫에서 반사된 빛이 색깔에 대응하는 내부 표상을 활성화했기 때문이 아니라, 당신이 카펫을 바라보면서 "이것은 무슨 무늬일까?"와 같은 질문을 스스로에게 던지고 그에 대한 답을 구하려 했기 때문이다. 그저 바라본다는 건 있을 수 없으며, 궁금해하지 않은 것은 의식할 수 없다.

수전 시선 도약Saccade이 일어난 후 외부 사물에 대해 궁금해하고 주의를 기울이는 과정이 바로 경험이며, 다시 눈을 돌려 다른 대상에 집중하면 기존의 경험은 사라진다는 것인가.

케빈 그렇다. 안구의 움직임 뒤에 남는 것은 장면에 대한 비시각적이고 의미론적인 서술뿐이다.

수전 참으로 독특한 관점인데, 실험 결과에 대한 설명을 들으니 조금씩 가닥이 잡히는 듯도 하다. 나에게 주어진 것은 아주 엉성한 의미론적 서술이나 개념들에 불과하다는 것, 외부 세계는 표상의 형태로 머릿속에 저장되는 것이 아니라 우리가 주의를 기울이고 의문을 던지지 않는 한 거기 그대로 놓여 있을 뿐이라는 것도 말이다.

　하지만 이는 우리의 일상적 경험과는 다르지 않나?

케빈 내적 표상에 대한 고정관념을 버리고, 시각 경험을 감각과 운동의 상호관계성Sensorimotor contingency의 법칙들을 검증하는 행위로 생각해 보라. 그러면 실제 경험과도 부합할 것이다.

수전 그 행위를 수행하는 '나'는 누구인가?

케빈 나는 철학자가 아니기 때문에 확실한 답을 알지는 못하지만, 나는 데닛의 주장이나 당신의 밈 이론에 동감하는 편이다. 나는 자아가 그저 '나'의 행동을 간편하게 설명하기 위해 만들어진 사회적 산물일 거라고 생각한다. 이 때문에 혹자는 나를 행동주의자 혹은 '신-행동주의자Neo-behaviourist'로 규정하기도 했다.

수전 신체로서의 '나'와 의식적인 행위 주체자로서의 '나'를 별개의 존재로 보는 것인가?

케빈 그러한 구분법은 행동의 주체를 쉽게 설명하기 위한 사회적 환상이자 도구이다. 뇌가 자아와 의식을 경험하기 위해서는 특별한 부가적 메커니즘이 필요치 않다.

수전　오늘 당신은 '환상'이라는 단어를 수 차례 입에 올렸는데, 무언가가 환상이라는 말은 그것이 아예 존재하지 않음을 뜻하기도 하지만, 우리의 이해가 잘못되었음을 뜻하기도 한다. 당신이 말하고자 한 것은 둘 중 무엇인가? 또한 우리의 일상 경험 가운데 환상이 차지하는 비율은 얼마큼인가?

케빈　환상이라는 말에 오해의 소지가 있는 것은 사실이다. 몇몇 철학자들은 "시각은 환상이다"라는 것 자체가 논리적으로 성립하지 않는 문장이라며 나를 힐난하기도 했다. 시각은 시각일 뿐이므로 정의상 결코 환상일 수 없다는 것이 그들의 논지였다. 하지만 나는 우리의 직관이나 오늘날의 학문이 시각의 본질을 제대로 파악하지 못하고 있다는 것을 지적하고 싶었다. 환상이라는 표현은 일종의 충격 요법인 것이다.

수전　우리가 시각을 잘못 정의하고 있다는 말을 하고 싶었던 거라면, 환상이라는 표현이 적합할지도 모르겠다. 그러고 보니 의식 연구계에서는 개념의 재정의가 다른 분야에 비해 특히 자주 일어나는 것 같다.

케빈　예전에 《네이처》지에 진흙 얼룩에 관한 논문을 투고했던 일이 떠오른다. 당시 두 명의 논문 심사자 중 한 명은 긍정적인 반응을 나타냈지만, 나머지 한 명은 시각 기억이 존재하지 않는다는 것은 이미 잘 알려진 사실이라며, 우리 논문의 결론이 너무

뻔하다는 부정적인 평가를 내렸다. 학술지 편집자는 심사자들의 의견이 엇갈린 탓에 게재를 승인할 수 없을 것 같다고 전해 왔고, 나는 다음과 같이 아주 기발한 답변을 적어 보냈다. "저희는 심사자들의 의견 충돌을 겸허히 받아들입니다. 하지만 과학계의 상황도 이와 마찬가지라 생각됩니다. 어느 연구든 긍정적 평가와 부정적 평가가 공존하지 않습니까. 과학에서 이러한 논쟁은 필연적인 것일진대, 어떻게 귀하의 학술지인들 이로부터 자유로울 수 있겠습니까?" 그리하여 우리 논문은 《네이처》지에 실릴 수 있었다.

수전 당신의 그 논문은 화면 전체가 아니라 일부만이 깜박여도 변화맹이 일어날 수 있음을 시사하고 있다. 만일 그것이 사실이라면 조금 걱정스럽기도 한데, 운전 중에 보행자나 상대편 차량이 불쑥 나타나면 이를 알아채지 못할 수도 있는 것이 아닌가?

케빈 그렇다. 사실 변화맹을 유도하는 데는 얼룩의 크기도 그다지 중요치 않다. 작은 얼룩 몇 개만으로도 충분히 가능하다.

수전 지금까지 당신은 여러 실험을 통해 시각을 획기적으로 재정의하는 새로운 이론을 제시했다. 그렇다면 이러한 연구 결과가 당신의 일상생활이나 대인 관계에는 어떠한 영향을 주었나?

케빈 거의 달라진 게 없다. 나는 내가 로봇에 불과하다는 사실을 이미 알고 있었고, 단지 그것을 다른 이들에게 알리려 했을 뿐이다.

수전 언제, 무슨 계기로 당신이 로봇이라는 생각을 하게 된 것인가? 혹시 당신은 태어날 때부터 좀비였던 것은 아닌가?

케빈 나는 어린 시절부터 줄곧 로봇이 되기를 소망했었다. 나는 인생에서 가장 심각한 문제는 우리가 통제 불가능한 욕망의 지배를 받고 있다는 사실이라고 생각한다. 로봇이 되어 욕망의 주인으로 거듭날 수 있다면 우리의 삶은 지금보다는 훨씬 더 나아지지 않을까.

수전 아, 나는 〈스타 트렉Star Trek〉 시리즈의 주인공인 데이터Data처럼 아예 감정이 없는 로봇을 생각했는데, 당신이 말하는 로봇은 욕망과 감정을 느끼되 그것을 완전히 통제할 수 있는 존재로군.

케빈 감정은 참으로 난해한 주제이지만 꼭 한 번쯤은 연구해 보고 싶기도 하다. 어쩌면 나의 이론을 감정 경험으로도 확장할 수 있지 않을까 하는 예감도 든다. '사랑'을 예로 들어 보자. 사랑이란 무엇일까? 과연 우리는 실제로 사랑을 느낄까? 상대와의 전화 통화가 영영 끊기지 않기를 바라는 것, 집 앞 카페로 마중 나가 한시라도 빨리 그를 만나고 싶어하는 것이 사랑이 아닐까? 어쩌면 사랑은 사랑하기 때문에 할 수 있는 행위의 집합에 불과할지도 모른다. 만일 그렇다면 사랑의 느낌을 감각과 운동의 상호관계로 설명하는 것도 가능할 것이고, 결국에는 사랑도 이성의 힘으로 통제할 수 있을 것이다.

수전 앞으로도 할 일이 무궁무진한 것 같다!

그나저나 '투손 학회'에서 대니얼 웨그너가 말하기를, 모든 의식 연구자들은 '로봇 마니아Robo-geek'나 '불량 과학자Bad scientist',

둘 중 하나라던데, 당신은 분명 로봇 마니아인 데다가….

케빈 두말하면 잔소리다.

수전 …당신을 제외한 나머지 사람들을 모두 불량 과학자로 보고 있을 것 같다.

케빈 그건 아니다. 다들 실제로는 로봇 마니아면서 그것을 스스로 깨닫지 못하고 있을 뿐이다.

수전 어쩌다가 로봇 마니아의 길에 들어선 것인가? 어릴 때부터 의식에 대한 고민을 했었나?

케빈 그렇다. 내가 10살 무렵, 어머니께서 책장에 신경해부학 서적을 한 권 꽂아 두셨는데, 어린 나는 그 책을 들여다보고 신경 회로들을 공부하며 많은 시간을 보냈다. 그 당시에도 나는 어떻게 그렇게 작은 신경 회로들이 경험을 유발할 수 있는지가 참 궁금했었다.

수전 '어려운 문제'라는 말이 채 생기기도 전에 그 문제를 고민했었던 거로군.

케빈 그렇다.

수전 당신은 당신 자신을 하나의 로봇으로 여기고 있지만, 나를 포함한 대다수의 이들은 스스로가 로봇 이상의 존재라 믿으며 살고 있다. 이 때문에 소외감을 느낀 적은 없었나?

케빈 그에 대해서는 전혀 개의치 않는다. 자신이 로봇이 아니라는 환상에 사로잡혀 괴로워하는 이들이 안타까울 따름이다.

수전 의식 연구자가 된 덕분에 당신의 생각을 퍼뜨리기가 조금은 용이해졌을 것 같은데.

케빈 사람들이 예전보다 내 이론에 더 많은 관심을 보이는 것은 사실이다. 하지만 여전히 많은 이들이 거부감을 거세게 표출하고 는 한다. 눈앞에 펼쳐진 이 생생한 광경이 환상에 불과하며, 스스로가 인간이 아닌 로봇이라는 사실을 받아들이는 것은 결코 쉬운 일이 아닐 것이다.

수전 그로 인해 인간의 존엄성이 훼손되지는 않을까?

케빈 전혀 그렇지 않다. 로봇이라고 해서 느낌이 없는 것은 아니다. 나 역시 다른 모든 이들처럼 고통과 사랑을 느끼거나 예술을 음미할 수 있다. 나는 단지 그러한 현상을 설명하기 위해 어떤 마법 같은 메커니즘이 필요하지는 않다는 말을 하려는 것이다.

수전 죽음 이후에도 의식이 존재할 수 있을까?

케빈 머지않은 미래에 인격을 컴퓨터로 다운로드하는 기술이 완성되고 나면 육체가 죽더라도 가상 세계에서 새로운 삶을 영위할 수 있게 될 거라 본다.

수전 당신에게는 자유의지가 있나?

케빈 그렇다. 모두가 다 그렇게 믿으며 살고 있지 않을까? 물론 로봇에게는 자유의지가 없지만 말이다.

진정한 이해는 계산 너머에 있다

로저 펜로즈
Roger Penrose

로저 펜로즈
Roger Penrose

로저 펜로즈 경(1931~)은 영국 런던 태생의 수학자이자 물리학자로, 케임브리지 대학교에서 대수기하학으로 박사 학위를 취득하였다. 순수수학 및 응용수학 분야에서 자신의 이름을 딴 테셀레이션(Tessellation : 평면을 채우는 반복 패턴)인 펜로즈 타일을 발견하는 등 다방면으로 활약하였고, 우주론 분야로 전향한 이후에는 트위스터 이론 등을 고안하는 뛰어난 업적을 세웠다. 스티븐 호킹과 협업한 것으로도 잘 알려져 있는 펜로즈는 1973년 옥스퍼드 대학교 수학과 석좌교수가 되었고, 1994년에는 과학의 발전에 기여한 공로를 인정받아 기사 작위를 수여받았다. 의식과 양자역학의 연관성에 관한 그의 연구는 저서 『황제의 새 마음』(1989) 및 『마음의 그림자Shadows of the Mind』(1994)에서 찾아볼 수 있다.

수전 의식 문제가 이토록 어렵고도 흥미로운 이유는 무엇인가?

로저 그 이유는 다양하지만, 한 가지 분명한 것은 오늘날의 물리학으로는 왜 어떤 것에는 의식이 있고 다른 것에는 의식이 없는지를 설명할 수 없다는 점이다.

수전 의식이 있는 것과 없는 것이 정말 구별 가능한가? 그 경계를 어디에 긋든 실제로 검증할 수는 없지 않은가.

로저 글쎄, 중요한 것은 의식의 유무가 아니라 의식의 수준일지도 모른다.

수전 어쨌든 그걸 판별할 방법이 없지 않나.

로저 당신이 무슨 말을 하려는 것인지는 알겠는데, 그건 좀 심하게 비관적인 태도 같다.

수전 그런가? 왜 그렇게 생각하나?

로저 영원히 풀리지 않을 것 같던 미스터리가 간접적으로 해결된 사례는 과학사에서 쉽게 찾아볼 수 있다. 별의 표면에 착륙하여 시료를 채취하지 않고도 그 별을 이루는 원소를 아주 명확히 특정할 수 있는 것이 그 예이다.

수전 그렇다면 어느 동물이나 식물에게 의식이 있는지 판별하는 것이 가능해질 날도 올까?

로저　나는 그럴 거라고 믿고 있다. 하지만 이건 내가 원래 미래를 낙관하는 편이라서 하는 말이니, 구체적인 방안 같은 건 묻지 마시라. 그 시기가 온다 해도 아마도 가까운 미래는 아닐 것이다.

수전　당신은 본래 수학자였는데, 어쩌다가 의식에 관심을 갖게 된 것인가?

로저　의식 문제는 내 아버지가 일생 동안 탐구했던 주제이기도 하기 때문에, 어찌 보면 나는 제자리로 돌아온 셈이다. 다만 아버지는 나와는 달리 인간유전학자가 되어 유전인자와 환경이 지능이나 의식에 미치는 영향을 탐구하는 길을 택했다. 아버지는 의식에 관한 철학적 질문들에도 지대한 관심을 가지고 있었다.

수전　그렇다면 성장 과정에서 그러한 문제들을 자연스레 접할 수 있었을 것 같다. 당신도 대학생 시절 의식 문제에 관심이 있었나?

로저　그렇다. 나는 런던 대학교에서 대학 생활을 보냈는데, 대학생들이 으레 그러하듯 나 역시 친구들과 철학에 관한 토론을 종종 벌이곤 했다. 하지만 내가 의식 연구를 업으로 삼기로 결심한 것은 케임브리지 대학원에서 순수수학을 전공할 때였다.

케임브리지에서는 매 학기 양질의 강좌가 수도 없이 열리는데, 특히 나는 디랙Dirac의 양자역학 강의와 본디Bondi의 일반 상대성 이론 강의를 아주 인상 깊게 수강했었다. 본디의 수업은 매우 직관적이고 에너지가 넘쳤던 반면, 디랙은 극적인 요소 없이 엄밀성 하나로 승부했었다. 나는 어느 논리학 강의를 수강하기도 했었는데, 거기서는 튜링 기계나 괴델의 불완전성의 정리와 같이 차후 나의 의식 연구에 크나큰 영향을 준 여러 개념들을 접할 수 있었다.

수전 그 강의들로부터 구체적으로 어떤 영감을 받았던 것인가?

로저 대학원 수업을 듣기 전의 나는 컴퓨터밖에 모르던 계산주의자였다. 얼핏 들은 적이 있던 괴델의 정리에 대해서는 약간의 불쾌감을 갖고 있을 뿐이었다. 그때 나는 괴델의 정리가 '우리가 결코 알 수 없을 무언가가 있음'을 뜻한다고 믿고 있었는데, 그 논리학 강의를 수강하고 나서야 내 생각이 완전히 틀렸음을 알게 되었다. 사실 괴델은 '어떤 형식 체계에는 그것의 규칙만으로는 알 수 없는 것이 있음'을 말하고자 했던 것이었다. 진리에 도달하기 위해서는 바람직한 방법론을 사용해야 하는 것은 물론, 거기에 의식과 이해력Understanding이 뒷받침되어야 한다. 다시 말해, 단순히 규칙에 따르는 것에 그치지 않고, 그 규칙들이 작동하는 이유를 이해하여 그 규칙의 체계를 초월해야만 하는 것이다.

수전 이제야 왜 당신이 의식을 '계산 불가능한 함수Noncomputable functions'의 개념과 결부시켰는지 알 것 같다. 그에 관한 일화를 좀 더 들려 달라.

로저 나는 대학원생 시절 이미 의식적 이해력이 순수 계산의 영역에서 벗어나 있다는 것을 알고 있었다. 나는 표준적인 과학 교육을 받으며 자랐으므로, 그것이 과학에 속한 것이 아니라고, 적어도 일반적 의미의 과학과는 많이 다를 거라고 여겼다. 그러다 디랙의 강의를 듣고 나서는 양자역학에 관해 고민하기 시작했고, 현대 화학에도 커다란 간극이 있었음을 점차 깨닫게 되었다.

내가 말한 이 간극은 ― 디랙의 강의를 제외한 ― 일반적인 양자역학 수업에서는 그다지 깊이 다루어지지 않는다. 시험을 무사히 치르는 것이 목적인 보통 학생들도 여기에 별다른 관심을 기울이지 않는다. 학생들은 이론의 함의나 오류에 대해 필요 이상의 관심을 쏟지 않으며, 계산 과정이 엉망이더라도 그냥 받아들이기 일쑤다.

수전 당신이 그 사고의 틀에서 벗어날 수 있었던 방법이 궁금하다.

로저 내가 물리학 전공자가 아닐뿐더러 그 강의를 의무적으로 수강한 것이 아니었기 때문이다.

수전 그후로는 무슨 일이 있었나? 어쩌다가 미세소관을 연구하기 시작한 것인가?

로저 당시 나는 인간의 이해력에는 계산을 넘어선 무언가가 있으며, 그것이 양자역학의 결함과 연관되어 있다고 믿고 있었다.

그러던 어느 날 나는 인공지능 연구자인 에드워드 프레드킨 Edward Fredkin과 마빈 민스키 Marvin Minsky가 텔레비전에 출연한 것을 보게 되었는데, 그들은 다가올 미래에는 ― 운이 좋으면 ― 인간이 컴퓨터의 애완동물이 될 거라는 말도 안 되는 주장을 해댔다. 그걸 본 나는 계산주의를 과학적으로 반박하는 책을 저술하기로 결심했다.

수전　그 책이 바로 『황제의 새 마음』인가?

로저　그렇다. 급하게 써내느라 많은 비판을 받기도 했었던 책이다. 나도 참 많이 미숙했고.

수전　유명 작가로서의 삶이 어떠한지를 몰랐던 것이었겠지!

로저　책을 쓰고 나면 그걸로 끝일 줄 알았다. 나는 심지어 누가 내 책을 사서 읽을 거라는 기대도 하지 않았다. 우선은 독자가 있다는 사실에 놀랐고, 그들이 내용을 곡해하는 것에 또 한 번 놀랐다. 실로 엄청난 경험이었다.

수전　그렇다면 이 자리에서 무엇이 곡해되었는지를 명확하게 바로잡아 달라. 나는 당신이 수학자여서 논리적 계산이 불가능한 것들을 이해하거나 꿰뚫어 볼 수 있다고 말한 기억이 나는데.

로저　그 발언 때문에도 나는 적잖은 공격에 시달렸었다. 사람들은 내가 수학을 전공하지 않은 일반인들의 지적 능력을 무시했다고 생각하더라. 사실 그런 뜻은 전혀 없었는데 말이다.

수전　당신이 어느 날 길을 걷다가 넘어진 일화를 들은 적도 있는 것 같은데, 그건 뭔가?

로저　그건 내가 상대론을 연구하던 시절에 있었던 일인데, 그 당시 나는 블랙홀의 존재를 순수수학의 관점에서 증명하려 하고 있었다. 그러던 어느 날, 친구와 이야기하며 길을 걷다가 건널목을 건너느라 대화가 잠깐 끊긴 시점에 불현듯 기발한 아이디어가 하나 떠올랐다. 하지만 길을 건너고 대화가 다시 시작되자 그 아이디어는 흔적도 없이 사라졌다. 친구와 헤어지고 나서도 나는 들뜬 마음이 좀체 가라앉지 않았는데, 도대체 그 이유를 종잡을 수 없었다. 그래서 그날 있었던 일을 차례로 반추하다가 건널목에까지 생각이 닿자 들뜬 마음의 원인이었던 그 아이디어가 다시 떠올랐다. 그것은 문제를 해결하기 위해 필요한 핵심 단서였기에 그날 이후로 내 연구도 술술 풀릴 수 있었다.

수전 그 일화가 의식과는 어떤 관련이 있나? 혹시 그 아이디어가 일종의 무의식이라고도 말할 수 있을까?

로저 수학에서는 아이디어도 앞뒤가 맞아야 한다. 별난 상상은 누구나 할 수 있지만, 논리적인 내용이 아니라면 학문적 결실로 이어질 수 없다. 무의식이 쏟아 내는 여러 아이디어를 잘 엮어 내기 위해서는 의식의 힘이 필요한데, 이것이 의식이 우리에게 없어서는 안 될 또 하나의 이유이기도 하다.

수전 하지만 의식이 계산 불가능성에 관한 것이라는 당신의 주장은 쉽게 받아들이기 어렵다. 지금 당신의 뇌에는 당신이 일생 동안 배운 수학이나 물리학의 개념들은 물론, 기타 배경지식, 후천적으로 습득한 기술들, 타고난 능력들도 담겨 있을 것이다. 그때 건널목에서 당신이 그 아이디어를 떠올린 것은 병렬적으로 처리되던 여러 정보들이 우연히 하나로 합쳐졌기 때문이라고 설명할 수 있다. 그런데 어째서 여기에 비계산적인 요소가 개입되어야 하는 것인가? 왜 우리는 계산을 초월해야만 하나?

로저 그건 우리 뇌가 계산 능력뿐만 아니라 의식적 이해력을 갖고 있기 때문이다. 이건 괴델의 이론에서 곧바로 도출되는 건데,

사람들이 왜 자꾸 이 부분을 공격하는지 나는 잘 모르겠다.

수전 좀 더 부연 설명을 해 달라. 어째서 이해력은 비계산적인 것인가?

로저 이해에는 자각이 필요하며, 거기에는 의식이 관여한다는 것, 이것이 바로 주된 근거다.

수전 그걸 어떻게 입증할 수 있나?

로저 단어 자체의 용례를 보라. 우리는 어떤 것을 자각하지도 못했는데 그것을 이해했다고 말하지는 않는다.

수전 글쎄, 이해력이 요구되는 행동을 무의식적으로 수행하는 경우도 있지 않을까? 예컨대 떨어지는 물건을 제때 잡아 낸다든가….

로저 그건 반사작용이기 때문에 이해력이 필요 없다.

수전 아주 낮은 수준이기는 해도, 반사작용 역시 이해력의 일종이 아닐까?

로저 당신은 '이해'라는 말을 나보다 더 광의적으로 사용하고 있는 듯하다. 내가 말한 '이해'는 아마도 당신에게는 '의식적 이해'에 해당할 것 같다. 떨어지는 공을 잡는 일은 무의식적으로도 할 수 있다. 이해하지 않고서 그냥 행동하는 거다.

수전 당신이 말한 이해는 의식을 필요로 함을 잘 알겠다. 그렇다면 의식은 무엇인가? 당신의 이 급진적인 주장들을 제대로 이해하려면 우선은 용어부터 정리하고 시작해야 할 것 같다.

로저 사람들이 컴퓨터를 사용하는 것을 보면 곧바로 알 수 있다. 컴퓨터가 아무리 대단한 연산을 수행하더라도, 그 결과값이 의미하는 바를 해석할 수 없다면 아무 소용이 없을 것이다.

수전 인간은 컴퓨터와는 달리 자신의 행동의 의미를 이해할 수 있다는 말을 하고자 하는 것인가? 존 설의 중국어 방 논증이나 '구문론 대 의미론' 논증과도 비슷한 이야기처럼 들리는데.

로저 그렇다. 나는 설의 그 논증이 참으로 가치 있는 사고 실험이라고 줄곧 생각했었다.

수전 당신이 보기엔 어떤가? 중국어 방 속에 들어가 있는 사람, 혹은 그 사람과 중국어 방을 하나로 묶은 계가 중국어를 이해하고 있다고 말할 수 있을까?

로저 아니, 그렇지 않다. 그 점에서 나는 설과 의견을 같이한다.

이쯤에서 괴델 얘기를 마저 하고 싶다. 그게 내 이론의 핵심이기도 하고, 가장 많이 공격받은 부분이기도 하기 때문이다.

페르마의 마지막 정리처럼 명징하게 표현된 수학적 명제를 증명하려 한다고 가정하자. 만일 그 명제의 형태가 단순하다면 — 시간이 오래 걸릴 수는 있어도 — 참과 거짓을 객관적으로 가리는 것이 가능하다. 어떠한 명제의 진위 판별은 특정 공리계, 즉 정해진 규칙과 절차하에서 이루어지며, 공리계의 규칙을 잘 따랐다면 그 결론은 신뢰될 수 있다. 하지만 괴델은 자명하지 않은 모든 공리계가 그 규칙의 무모순성에 의해 무너질 수 있다는 점을 증명하였다. 다시 말해, 공리계는 자신의 무모순성을 스스로 입증하지 못한다. 그렇다면 특정 공리계로부터 도출한 지식이 참인지 거짓인지는 어떻게 판단할 것인가? 이때 특정한 공리계의 신뢰성을 판단하기 위하여 쓰이는 것이 바로 우리의 이해력이다.

이해력은 우리에게 규칙 너머의 정보를 제공하므로, 어떠한 공리계에도 속박되지 않으며, 그것을 특정 규칙 체계로 모방하는 것도 불가능하다.

수전 당신이 말하는 이 이해력은 인간 고유의 것인가?

로저 그렇지 않다. 동물뿐만 아니라 사람들 중에도 괴델의 정리를 이해하지 못하는 이들이 적지 않지만, 그렇다고 해서 그들에게 의식이 없다고 단정할 수는 없지 않겠나.

수전 내가 묻고 싶었던 것은 당신이 말한 그 이해력을 갖추려면 무엇이 필요한지다.

로저 딱히 어떤 특별한 종류의 이해력이 필요한 건 아니다. 이해력이 없다면 지능도 없을 것이다.

수전 이해력을 가진 로봇을 제작하는 것도 가능할까?

로저 음, 만일 그 로봇이 계산적으로 제어되는 체계라면….

수전 내가 말한 게 그거다.

로저 그렇다면 내 답은 '아니요'다. 계산에 기반한 로봇이 체스를 잘 둘 수야 있겠지만, 절대로 지능을 가질 수는 없다.

수전 그렇다면 도대체 무엇이 필요한가?

로저 그걸 말로 설명하기는 쉽지 않을 것 같다. 실생활에서는 그리 어렵지 않게 표현할 수 있을 텐데 말이다. 컴퓨터는 계산 능력의 측면에서는 이미 인간을 아득히 추월했지만, 매년 튜링 테스트 대회에 출품되는 프로그램들만 보더라도 지능의 측면에서는 턱없이 볼품없는 수준이다.

수전 하지만 많은 사람들이 인공지능이 이해력을 갖추는 것은 시간 문제라고 믿고 있는데.

로저 일정 수준까지 모방할 수야 있겠지만, 진정한 이해력을 구현하기는 불가능할 것이다.

수전 그 진정한 이해력이란 무엇인가?

로저 음, 진정한 이해력은 자각을 동반한다고 말할 수 있다. 사실 괴델의 논증은 생각보다 훨씬 더 탄탄하고 엄밀하다. 내 이론이 근본적으로 잘못되었다며 나를 공격하는 많은 사람들에게 나는 그 틀린 부분이 어디인지를 알려 달라고 응수했었다. 하지만 아직 단 한 사람도 내 이론의 오류를 찾아내지 못했다.

수전 내가 오류를 찾아낼 입장은 못 되지만, 적어도 논리의 비약을 지적할 수는 있을 것 같다. 아까 당신은 '진정한 이해력'이 따로 있다고 언급했는데, 그것이 무엇인지를 듣고 싶다.

로저 좋다. 하지만 여기서부터는 추측에 근거한 주장이 점점 많아질 거다.

수전 괜찮으니 마음껏 말해 보라.

로저 괴델의 논증이 말해 주는 것은 두 가지다. 우리가 단순히 계산적 존재가 아니라는 것, 그리고 우리의 이해력이 계산의 범주 밖에 놓여 있다는 것. 물론 비계산적인 것과 비물리적인 것은 별개이지만, 나는 이해력의 미스터리가 양자역학과 관련이 있을 거라 생각한다. 양자역학은 물리학의 여러 분과 중에서 가장 불완전한 데다가, 그나마 계산 불가능성을 다룰 수 있을 만한 분야다. 내 말의 근거가 빈약하다는 것을 나도 인정한다. 지금 나의 논리 전개는 마치 셜록 홈스가 단 한 명의 용의자를 추려 내는 방식과도 같다. 아무리 개연성이 낮아 보여도, 마지막에 남는 자가 범인일 수밖에 없는 것이다.

수전 그리하여 의식이 모종의 양자 계산을 필요로 한다는 결론에 도달한 것인가.

로저 두뇌 작용을 서술하기 위해 양자역학이 필요하다는 주장 자체도 이미 통념을 벗어난 데다가 나의 이론은 양자역학에 대한 표준적인 해석도 거부하기 때문에 양자역학 분야 내에서도 비주류이다.

수전 그 두 가지 통념을 극복한다 한들, 당신의 이론이 어떻게 뇌와 의식 사이의 관계를 규명할 수 있나?

로저 뇌가 비계산적인 일을 수행하려면 대규모 양자 효과를 외부로부터 격리할 수 있는 공간이 필요한데, 여기서 등장하는 것이 바로 스튜어트 하메로프가 언급한 미세소관이다.

나는 지금도 많은 이들로부터 자신의 허무맹랑한 이론을 검증해 달라는 편지를 자주 받곤 하는데, 하메로프도 그중 한 명이었다. 그는 나에게 미세소관이라는 재미난 단백질 튜브를 소개하는 편지를 보냈었고, 나는 여느 때와 같이 심드렁하게 그의 편지를 읽어 내려갔다. 그런데 사진을 자세히 들여다보니 미세소관은 위에서 말한 조건을 완벽히 갖추고 있었다. 일반적인 신경신호 전달 과정에서는 양자 신호를 주변 환경으로부터 차폐하는 것이 불가능하다. 신경세포는 양자적 환경을 너무도 많이 교란시키기 때문에 양자 계산이 일어날 장소가 될 수 없었다. 하지만 미세소관이라면 아주 불가능할 것 같지는 않았다.

수전　미세소관은 체내 모든 세포에 다 존재하고, 일반적으로 세포의 골격으로 기능하는데, 그게 문제가 되지는 않나?

로저　두 번째 질문부터 답하자면, 나는 그것을 코에 자주 비유한다. 인간의 코는 공기 중의 이물질을 걸러 내고 냄새를 맡는 역할을 수행하고 있다. 하지만 코끼리의 경우는 어떠한가? 코끼리의 코는 몸을 씻고, 물건을 집고, 집을 짓는 등 온갖 일에 다 활용된다. 이와 마찬가지로 미세소관의 주요 기능이 세포의 뼈대를 이루는 것이라고 해서 그것들이 적합한 환경에서 또 다른 기능을 수행하지 말라는 법은 없다.

수전　그렇다면 미세소관이 뇌를 포함한 모든 세포에 다 존재한다는 점은 어떻게 설명할 것인가?

로저　그에 대해서는 여러 가지 답이 있을 수 있는데, 나는 그것이 미세소관의 격자 구조와 연관이 있을 것으로 추정하고 있다. 미세소관에는 크게 두 가지 구조가 있다. 첫 번째는 내가 『마음의 그림자』라는 책에서 설명한 대칭 형태의 A 격자 구조이다. 두 번째 구조인 B 격자는 A 격자와 비슷하지만 불안정하며 쉽게 붕괴되는데, 사람들이 내 이론을 반박할 때는 보통 B 격자 구조를 가지고 이야기한다.

보통 세포에서 발견되는 미세소관은 쉽게 형성되고 붕괴되지만, 신경세포에 들어 있는 미세소관은 그보다 훨씬 더 안정적이다(실제로는 B 격자가 A 격자보다 더 안정적이며, 신경계에서 A 격자만으로 이루어진 미세소관은 관찰된 바가 없다 — 역주).

수전 하메로프는 몇몇 마취제가 미세소관에 미치는 영향을 보고 그것이 의식의 소실과 연관이 있을 거라 추측하였다. 하지만 이후 그는 대부분의 마취제 분자들이 미세소관에 영향을 미치지 않음을 확인하였다. 그렇다면 이론의 원래 목표가 사라진 셈이 아닌가. 그래도 아직 그 이론에 답이 있을 거라고 여기는가?

로저 나는 미세소관 이론만이 정답이라고 생각하지는 않는다. 추정컨대 미세소관이 메커니즘의 전부는 아닐 것이다. 사람들은 종종 우리의 가설이 입증 불가능할 거라 치부하지만, 가설을 시험할 방법은 얼마든지 있다. 아무도 눈길을 안 줘서 그렇지, 정황적 증거도 많다. 미세소관과 유사하지만 훨씬 가늘기 때문에 확실히 양자역학적 특성을 띨 것으로 기대되는 다른 나노튜브 구조들도 있다. 그 나노튜브의 구조적 특성들은 원하는 대로 조절도 가능하다. 어쨌든 나는 미세소관이 양자적 성질을 지녔다고 못 박고 싶지는 않다. 단지 정황적 증거에 따르면 그러하다는 것이지.

수전 많은 의식 연구자들, 특히 기능주의자나 동일론자들은 계산·지각·학습·기억 등 뇌가 가진 기능들을 모두 밝혀내면 '어려운 문제'는 자연히 사라질 거라고 말한다.

반면에 당신은 완전히 새로운 화학적·물리학적 구조, 혹은 기존에 없던 정보처리 과정이 발견되고 나서야 인간의 이해력과 의식의 작동 원리를 파악할 수 있을 거라고 보는 것인가?

로저 그렇다. 나는 물리적 세계에 대한 우리의 이해가 아직도 많이 미흡하다고 생각한다. 물리학자들은 오만하게도 자신들이 물리적 세계에 관해 거의 모든 것을 알고 있다고 생각하지만, 아직 우리가 풀지 못한 수많은 문제들이 산적해 있다. 계산 불가능성도 그중 하나이고. 물론 대부분의 사람들에게 그것은 너무나 사소한 세부사항이겠지만 말이다.

수전 하지만 계산 불가능성은 의식의 정체라는 미스터리를 풀기 위해서는 매우 중요한 단서인 것 같다.

로저 바로 그렇다. 우주 한구석에 숨어 있던 계산 불가능성을 진화가 활용하기 시작하면서 바야흐로 의식이 등장한 것이다.

수전 철학적 좀비에 대한 견해는?

로저 내 이론에서 좀비는 존재할 수 없다. 그러한 점에서 나는 기능주의자에 가깝다고도 말할 수 있다. 단지 계산적 기능주의를 지지하지 않을 뿐.

수전 하메로프는 죽음 이후에도 뇌의 양자 얽힘 과정이 잔존할 수 있고, 그러한 방식으로 삶이 계속될 수 있다고 주장한다. 당신의 생각은 어떤가?

로저 그 주장에는 동의하기 힘들 것 같다. 물론 우리가 알지 못하는 것이 너무나 많기 때문에 이러한 문제에 구태여 독단적인 태도를 취하고 싶지는 않지만, 아직은 하메로프의 주장을 뒷받침할 만한 근거는 없다고 본다.

수전 당신에게는 자유의지가 있나?

로저 자유의지는 참으로 깊고도 어려운 문제다. 우선 결정론적이면서도 비계산적인 체계도 존재할 수 있기 때문에 계산 불가능성과 자유의지는 별개의 개념이라 말할 수 있다. 튜링이 말한 신탁 기계(Oracle machine : 모든 판정 문제를 한 번의 연산으로 푸는 가상의 추상 기계 — 역주)는 계산 불가능성을 갖추기는 했지만 그 정도로는 자유의지를 가졌다고 말하기에 충분치 않다. 거기에 또다시 괴델의 논증을 적용하면 우리는 일종의 순환 논리에 빠지게 된다. 이처럼 괴델의 논증은 어느 지점 이상에서는 제대로 작동하지 않는데, 그 이유는 나도 잘 모르겠다.

사실 이 내용은 현대 수학에서도 완전히 밝혀지지 않은 학문의 최전선에 놓인 것들이다. 자유의지가 그토록 복잡미묘한 것은 바로 이러한 이유 때문이다. 사람들은 의사 결정이나 도덕적 판단 등을 논할 때 자유의지를 언급하지만, 나는 자유의지가 이렇게 매우 심오한 수학적 · 논리학적 문제들과 관련되어 있다고 본다. 어쨌든 당신의 질문에 답을 하자면, 나도 잘 모르겠다.

수전 의식에 관해 연구할 때 그러한 도덕적 요소들도 고려하나?

로저 의식과 도덕은 불가분의 관계이다. 의식이 없다면 도덕도 존재할 수 없기 때문이다. 일전에 어느 계산주의자와 도덕의 기원에 관하여 토론한 적이 있는데, 나는 그가 의식과 도덕이 관련되어 있다는 사실조차 이해하지 못하는 것을 보고 정말 깜짝 놀랐다. 아니, 만약 컴퓨터에게 의식이 있다면 도덕적 책임감이 생길 수밖에 없지 않겠나?

몇몇 로봇공학자들과 우주 여행에 관한 대화를 나눈 기억도 떠오른다. 그들은 컴퓨터로 제어되는 지능적 로봇을 다른 행성에 보내면 유인 탐사를 대신할 수 있을 거라 주장했었다. 나는 로봇들이 정말 지능을 가지고 있다면 의식도 있지 않겠느냐고 물었는데, 그들은 별 망설임 없이 내 말에 동의하더라. 하지만 로봇에게 의식이 있다면 그것들을 지구로 송환해야 할 도덕적 책임도 생기게 된다.

수전　의식을 연구하는 것은 그러한 도덕적 문제를 해결하는 데도 도움이 될 것 같다.

로저　궁극적으로는 그렇게 되겠지만, 아직 갈 길이 멀다. 나는 미세소관 이론이 정답이 아닐 수 있다고도 생각한다. 나를 합리적으로 비판하는 것은 괜찮지만, 유감스럽게도 너무 많은 사람이 말도 안 되는 이야기들로, 심지어 허위 사실을 들먹이며 나를 공격하고 있다.

수전　글쎄, 의식이라는 '뜨거운 감자'를 연구하려면 그쯤은 참고 견뎌야 하지 않을까?

로저　당신이 옳을지도 모른다. 하지만 의식 연구가 점점 과학의 범주로 편입되고 있는 것도 사실이다. 불과 수년 전까지만 하더라도 의식 연구자들은 반미치광이 취급을 받았고 사람들은 그것이 두려워 자신의 관심사를 숨겨야 했지만 이제 그러한 시대는 지났다.

우리는 시바 신이 추는 춤의 일부이며,
그 어떤 영혼도 소멸되지 않는다

빌라야누르 라마찬드란
Vilayanur Ramachandran

빌라야누르 라마찬드란
Vilayanur Ramachandran

빌라야누르 라마찬드란(1951~)은 인도 출신의 의사이자 신경과학자이다. 인도에서 의사 면허를 취득한 후 케임브리지 대학교 트리니티 칼리지에서 박사 학위를 받았다. 본래 그의 연구 주제는 시각이었으나 신경학 및 공감각Synesthesia에 관한 연구로 훨씬 더 잘 알려져 있다. 인도 예술과 신경미학에도 지대한 관심을 지닌 그는 현재 캘리포니아 샌디에이고 대학교 신경과학 및 심리학과 교수이자 뇌인지연구소 소장으로 재직 중이며, 솔크 연구소의 겸임 교수로도 일하고 있다. 저서로는 『라마찬드란 박사의 두뇌 실험실』(1998), 『인간 의식의 간단 안내서A Brief Tour of Human Consciousness』(2004) 등이 있다.

수전 도대체 무엇이 문제인가? 의식이 이토록 흥미롭고도 어려운 주제인 까닭은 무엇인가?

라마찬드란 의식은 현대 과학의 가장 큰 숙제다. 유전학, 지동설, 우주론, 끈 이론 등 지금껏 인류가 해결했던 거의 모든 문제들은 외부 세계에 관한 것이었다. 이 모든 발견들을 가능케 한 주체였던 뇌가 이제는 내면세계에 관한 질문을 던지기 시작한 것이다. 우리는 누구인가? 우리는 어디서 왔다가 어디로 가는가? 이는 단순히 형이상학적인 이야기가 아니다. 지난 수천 년간 수많은 이들을 매혹했던 이러한 궁금증들을 이제는 과학적으로 탐구할 수가 있게 되었다.

철학자들이 정의한 체화감, 자아감, 감각질과 같은 여러 정신 작용들이 손상된 환자들을 매일같이 마주하는 나에게 의식은 더없이 현실적인 문제다.

수전 정말 당신이 말한 것처럼 내부 세계와 외부 세계가 따로 존재할까?

라마찬드란 그 질문에 답하는 대신, 우선 내 입장을 좀 더 밝혀두겠다. 나는 감각질과 자아의 이분법적 구분이 잘못되었다고 생각한다. 그 둘은 동전의 양면과도 같아서, 경험의 주체인 자아가 없다면 감각질도 존재할 수 없다. 따라서 자아의 존재는 감각질의 개념 속에 내포되어 있는 것이다. 이와 마찬가지로, 감각질 — 감정이나 체감각 — 없이는 자아도 존재할 수 없다.

물론 몇몇 동양의 신비주의자들은 자아가 감각질과 무관하게 독립적으로 존재할 수 있다고 말하기도 한다. 감각 차단 탱크에 들어가 외부의 감각을 모두 차단하더라도 자아감을 사라지게 할 수는 없다는 것이 그 주장의 근거다.

수전 하지만 선불교 수행자들은 당신의 주장과는 정반대의 이야기를 한다. 소멸 — 혹은 통합 — 되는 것은 감각 현상이 아닌 경험자로서의 자아이며, 바로 그 순간에는 자아 없이 경험만이 존재할 수 있다고 그들은 말한다.

라마찬드란 그건 논리적으로 불가능하다. 감각질과 자아는 하나의 현상이 다르게 표현된 것뿐이다. 뫼비우스의 띠의 앞뒷면처럼, 그 둘은 공존할 수밖에 없다.

수전 그렇다면 감각질과 자아가 합쳐지는 것도 아예 불가능하지는 않을 것 같은데. 마치 우리가 뫼비우스의 띠의 앞뒷면을 한눈에 볼 수 있듯이, 그 수행자들도 감각질과 자아를 한꺼번에 경험한 것이 아닐까?

라마찬드란 늘 그렇지만, 비유법에는 확장 가능한 한계가 있다. 내가 감각질과 자아를 뫼비우스의 띠에 빗댄 것은 얼핏 띠의 양면처럼 별개의 현상으로 보이는 그 둘이 실제로는 연속적이고 단일한 현실 경험을 구성한다는 말이 하고 싶었기 때문이다. 조금 더 구체적인 이야기들을 해 보자. 우선 나는 동물에게는 의식이나 감각질이 없다고 생각한다.

수전 오직 인간만이 의식이 있다는 말인가?

라마찬드란 유인원들이 그나마 근접하긴 했지만, 아마도 유인원과 인간 사이에 비약적인 발전이 있었던 것으로 보인다. 우리 인간은 다른 동물들에게는 없는 무언가를 갖고 있다. 종교적이거나 초자연적인 측면이 아니라, 단지 기능적 측면에서 말이다.

수전 그 기능은 도대체 무엇인가? 언어인가, 아니면 자아감인가?

라마찬드란 인간을 제외한 모든 동물들은 주변 환경을 원시적으로 자각할 뿐, 이른바 메타자각Meta-awareness을 갖추지는 못했다.

메타자각은 기존의 뇌로부터 신호를 입력받으며 기생하는 또하나의 뇌와도 같다. 뇌는 본래 여러 자동적 정보처리 과정들로 이루어져 있었으나, 진화의 특정 단계에서 표상에 대한 표상이 생겨난 것이다. 그렇다면 메타자각이 진화한 목적은 무엇일까? 이미 만들어진 표상을 왜 굳이 다시 표상하는 것일까?

얼핏 생각하면 메타자각은 별다른 쓸모가 없어 보일지 모르나, 메타자각의 진화는 흔히 우리가 '생각'이라 부르는 개방된 상징조작Open-ended symbol manipulation을 가능케 했다. 생각이란 마음속 상징들을 이리저리 조합하여 결론을 도출하는 작용이다. 언어의 출현 역시 메타자각과 밀접하게 연관되어 있다. 언어가 생겨남에 따라 인간은 자신의 생각을 타인과 공유할 수 있게 되었고, 이에 더해 타인의 마음을 추측하는 능력도 습득했다. 이러한 일련의 변화들은 진화적으로 거의 동시에 일어난 것으로 보인다.

수전 우선 감각질에 관하여 좀 더 이야기해 보자. 감각질이란 무엇인가?

라마찬드란 감각질에는 여러 정의가 있는데….

수전 아니, 나는 인류의 진화 과정에서 갑자기 생겨났다는 그 감각질이 무엇인지를 듣고 싶다.

라마찬드란 감각질의 정의는 다음과 같은 사고 실험을 통해 쉽게 이해할 수 있다. 가령 색을 분간하지 못하는 화성인 과학자가 내 뇌의 모든 활동 패턴을 수집하여 색이 무엇인지를 알아내려 한다고 상상해 보자. 하지만 신경상관물만으로는 형언할 수 없는 색채 경험 그 자체를 이해하는 것은 불가능하다.

수전 감각질, 경험, 주관성은 두뇌 활동과는 별개의 존재인 것인가?

라마찬드란 그것들이 어떻게 생겨나는지는 차차 규명해야 할 문제다. 귀신이나 영혼 따위가 있다는 말은 절대로 아니다.

수전 좋다. 그렇다면 뇌에서 발생하는 모든 일들, 각종 정보처리 과정을 전부 이해하고 나면 주관적 경험의 정체도 밝혀질까?

라마찬드란 우리가 더 이상 원자나 전자를 형언 불가능한 무언가로 여기지 않듯이, 감각질에 대해서도 그와 비슷한 수준의 이해가 가능해질 것이다.

하지만 감각질의 경험 자체를 묘사하기 위해서는 단순히 기계론적인 설명에서 한 발짝 더 나아가 자아감과 메타표상의 개념을 도입해야 한다.

수전 당신은 일전에 몇몇 저술에서 '특정 뇌세포에 감각질이 실려 있다laden'거나 '붙어 있다attached'고 말한 적이 있지 않은가?

라마찬드란 그건 간추린 표현에 불과하다. 실제로 감각질이 실려 있는 장소는 세포가 아닌 신경 회로다. 몇몇 이들은 척수도 감각질을 경험할 수 있다고 주장하지만, 그것은 그들이 감각질의 개념을 잘못 이해한 것이다. 앞서 밝혔듯 감각질은 자아 없이는 존재할 수 없으므로, 척수는 감각질을 경험할 수 없다.

수전 그럼 그렇게 표현하면 안 될 것 같다. 독자의 입장에서 감각질이 실려 있다는 말을 읽으면 뇌세포에 감각질이라는 별개의 대상이 들러붙어 있는 상상을 하게 된다.

라마찬드란 오, 그건 절대로 아니다.

수전 아니, 당신 스스로가 그렇게 말하지 않았나!

라마찬드란 나는 이원론자가 아니며, 자연적 일원론Neutral monism을 지지한다. 하지만 자연적 일원론은 현상을 정확하게 기술하지 않고 소극적인 입장에 그친다는 것이 문제다. 그래서 내가 감각질이 신경 회로와 연관이 있다는 가설을 강하게 밀어붙이는 거다. 게다가 자아감이 창발되고 나면… 재미있는 것이, 내가 무언가를 안다는 사실을 알지 못한다면 그건 모르는 것과 다름없다. 이것이 감각질의 경험에 자아감이 필요한 이유이다. 자아가 있어야 내가 지금 무엇을 경험하고 있는지를 알 수 있을 테니까 말이다.

하지만 '안다는 것을 아는' 이 메타인지의 순환 논리가 끝없이 반복되는 것은 아니다. 뇌가 이해할 수 있을 만큼의 몇 단계만 거쳐도 자아감이 생겨나기에는 충분하다. 즉 자아는 별개의 뇌 구조이며, 호문쿨루스는 없다.

수전 증거가 있나?

라마찬드란 바이스크란츠Weiskrantz의 맹시 현상과 같은 뇌 손상 연구를 보면 확인할 수 있다. 맹시 현상은 감각 표상이 생성되었으나 그것이 메타표상과 연결되지 못한 상황이다. 맹시 환자가 자극에 반응하면서도 그 감각을 자각하지 못하는 것은 그의 '자아'가 감각으로부터 분리되어 있기 때문이다.

반면 안톤 증후군Anton's syndrome 환자들은 시각피질이 손상되어 눈이 완전히 멀었음에도 불구하고 여전히 앞이 잘 보인다고 주장하는데, 이는 가짜 메타표상이 형성되었기 때문으로 추측된다.

이외에도 최면을 비롯하여 의식에 영향을 미치는 모든 임상적 신경 증상들은 '표상'과 '표상의 표상' 간의 대립으로 해석될 수 있다.

수전 고통의 경우는 어떤가? 일전에 나는 내가 키우던 고양이의 발바닥에 박힌 가시를 빼 준 적이 있는데, 그 녀석은 절뚝거리면서 애처로운 표정을 짓다가 가시가 빠진 뒤에는 행복해하는 듯 보이더라. 앞서 당신은 감각질을 경험하기 위해서는 자아와 언어가 필요하다고 주장했지만, 나는 그때 그 고양이도 고통의 감각질을 경험한 거라고 생각한다. 물론 행동만을 보고 판단한 것이므로 완전히 확신할 수는 없겠지만, 그런 논리라면 우리는 다른 사람이 고통을 느끼는지도 알 수 없는 것이 아니겠는가.

라마찬드란 당신이 무슨 말을 하려는 것인지는 알겠지만, 내 생각은 다르다. 예컨대 뜨거운 주전자에서 손을 떼는 순간에 느껴지는 고통은 이후에 반추할 때 느껴지는 고통과는 다르다. 전자는 감각질도 없고 메타표상도 생기지 않지만, 후자는 메타표상을 발생시키고 기억과도 연결되므로 다른 사람에게 이야기하거나 무슨 처치를 해야 하는지를 떠올리는 등 다양한 의미론적 함의를 담을 수 있다. 이렇듯 감각질이 온전한 형태를 갖추기 위해서는 자아감과의 연결이 필수적이다.

아마 그때 당신의 고양이는 고통에 대한 회피반사를 보인 것으로 생각된다. 물론 겉으로는 괴로움을 느끼는 것처럼 보였겠지만, 그건 사실이 아니다. 이와 유사하게, 마취 역시 자아와 감각질로부터 고통을 떼어 놓는 과정으로 이해할 수 있다. 혹자는 척수도 독립된 의식이 있을 수 있으므로 척수 마취가 비윤리적이라고 주장할 수도 있겠지만, 이는 고양이의 경우와 마찬가지로 아무런 문제가 못 된다.

수전 하지만 공장형 축산이나 야생동물 학대를 보면 동물의 고통 역시 윤리적으로는 심각한 문제라는 생각이 드는데.

라마찬드란 척수 마취도 척수 그 자체에게는 잔인한 처사다.

수전 그렇다면 공장형 축산에 대해서는 어떻게 생각하나? 동물들의 처우가 개선되기를 바라나, 아니면 감각질이 없으므로 어떻게 다루든 상관이 없다고 생각하나?

라마찬드란 우리는 과학과 윤리를 혼동하지 말아야 한다. 이는 낙태 문제에서도 마찬가지다. 태아에게 의식이 있든 없든, 한 명의 사람이 탄생하는 것을 막는다는 점에서 낙태가 살인이라는 주장은 타당하다. 당신의 질문은 바이러스가 살아 있는지를 묻는 것과도 비슷한데, 바이러스의 구조가 낱낱이 밝혀진 오늘날 그러한 질문은 아무 쓸모도 없다.

수전　아니, 그 둘은 별개의 문제다. 의식이라는 주제에서 벗어나지 말라! 자, 당신의 이론을 논리적으로 되짚어 보자. 가령 소 한 마리를 도축할 때 우리는 그 소를 즉사시킬 수도, 천천히 아주 고통스러운 방식으로 죽일 수도 있을 것이다. 어떻게 죽이느냐가 중요하다고 생각하나?

라마찬드란　아니다. 소는 자신의 고통을 내성하지 못하므로 우리 인간처럼 고통을 경험하지는 않을 것이다. 거듭 말하지만, 이는 바이러스가 살아 있는지를 묻는 것과 매한가지다. 의미론에 속지 말라. 우리가 소의 행동에 감응하고 불필요한 고통을 주기를 꺼리는 것은 우리도 포유류에 속하기 때문이다. 하지만 소에게 감각질이 없다고 해서 채식주의의 의미가 퇴색되는 것은 아니다.

수전　그러니까 당신은 동물들이 고통을 경험하지는 않지만, 그들이 더 나은 방식으로 도축되기를 바라기는 하는 것인가?

라마찬드란　그렇다. 더 다그쳤다면 그렇게 답했을 것 같다.

수전　그만하면 됐다. 내가 당신을 다그친 것은 맞다! 자, 이제 주제를 완전히 바꾸어 보자. 어쩌다가 의식 연구를 시작하게 되었나? 의사가 된 후로 무슨 일이 있었던 것인가?

라마찬드란 의사로서 특이한 정신 현상을 보이는 환자들을 대면하다 보면 의식에 관심을 갖게 될 수밖에 없다.

수전 하지만 거의 대다수의 신경과 의사들은 의식 문제를 다루는 것을 모험으로 여긴다. 당신은 어째서 그들과 다른 결정을 한 것인가?

라마찬드란 인도에서 자란 영향도 조금은 있는 것 같다. 과학계는 각 구성원을 세뇌할 수 있는 힘을 가지고 있다. 가령 행동주의는 학문 전반에 지대한 영향을 끼쳤고, 결과적으로는 내부의 심적 상태를 탐구하는 것뿐만 아니라 피험자의 경험을 보고받는 것조차 금기시되었다. 이러한 경향을 타파한 이로는 시각 연구에서는 리처드 그레고리가 있고, 신경학 분야에서는 나도 일정 부분 기여했다고 생각한다. 한때는 모든 신경학 연구자들이 의식에 관심을 갖던 신경학의 황금기가 있었다.

수전 맞다. 그때 활약한 인물들 중에는 헐링스 잭슨(Hughlings Jackson : 뇌전증을 연구한 영국의 신경학자, 의사 — 역주)도 있었고….

라마찬드란 장 마르탱 샤르코(Jean-Martin Charcot : 최면과 히스테리를 연구한 프랑스의 신경학자 — 역주)와 프로이트도 빼놓을 수 없겠다. 하지만 그들이 이룬 업적은 행동주의의 그늘 아래 묻혀야 했다. 피험자의 경험 보고는 곡해될 위험성이 있으므로 지양해야 한다고 행동주의자들은 주장했지만, 그건 빈대 잡으려고 초가삼간을 태우는 격이다. 그래서 나는 19세기 신경학의 접근법을 부흥시키기 위해 최선의 노력을 다했다. 사실 원래 내가 유행에 좀 둔감한 편이기는 하다.

수전 당신이 문화적 세뇌를 피할 수 있었던 것은 인도에서 태어나 행동주의의 영향권 밖에 있었기 때문인 것 같다.

라마찬드란 그렇다.

수전 감각질이나 의식과 직접적으로 연관된 주제를 처음 연구한 것은 언제였나?

라마찬드란 스무 살에 했던 입체시 연구가 아마도 최초인 것 같다. 그 논문은 《네이처》지에 게재되기도 했다. 그 실험에서 우리는 스테레오그램을 이루는 그림 한 쌍에 각각 가로 줄무늬와 세로 줄무늬를 합성하고, 피험자의 양쪽 눈에 각각 하나씩 보여 주어 양안 경쟁을 유도시켰다. 그런데 놀랍게도 스테레오그램으로 인한 입체감은 이 상황에서도 지속되었다. 이로부터 우리는 뇌가 양안 시차로부터 입체감을 도출하는 메커니즘이 의식과 별도로 작동하며, 이 수준에서부터 이미 감각질 정보와 비감각질 정보가 구분되어 처리되고 있음을 확인하였다.

그레고리의 실험을 접한 이후로 나는 본격적으로 정신물리학과 지각 작용에 관한 연구를 시작했다. 그 당시에는 참 인기 없는 주제들이었다. 그레고리와 벨라 율레스(Bela Julesz : 시청각 지각을 연구한 미국의 심리학자 — 역주) 정도를 제외하고는 동료 연구자가 거의 없었던 것 같다.

수전 당신은 그레고리와 참 많이 닮은 것 같다. 왜 당신이 그에게서 많은 영향을 받았는지 이제야 짐작이 간다. 의식 연구에 발을 담았다는 이유로 다른 과학자나 의사들로부터 비아냥을 받은 적은 없었나?

라마찬드란 처음에는 그랬지만, 이제는 아니다. 과학자들은 일을 '제대로 하는' 사람의 말에는 언제나 귀를 기울인다. 간혹 나의 연구를 의심하는 이가 있으면 나는 내가 지금까지 썼던 논문의 실험 결과 중에 반박된 것이 있는지 한번 찾아보라고 이야기한다.

의식이라는 특이한 주제를 연구하려면 그만큼의 대가를 치러야 한다. 나는 한 줄의 추측이라도 허투루 내뱉지 않기 때문에 식언한 적이 거의 없었다. 가령 나의 환상지Phantom limb 연구는 수많은 학자들의 검증에도 꿋꿋이 살아남았다. 그리고 나니 사람들은 메타표상이나 감각질에 관한 나의 사변적인 추측에도 한층 너그러운 태도를 보이기 시작했다.

수전 당신만큼은 못하겠지만, 나 역시 비슷한 경험을 했다. 30년 이상의 경력이 쌓이고 나니 사람들은 나의 허무맹랑한 추측에도 조금씩 귀를 기울이더라.

라마찬드란 바로 그거다.

수전 자, 다시 감각질 문제로 되돌아오자. 철학적 좀비가 존재할 수 있다고 생각하나?

라마찬드란 그렇지 않다. 우리와 동일한 생명체라면 반드시 우리와 같은 의식을 지닐 것이다.

수전 물리적으로 동일해야 하나, 아니면 기능적으로만 동일해도 무방한가?

라마찬드란 예컨대 반도체로 이루어져 있어도 괜찮냐는 질문인가? 그에 대한 답은 나도 잘 모르겠지만, 정보의 흐름이 핵심일 거라는 생각은 든다. 그러한 면에서는 나는 기능주의자다.

수전 자유의지는 실재하나?

라마찬드란 메타표상은 의지 감각과도 연결될 수밖에 없는데, 그 까닭을 다시 한번 신경학적 용어로 설명해 보겠다. 최근에 나는 변형된 리벳 실험을 제안한 바 있다. 그레이 월터Grey Walter도 논문으로 발표하지는 않았지만 이와 비슷한 실험을 했다고 알고 있다. 리벳 실험에서는 피험자가 손가락을 움직이기 직전에 뇌에서 발생하는 준비 전위를 측정한다. 피험자에게 10분 사이에 아무 때나 손가락을 총 3번 움직이라고 지시하면, 피험자가 손가락을 움직이기 약 0.5~1초 전에 준비 전위가 발생함을 확인할 수 있다. 얼핏 보면 역설적인 결과 같겠지만, 사실은 그렇지 않다. 우리의 내면에 의지 감각이라는 것이 존재하기 때문이다. 문제는 이 의지 감각이….

수전 …왜 뇌의 신호보다 늦게 발생하느냐는 것이 아닌가? 의지 감각이 준비 전위보다 늦게 발생하므로 의지가 행동을 야기할 수 없다는 것이 리벳 실험의 일반적인 해석이다. 혹시 다른 해석의 여지가 있나?

라마찬드란 그건 아니다. 나는 데닛이 말한 것처럼 뇌 속에서 사건의 시공간적 둔감화Spatio-temporal smearing가 일어난다고 생각한다. 그래도 어쨌거나 다음과 같은 실험을 시도해 보면 좋을 것 같다. 준비 전위가 나타나자마자 피험자의 행동을 예측하는 기계를 만드는 거다. 피험자의 반응은 셋 중 하나일 것으로 예상된다. 첫째, 자유의지를 더 이상 느끼지 못하거나, 둘째, 자신의 생각이 먼저 일어난 거라며 스스로를 속이거나, 셋째, 그 기계가 예지력을 가지고 있다고 여기거나. 어쩌면 피험자는 그 기계가 자신을 조종한다는 느낌을 받을 수도 있다. 마치 망상성 조현병 환자처럼 말이다.

수전 단 한 번의 측정으로 행동을 예측하는 것이 가능한가?

라마찬드란 즉석에서 뇌파 신호를 정확히 해석하는 것이 쉽지는 않지만, 판독률을 높이기 위한 시도를 계속하고 있다. 뇌자도MEG를 측정하는 것도 하나의 방법이고.

수전 그래서 자유의지에 대한 당신의 견해는?

라마찬드란 자유의지를 느끼기 위해서는 의지적 행동에 대한 메타표상이 생성되어야 한다. 행동에 대한 의도와 욕구의 표상은 일반적으로 전측 대상회Anterior cingulate 및 변연계Limbic structures에서 일어나는 것으로 알려져 있다. 다시 말해 의지적 행동은 욕구·예측·판단의 순서로 이루어진다. 이들 간의 연결이 끊어져 메타표상으로부터 표상이 분리된 결과가 바로 실행증(失行症, Apraxis)에 해당한다. 동물은 행동만을 표상할 수 있지만, 인간은 연상회Supramarginal gyrus와 전측 대상회에 있는 복잡한 회로들을 이용하여 메타표상을 형성할 수 있기 때문에 자유의지를 경험하는 것이다.

수전 대니얼 웨그너는 자유의지가 환상에 지나지 않으며, 다음의 세 단계를 거쳐 형성된다고 주장한다. 첫째로 행동에 관한 사고가 떠오르고, 둘째로 행동이 일어나면, 셋째로 사고가 행동을 야기했다는 착각이 발생한다. 하지만 실제로는 기저에 존재하는 특정한 두뇌 과정이 생각과 행동 모두를 야기하고 있다. 당신의 주장은 그보다는 좀 더 복잡한 것 같은데, 그래도 근본적으로는 웨그너의 생각에 동의하나?

라마찬드란 웨그너의 주장은 데닛의 시공간적 둔감화 혹은 사후합리화Post hoc rationalization와 별반 다르지 않다.

수전 뇌가 이야기를 지어낸다는 점에서는 그렇다. 의식적 사고가 행동을 야기한다는 믿음은 틀린 것이다. 이에 대해 동의하나?

라마찬드란 나도 그렇게 생각한다. 하지만 나는 거기서 한발 더 나아가 그 표상의 정체가 무엇인지, 어느 뇌 구조와 관련되어 있는지를 알아내야 한다고 생각한다. 욕구는 전측 대상회에, 예측은 연상회에 대응되는 것처럼 말이다.

수전 자유의지에 대한 그 견해가 당신의 일상생활에도 영향을 미치나?

라마찬드란 나는 우주 만물이 시바 신(힌두교 신화의 파괴와 창조의 신 — 역주)의 춤과도 같다고 생각한다. 자신이 세상을 무심히 관망할 뿐이라고 여기는 이들도 있겠지만, 사실은 우리 모두가 온 우주에 일렁이는 파도 거품의 일부다. 하지만 나의 이런 믿음이 내 삶을 바꾸었다든가 하는 일은 없었다.

수전   시바 신의 춤이라니, 참으로 멋진 표현이다.

라마찬드란   이 관점은 또한 우리를 더욱 존엄하게 한다. 자신을 바깥세상과 따로 떨어진 존재로 규정한다면 죽음은 두려움의 대상일 수밖에 없다. 죽으면 모든 것이 끝나기 때문이다. 하지만 우리가 이 장엄한 우주적 설계의 일부라면, 그래서 우리 중 그 누구의 영혼도 따로 떨어져 소멸하지 않는다면, 그것만으로도 우리는 고귀한 존재가 된다.

수전   나도 당신의 생각에 전적으로 동감한다.

라마찬드란   리처드 도킨스는 아마도 내 말을 불쾌해할 것이다. 그는 내가 일종의 '꼼수'를 써서 신의 존재를 옹호하려 한다고 여길 테니까. 하지만 나의 관점은 꼼수 따위가 아니며, 논리적으로도 완벽히 타당하다.

수전   도킨스 외에도 많은 이들이 당신의 주장에 심리적 저항감을 느낄 것이다. 당신이 지금의 결론에 이른 것은 의식 문제를 과학적으로 사유했기 때문인가, 아니면 인도에서 자라며 힌두교 문화를 접했기 때문인가?

라마찬드란   나의 경우에는 과학의 도움이 컸다. 힌두교적 세계관은 부차적인 요소여서 연구자로서의 삶에는 아무런 영향도 미치지 않았다. 동양 문화권에서 태어난 탓에 의식이라는 현상에 좀 더 관심을 가지게 되었다는 것을 제외하면 말이다.

수전   혹시 명상과 같은 일인칭 수련을 하고 있나?

라마찬드란   아니다. 사실 그 질문을 너무 많이 받은 탓에 약간 부끄럽기도 하다. 물론 나는 내적 수련에 대해서 언제나 열린 마음이지만, 내가 인도 출신이기 때문인지 몰라도 묘한 거부감이 느껴지는 것도 사실이다. 관련 연구 결과도 자꾸만 의심의 눈초리로 바라보게 되더라. 어쩌면 이게 프로이트가 말한 반동 형성 Reaction formation(무의식적 욕구를 정반대의 행동으로 표출하는 심리적 방어 기제 ― 역주)일지도 모르겠다. 명상이 전도유망한 연구 주제인 것은 분명하지만, 문제는 연구자들 중 대다수가 과학과 유사과학의 경계에 서 있는 데다가, 심지어 그들의 실험 중 상당수가 변인 통제조차 제대로 이루어지지 않은 채로 수행되고 있다는 점이다.

수전 그래도 명상이나 신비 체험과 같은 일인칭 경험을 하는 것이 연구에 도움을 주지 않을까?

라마찬드란 틀림없이 그럴 거다. 당신과 나 같은 뜻있는 사람들이 힘을 합쳐 두 탐구법 간의 연결 고리를 구축한다면 동양적 신비주의가 얼마나 타당한지 검증할 수도 있을 것이다.

나는 중국어를 전혀 할 줄 모른다

존 설
John Searle

존 설
John Searle

미국의 철학자인 존 설(1932~)은 옥스퍼드 대학교에서 학·석·박사과정을 모두 밟은 후 크라이스트처치 대학을 거쳐 1959년부터 현재까지 캘리포니아 버클리 대학교 철학과 교수로 재직 중이다. 강인공지능Strong AI이라는 표현을 처음 사용했으며, 강인공지능의 불가능성을 논증하기 위하여 중국어 방 사고 실험을 고안한 것으로도 잘 알려져 있다. 뛰어난 철학자로서 많은 업적을 세웠으며, 심지어 그의 연구만을 다루는 학회가 열리기도 했다. 설은 뇌가 마음을 야기한다고 믿는 생물학적 자연주의자이다. 폭넓은 학문적 관심사를 가지고 있는 그는 언어, 이성, 의식 등 다양한 분야에 많은 저술을 남겼다. 대표 저서로는 『마음의 재발견The Rediscovery of the Mind』(1992), 『의식의 신비The Mystery of Consciousness』(1997), 『마인드』(2004) 등이 있다.

수전 오래전 의식은 심리학의 영역에서 쫓겨났으나 오늘날 의식 연구라는 이름의 학문 분야가 다시금 새로이 개척되고 있다. 의식의 무엇이 특별하길래 이러한 일들이 일어났던 것인가?

존 한마디로 말해, 의식은 우리의 삶이다. 탄생Birth과 죽음Death 사이에는 의식Consciousness의 여러 형태가 있을 뿐이다. 그래서 사실은 '의식이 중요하다'는 것보다 '의식보다 더 중요한 것이 있다'는 사실에 놀라워해야 하는 것이 맞다. 물론 그것들의 중요도 역시 의식과 깊은 관련이 있다. 돈이 우리를 행복하게 하는 것은 그것으로 여러 경험들을 살 수 있기 때문이다. 또한 사람들이 독재자를 싫어하는 것은 독재 정권하에서 그들의 의식적 삶이 불행해지기 때문이다. 이처럼 의식은 모든 중요 가치들의 전제 조건이며, 그것이 의식이 특별한 이유다.

수전 애초에 의식 이외의 것들이 존재하기는 할까?

존 물론이다. 소화도 있고, 광합성도 있고…. 앞서 내가 의식의 중요성을 역설한 것은 의식만이 유일한 실체라는 관념론과는 일절 관련이 없다. 나는 관념론을 전혀 지지하지 않는다. 의식은 인간과 특정 동물만이 지닌 아주 독특한 특성이지만, 어디까지나 신경계에 국한되어 있다.

수전 하지만 의식이 다른 것들과 본질적으로 다르다는 것에는 동의하나?

존 물론이다. 의식은 오직 '나'라는 주체에 의해 경험되거나 향유되는 방식으로만 존재할 수 있는데, 나는 이를 일인칭 존재론First person ontology이라 부른다. 이에 반해 돌멩이, 연필, 컴퓨터와 같은 각종 물체들은 그냥 그 자리에 놓여 있으므로 객관적 존재론Objective ontology 혹은 삼인칭 존재론Third person ontology을 갖고 있다고 말할 수 있다.

일각에서는 이 때문에 의식에 대한 객관적 연구가 불가능하다고 오해하기도 하지만, 그것은 존재론과 인식론을 혼동한 것이다. 존재론적으로 주관적인 대상에 관하여 인식론적으로 객관적인 지식 체계를 확립하는 것은 얼마든지 가능하다. 쉽게 말하자면, 주관적인 것에 대해서도 객관적인 지식을 얻을 수 있다는 이야기이다.

수전 하지만 여기서 등장하는 것이 바로 '의식의 어려운 문제'다. 그에 관한 당신의 견해는?

존 일반적으로 '어려운 문제'라 함은 심리철학에서의 심신 문제를 뜻하는데, 심신 문제를 철학적으로 답하기란 그리 어렵지 않다. 진정한 난제는 신경생물학적인 답을 구하는 일일 것이다. 우선 철학적 관점에서 간단히 답하자면 다음과 같다. 우리의 모든 의식 상태가 신경생물학적 두뇌 과정들에 의해 야기Cause된다는 것은 주지의 사실인데, 여기서 핵심은 '야기'라는 단어다. 뇌 역시 신체 장기들 중 하나이므로 다른 모든 기관들과 마찬가지로 생물학적·인과적 메커니즘에 의해 작동하고 있다. 다만 의식 상태 및 과정을 야기하는 것이 뇌의 기능일 뿐이다. 그렇다면 그러한 의식 상태와 과정들은 과연 무엇일까? 이들은 주관적이고 정성적인 느낌을 지니고 있지만, 그와 동시에 뇌의 고차적 특성이자 정보처리 과정으로서 존재하기도 한다. 따라서 의식과 뇌의 관계는 다음과 같이 요약될 수 있다. 첫째, 낮은 수준의 신경생물학적 두뇌 과정이 의식 상태들을 야기한다. 둘째, 이 의식 상태들은 그 자체로서 전체 뇌 시스템의 고등한 특성이다. 무수히 많은 뇌세포의 발화가 의식 상태를 야기하고 있으므로, 의식 상태를 특정 뇌세포와 동일시할 수는 없다. 가령 '어떤 뇌세포가 무언가를 생각하고 있다'라고 말해서는 안 되는 것이다.

한 문장으로 요약하자면, 의식은 두뇌 체계 내에 구현된 각종 신경 과정들에 의해 야기된다.

수전 당신의 설명을 듣고도 왠지 끝맛이 개운치 않다. 주관적인 특질인 의식이 어떻게 객관적인 현상인 두뇌 과정에 의해 생겨날 수 있는 것인가?

존 지금 당신의 질문이 바로 전통적인 심신 문제다. 나는 거기서 한발 더 나아가 '의식을 생성하는 메커니즘이 도대체 무엇인지'를 질문해야 한다고 생각한다. 내 말을 그러한 메커니즘을 결코 알아낼 수 없을 거라는 부정적인 뉘앙스로 해석하지는 말아 달라.

나는 우리가 의식의 미스터리를 풀 수 있을 거라 믿고 있다. 우리는 이미 뇌라는 1.5kg의 이 물컹한 살덩이가 의식을 야기한다는 사실을 알고 있다. 그 전제 조건에서 벗어나서는 곤란하다.

오늘날 대부분의 신경생물학 연구는 잘못된 철학적 기반에 근거하고 있다. 대다수 신경생물학자들은 여러 의식 현상들 중 하나라도 그에 대한 신경상관물이 발견되면 — 가령 빨간색의 감각질을 야기하는 것이 무엇인지 밝혀지면 — 나머지 수수께끼도 전부 풀릴 거라고 가정하고 있다. 나는 이를 '벽돌 찾기 접근법' Building block approach이라고 부른다.

물론 그 시도가 성공할 수도 있겠지만, 나는 그들의 믿음이 틀렸다고 생각한다. 우리가 유념해야 할 것은 의식이 통합된 하나의 장(場)이며, 지각은 새로운 의식 상태를 생성하는 것이 아니라 기존 의식 장의 내용을 변화시키는 방식으로 작동한다는 사실이다. 그러므로 의식의 개별 요소에 대한 신경상관물을 찾기보다는 의식 상태와 무의식 상태일 때 뇌의 차이점을 탐구하는 것이 더 효과적일 것이다. 물론 이를 위해서는 시상피질계에서 발생하는 천문학적인 양의 동기화된 신경 활동을 전부 측정해야 할 테니, '벽돌 찾기'가 훨씬 손쉬운 방법임은 부정할 수 없다.

앞서 내가 신경생물학자들의 철학적 기반이 잘못되었다고 말하기는 했지만, 사실 이 문제에서 철학자들이 할 일은 없다. 이것은 철학적 질문이 아닌 과학적 질문이기 때문이다. 오직 실증적인 신경생물학 연구만이 문제를 해결할 수 있다.

수전 당신이 말한 신경계의 작동 메커니즘을 이해하는 일은 이른바 '쉬운 문제'에 해당한다. 하지만 일각에서는 의식을 설명하기 위해서는 완전히 새로운 기본 원리 혹은 양자역학이 필요하다고 말하기도 하는데, 당신의 생각은?

존 나는 모든 가능성에 대해 열린 입장이다. 다만 지금 단계에서는 기존의 지식에 기반하여 접근하는 것이 가장 바람직하다고 생각할 따름이다. 현재까지 밝혀진 신경생물학적 지식에 따르면 뇌세포나 시냅스 수준이 가장 유력한 후보이지만, 그보다 훨씬 작은 미세소관, 아니면 카오스 동역학에 기반하여 활동하는 수백만 개의 뇌세포로 이루어진 거대 집단에 정답이 숨어 있을지도 모른다.

단, 여태껏 내가 본 대부분의 양자역학과 관련된 의식 이론들은 단지 두 개의 신비를 한 개의 신비로 어물쩍 엮으려는 시도에 불과했다. 의식의 미스터리를 해결한답시고 양자역학의 미스터리를 가져오는 것은 아무 소용이 없는 짓이다. 그렇다고 해서 그 연구를 당장 그만둬야 한다는 뜻은 아니다. 접근 방식을 다각화하는 것도 중요하니까 말이다.

수전 아까 말했던 의식 장 이론에 관하여 더 자세히 설명해 달라.

존 가령 내가 감각 자극이 모두 차단된 채로 잠에서 깨어난다 해도 의식 상태에는 아무 문제가 없을 것이다. 이때 내가 알고 싶은 것은 잠에서 깨어나는 순간 뇌에 생기는 변화이다. 그런데 문제는 현존하는 뇌 스캔 기법들로는 의식적인 뇌와 무의식적인 뇌를 구별하기가 쉽지 않다는 점이다.

자, 이제 잠이 깬 내가 자리에서 일어나 창문을 열거나 이를 닦는 등 갖가지 행동을 한다고 가정해 보자. 이때 나의 의식 속에는 새로운 요소들이 많이 유입되겠지만, 이는 새로운 의식이 생성되는 것이 아니라 잠에서 깰 때 이미 시작되었던 기존의 의식 장의 내용이 바뀌는 것이다. 그러므로 색이나 소리 등 특정한 감각의 신경상관물을 찾기보다는 의식적인 뇌와 무의식적인 뇌를 비교함으로써 이 통합된 의식 장의 정체를 밝혀내는 것이 더 합리적인 접근법이라 말할 수 있다.

수전 혹시 당신이 말한 의식 장이 '초능력 장Psychic field'과 같은 초자연적 현상과도 관련이 있나?

존 그렇지 않다.

수전 아니면 어떤 부가적인 힘이 작용하고 있다는 뜻인가?

존 만일 그렇게 들렸다면 내 표현에 문제가 있었을지도 모르겠다. 나는 단지 모든 의식 상태에는 정성적인 느낌이 있으며, 그 느낌들은 통합된 의식의 일부분으로서만 경험될 수 있다는 말을 하고 싶었다.

지금 나는 내 목소리, 목에 닿는 셔츠의 감촉, 당신의 모습, 바깥 풍경 등 다양한 느낌들을 하나의 장면으로 경험하고 있다. 이는 마이클 가자니가Michael Gazzaniga의 분리뇌 연구가 흥미로운 이유이기도 하다. 분리뇌 실험은 뇌들보를 절단하였을 때 새로운 의식 장이 생겨날 수 있음을 시사한다. 나는 그게 정말인지 가자니가에게 직설적으로 물어보았었는데, 그는 무척 조심스러운 반응을 보이면서도 두 개의 의식 장이 분리된 채로 존재할 수 있다는 것을 인정하더라. 단지 그것을 증명할 실험적 방법이 없을 뿐이다.

그렇다면 정상적인 뇌에도 두 개의 장이 있지만 뇌들보로 인해 하나로 통합되어 있을지도 모른다는 이야기가 된다. 내가 '장'이라는 표현을 쓴 것은 어떤 영적인 힘 따위가 개입하고 있다는 뜻이 아니라, 하나로 통합되려는 성향이 의식의 핵심 특성임을 지적하기 위해서였다.

수전 뇌들보가 절단된 사람의 의식이 몇 개인지에 대해서는 사람들마다 의견이 분분하다. 심지어 일부 학자들은 통합된 의식의 개념 자체가 환상에 불과하다고 주장하기도 한다.

존 흥미롭게도, 당신이 의식이 있다는 환상을 느낀다면 그건 더 이상 환상이 아니다. 일반적으로 어떤 현상의 이면에는 그와 별개로 실재가 있게 마련이지만, 의식에 대해서는 통상적인 현상-실재의 구분이 잘 작동하지 않는다. 의식은 현상과 실재를 구분하는 토대이므로, 의식 상태의 존재 자체에 관해서는 현상인지 실재인지 논하는 것이 불가능하다. 간혹 의식 장의 세부 요소를 착각하거나 오인할 수야 있겠지만, 의식적 경험의 존재 자체를 착각하는 것은 있을 수 없는 일이다.

수전 의식이란 '지금 나에게 느껴지는 것'이므로 그 느낌 자체를 부정하는 것은 불가능함을 잘 알겠다. 그런데 의식에 관한 기존의 통념이 과학적 실험의 결과와 어긋나는 일이 잦은 것은 왜 인가? 가령 사람들은 일반적으로 스스로가 시각적 세계를 온전히 자각하고 있다거나 의식이 연속적이라고 여기지만, 실험이나 내성의 결과에 따르면 이는 사실이 아니다.

존 당신의 지적에 전적으로 동의한다. 스스로의 의식 상태에 대한 믿음이 모든 지식의 근간이라던 데카르트의 주장은 대단히 잘못된 것이었다. 오늘날에는 착각을 유발하여 피험자가 의식 상태를 잘못 서술하게끔 유도할 수 있는 수많은 실험 기법들이 나와 있다.

수전 데카르트의 의견에 반대하는 것인가?

존 그렇다. 물론 그의 생각에 동의하는 구석도 없지 않지만, 지금 이 부분에서만큼은 결코 아니다. 사람들이 갖가지 이유로 자신의 의식 상태를 오인할 수 있다는 것은 의심의 여지가 없는 사실이다. 대부분의 경우 이는 단순 부주의나 부정확한 서술로 인한 것이지만, 자기기만과 같은 더 복잡한 원인들도 있다. 가령 사람들은 자신이 질투나 화를 느끼고 있음을 좀체 인정하지 않으려 한다. 그러나 의식 상태에 있어서는 현상과 실재의 구분이 불가능하므로, '의식에 대한 오해'와 '외부 세계에 대한 오해'는 본질적으로 다르다. 다시 말하지만, 의식 상태의 세부적인 사항들을 착각할 수는 있어도, 의식의 존재 자체를 착각할 수는 없다.

수전 당신에게는 자유의지가 있나?

존 여부가 있겠나! 우리 모두는 스스로에게 자유의지가 있다고 믿고 있으며, 그 생각에서 벗어나는 것은 불가능하다. 의사 결정을 하지 않고 한발 물러나 관망하는 것 역시 자유를 행사하는 것과 다름이 없다.

임마누엘 칸트도 오래전 이미 이러한 점을 지적한 바 있다. 그는 자유의지의 존재를 전제하지 않은 의식적 의사 결정은 불가능하며, 자유의지의 존재를 부정하는 것 역시 자유의지를 행사하는 차원에서만 이해될 수 있다고 역설했다.

그러나 모든 의식적 경험이 자유의지와 관계된 것은 아니다. 가령 내 눈앞에 무엇이 보일지를 자유의지에 따라 결정할 수는 없다. 반면 오늘의 저녁 메뉴를 정할 때는 얼마든지 여러 선택지들 중 하나를 고를 수 있다. 그렇기 때문에 더더욱 자유의지를 환상으로 치부해서는 안 되는 것이다. 그렇다면 인간이라는 '짐승'이 어쩌다가 자유의지를 갖게 되었을까? 자유의지의 신경상관물은 도대체 어떻게 생겨난 것일까? 이 질문들에 답하기란 결코 쉽지 않다. 할 말은 많지만 밤새 인터뷰할 수도 없는 노릇이니 이 자리에서 간략하게 몇 가지만 이야기하겠다.

의사 결정을 위하여 여러 근거들을 저울질하는 과정은 뉴턴 역학에서 여러 힘을 합쳐 하나의 합력 벡터를 계산하는 것과 완전히 다르다. 가령 내가 과거 대통령 선거에서 빌 클린턴에게 표를 던질 다섯 가지 이유와 그러지 않을 세 가지 이유가 있었다고 치자. 하지만 나의 선택은 단순히 모든 이유들을 수동적으로 더하는 것이 아니라, 여러 이유들을 중요도에 따라 주체적으로 평가함으로써 결정된다. 어떻게 이것이 가능한 것일까?

　이 과정을 이해하려면 내가 앞서 언급했던 통합된 의식 장이 단순히 데이비드 흄이 말했던 불연속적 지각의 집합이 아니라는 것을 가정해야 한다. 또한 의사 선택과 가치 판단, 행위의 주체로 기능할 수 있는 합리적 행위자의 존재도 상정해야 한다. 이러한 의식적이고 주의 깊은 합리적 행위자의 개념을 철학자들은 '자아'라고 부른다. 나는 자아라는 표현을 좋아하지 않지만, 어쨌든 현실이 그렇다. 요컨대 내가 말하고 싶은 것은 자아의 존재를 상정하지 않고서는 자유의지를 설명할 수 없다는 거다.

수전　자아도 참으로 까다로운 철학적 문제 중 하나인데, 당신이 생각하는 자아란 무엇인가?

　많은 과학자들은 인과적 행위자로서의 자아는 존재하지 않으며, 실제로는 뇌세포들 간의 상호작용이 의사 결정을 내리는 것은 물론, 자아감과 의지 감각까지도 만들어 내고 있다고 주장한다.

존　어쩌면 그들의 말대로 자아도, 자유의지도 모두 환상에 불과할지 모른다. 그러나 우선 환상의 정의부터 짚고 넘어갈 필요가 있다. 나는 앞서 크게 두 가지를 주장했다. 첫째, 자유의지, 즉 행동의 요인들과 실제 행동 사이의 간극을 메워 주는 존재를 빼놓고는 합리적 의사 결정을 설명할 수 없다는 것. 둘째, 사고·판단·선택·행위의 주체 ― 그것을 굳이 자아라고 부르지는 않겠다 ― 가 없이는 자유의지를 설명할 수 없다는 것. 자아는 합리적 의사 결정을 설명하기 위해 필요한 논리적 제약일 뿐, 영혼 따위의 신비로운 '정신적 실체'와는 전혀 무관하다. 그렇다면 어쨌든 자아는 뇌에 의해 형성되어야만 할 텐데, 그 메커니즘을 설명하는 이론에는 크게 두 가지가 있다.

첫 번째는 뇌가 자동차의 엔진처럼 순전히 부속품들의 기계적인 연결에 의해서만 기능한다고 가정하는 것이다. 심리학적 수준에서는 불확정성이 여전히 남아 있겠지만 신경생물학적 수준에서의 사건들을 이해하는 것만으로도 모든 행동을 설명할 수 있으므로 그것은 아무런 문제가 되지 않는다. 모든 결정과 행동들은 뇌 속의 인과적 과정에 의해 완전히 고정된다.

이것이 이른바 부수현상설Epiphenomenalism인데, 이 이론에서 마음은 어떠한 인과적 작용도 일으키지 못하면서 그저 육체의 뒤꽁무니를 따라다닐 뿐이다. 만일 그 주장이 사실이고 자연이 우리를 속인 것으로 드러난다면 우리의 세계관에는 아인슈타인, 코페르니쿠스, 뉴턴, 갈릴레오, 다윈이 일으킨 것과는 비교도 안 될 만큼 거대한 혁명이 일어날 것이다.

허나 나는 부수현상설이 사실일 것 같지는 않다. 아무런 기능이 없다면 의식처럼 복잡하고 값비싼 기능이 진화했을 리가 없다.

두 번째는 우리의 뇌가 자유로이 기능하는 합리적 행위 체계를 만들어 냈다고 보는 것이다. 이 의식적인 합리적 행위자는 시냅스 간극의 수준에서부터 구현되어 있으며, 전체 신경계로 하여금 의사 결정과 수의적 행동을 할 수 있게 한다. 그 체계가 구체적으로 무엇이냐고 묻는다면, 나도 잘 모르겠다. 나는 단지 여기서부터 자유의지 문제가 비롯된다는 것만을 지적하고자 한다.

수전 그 체계가 무엇인지 밝히기가 너무 힘들 것 같아서 나는 차라리 첫 번째 선택지를 택하고 싶다. 나 역시도 자연이 우리에게 엄청난 속임수를 부리고 있다고 생각한다. 우리는 자신의 의지에 따라 주체적으로 행동하고 있다고 여기지만, 실제로는 그저….

존 모든 것이 기계적인 작용에 불과한 거지.

수전 바로 그거다.

그나저나 방금 전에 당신은 자유의지가 존재한다는 관념을 떨쳐 내는 것이 불가능하다고 말했는데, 내 생각은 다르다. 실제로 나는 고된 훈련을 통해 나에게 자유의지가 있다는 느낌에서 어느 정도 벗어날 수 있었다.

존 의지 감각 없이 사는 것은 불가능하다. 다음 행동을 결정할 수가 없기 때문이다. 가령 직접 행동하는 것과 녹화 영상 속 나 자신을 관찰하는 것은 엄청나게 다르다. 영상 속의 나는 앞으로 어떤 행동을 할지가 전부 고정되어 있으므로 의지에 따라 앞으로의 행동을 바꾸는 것이 불가능하다.

수전 시간이라는 변수를 도입하는 것은 적절하지 않은 것 같다. 나는 의사 결정이 아예 일어나지 않는다고 주장하려는 것이 아니다. 의사 결정이 일어나되 그것이 의식적인 합리적 행위자가 아닌 기저의 신경 과정에 의해서 이루어진다는 것이 결정론의 핵심이다.

존 의사 결정과 인과적 행위의 주체가 의식적인 행위자가 아닌 일련의 기계적 과정들이라면 우리 모두는 태엽 장난감과 같은 무의식적인 좀비에 불과할 것이다. 어쩌면 그것이 사실일지도 모르지만, 혹시 우리가 결정론이 옳아야만 한다는 편견에 사로잡힌 것은 아닐까? 나는 또 다른 가능성, 심리학적 수준의 불확정성에 상응하는 신경생물학적 수준의 불확정성이 존재할 가능성을 제안하고 싶다. 물론 내 생각이 틀렸을 수도 있겠지만, 적어도 한 번쯤 고려해 볼 가치는 있다고 생각한다.

수전 철학적 좀비에 대한 견해는?

존 철학적 좀비는 훌륭한 사고 실험이다. 인간과 똑같이 행동하지만 의식을 경험하지는 않는 기계나 생명체를 떠올리는 것은 그리 어렵지 않다. 어쩌면 나를 제외한 나머지 사람들 모두가 의식이 없는 태엽 장난감에 불과할지도 모른다. 인간과 좀비가 무엇이 다른지는 한 번쯤 고민해 볼 만한 주제다.

수전 좀비를 상상하는 것은 어렵지 않다. 하지만 실제로도 좀비는 존재 가능할까?

존 물론이다.

수전 그렇다면 당신은 좀비가 의식을 갖추기 위해서는 의식 장이나 합리적 행위자와 같은 부가적 기능이 더 필요하다고 보는 것인가?

존 바로 그거다. 다리가 아닌 바퀴로 움직이는 동물이 상상은 가능하지만 여러 이유로 인해 진화하지 못했듯이, 진화가 좀비가 아닌 의식을 택한 것을 보면 좀비가 진화하기 어려운 이유가 있는 것이 분명해 보인다. 이는 의식이라는 메커니즘이 조직화된 행동을 훨씬 더 능률적으로 수행할 수 있기 때문이기도 할 것이다. 그러나 적어도 이론적으로는, 인간과 똑같이 행동하는 인공지능을 구현하는 것은 얼마든지 가능하다. 물론 아직 요원한 일이지만 말이다.

수전 이는 당신이 고안한 중국어 방 사고 실험과도 관련이 있을 것 같은데, 그 내용을 간단히 요약해 달라.

존 한때 인지과학계에는 계산주의적 관점이 유행했었다. 계산주의자들은 뇌를 디지털 컴퓨터에, 마음을 프로그램에 비유했으며, 크게는 두 가지 믿음에 사로잡혀 있었다. 첫째, 마음을 이루는 프로그램들을 모두 분석하면 마음이 무엇인지도 완전히 이해하게 될 거라는 것. 둘째, 프로그램을 잘 설계하면 마음을 인공적으로 구현하는 것도 가능하리라는 것. 나의 중국어 방 논증은 그 두 가지 믿음에 대한 간단한 반론이었다. 너무도 단순한 논리라 당연히 모두가 알고 있었을 거라 생각했는데, 많은 이들이 충격을 받는 것을 보고 나도 놀랐었다. 그 논증의 내용은 다음과 같다.

우선 나는 중국어를 할 줄 모른다. 중국어와 일본어 문자도 구별하지 못한다고 하면 어느 수준인지 감이 올 것이다. 그러한 내가 어느 방 안에 갇히게 되었다고 상상해 보자. 또한 그 방 안에는 중국어에 관한 모든 규칙이 담긴 책도 한 권 있다. 이때 방 바깥으로부터 중국어 질문지가 주어진다면, 나는 그 규범집을 참조하여 중국어로 된 답변을 써낼 수 있을 것이다. 하지만 내가 중국어를 전혀 할 줄 모른다는 사실은 조금도 변하지 않는다. 규범집을 가지고서 중국어를 이해할 수 없다면, 언어를 처리하는 컴퓨터 프로그램도 언어를 이해할 수 없다는 것이 나의 주장이었다.

방 바깥에서는 내가 중국어와 영어 모두를 원어민처럼 구사하는 것처럼 보이겠지만, 정작 나에게 그 두 언어는 하늘과 땅 차이다. 중국어를 쓸 때는 단어의 의미를 조금도 이해하지 못한 채 문장을 단순히 규칙에 따라 처리할 뿐이지만, 영어의 경우에는 단어가 뜻하는 바를 실제로 이해하기 때문이다.

이렇게 놓고 보면 컴퓨터가 언어의 의미를 이해할 수 없을 거라는 점은 너무도 자명하다. 컴퓨터는 0과 1, 각종 부호를 조작하는 방식으로 작동하지만, 인간의 마음은 부호가 담고 있는 의미론적 내용을 이해할 수 있기 때문이다. 구문론과 의미론이 다른 이상, 인간과 같은 지능을 가진 '강인공지능'은 불가능하다.

수전 당신이 이 내용을 발표한 뒤에는 어떤 일들이 있었나?

존 우선 나의 논증이 유명세를 탔다는 사실이 기뻤다. 아마 지금까지 중국어 방에 관해서만 수백 편 이상의 논문이 나왔을 거다. 컴퓨터를 통해 인간을 이해할 수 있다는 믿음인 계산주의는 행동주의나 기능주의와 마찬가지로 환원적 사고에 그 연원을 두고 있다.

나중에 알게 된 것이지만, 그 당시 마음을 창조하겠다는 미명 아래 대형 연구 과제에서 보조금을 지원받던 엄청난 수의 과학자와 공학자들이 나의 논문으로 인해 실직의 위기에 처하기도 했었다. 우리 철학자들은 어차피 연구비를 못 받기 때문에 그러한 것들에 연연하지 않지만 말이다. 지금도 이어지고 있는 이 논쟁은 아마 다음 세대까지도 계속될 것 같다.

수전 당신의 논증에 대한 반론도 적지 않은데.

존 여러 반론 중에 가장 대표적인 것이 이른바 '시스템 논변Systems reply'인데 — 내가 보기에는 가장 설득력이 약한 것 같지만 — 그 내용은 다음과 같다.

중국어 방 안의 나는 혼자가 아니라 규범집과 필기구, 한자 카드들과 함께 있다. 이때 나를 포함한 '방 전체'가 중국어를 이해하고 있다는 것이 바로 시스템 논변의 주장이다.

그런데 규범집을 보고도 왜 내가 중국어를 이해하지 못했을까? 답은 간단하다. 구문론에서 의미론을, 부호에서 의미를 도출해 내지 못했기 때문이다. 나조차도 실패한 그 일이 시스템을 방 전체로 확장한다고 과연 가능해질까?

반대로 내가 규범집의 내용과 한자들을 전부 외워서 — 물론 그럴 리는 없지만 — 중국어 방의 모든 요소를 내 머릿속에 집어넣었다고 가정해 보자. 그렇다 하더라도 나는 여전히 중국어를 이해하지 못할 것이다.

너무도 많은 인공지능 연구자들이 이 논변에 매달리고 있다는 사실은 오히려 그들의 절박함을 보여 준다. 차라리 그들은 원어민과 구별이 불가할 만큼 능숙하게 중국어를 구사할 수 있다면 그게 바로 중국어를 이해한 것이라고 반박했어야 했다. 하지만 내 면전에서 그렇게 말할 용기를 지닌 이들은 거의 없더라.

수전 사실 당신이 말한 그 '용감한' 답변이 내 생각과 정확히 일치한다. 나는 중국어 방이 제대로 작동하려면 그 방 안의 사람이 중국어를 반드시 이해해야만 한다고 생각한다. 그것이 '중국어를 이해한다'는 것의 정의이기 때문이다. 당신이 최소한 이 주장을 타당한 반응이라고 여기는 것 같아 다행이다.

존 오, 나는 그것이 용감한 주장이라고 했을 뿐, 타당한 반응이라고는 전혀 생각지 않는다. 컴퓨터가 부호에서 의미를 얻어 낼 어떠한 방법도 없다는 것이 문제의 핵심이다. 모사Simulation와 복제Duplication는 엄연히 다르다. 우리는 위장의 소화 과정이나 영국 경제의 돈의 흐름 등 온갖 것을 다 모사할 수 있지만, 소화계를 완벽히 재현했다고 그 프로그램이 실제로 음식을 소화할 수 있을 거라 생각하는 이는 아무도 없을 것이다. 모사란 실제 현상을 모델화하거나 다른 방식으로 표현한 것에 지나지 않기 때문이다. 마음을 컴퓨터로 모사하더라도 마찬가지다. 모사는 모사일 뿐, 실제 마음과는 다를 수밖에 없다.

수전 다시 의식의 진화에 관한 논의로 돌아가자. 당신은 좀비의 존재가 가능하다고 말했는데, 그렇다면 의식에게도 모종의 기능이 있어 진화 과정에서 의식을 선호하는 선택압이 작용했어야만 한다.

존 내 말이 바로 그거다. 의식의 기능은 수도 없이 많다. 오늘날 인간의 존재 양상Mode of existence을 보라. 우리는 엄청나게 다양한 정보 중에 필요한 것만을 선별하여 우리의 의식 장 속에 체계화하고, 그 정보를 비교하여 의사 결정을 내린다. 여기에는 앞서 언급했던 의식의 통합적 성질이 활용될 수 있다. 하나의 의식 장이 시각·촉각·청각·기억 등 여러 정보를 한꺼번에 조율함으로써 우리는 무의식적 메커니즘만을 사용할 때보다 훨씬 더 많은 정보를 유연하고 효율적으로 처리할 수 있게 된다.

수전 그렇다면 의식이 자연 선택을 통해 점점 발전해 온 것일까?

존 의식이 있는 동물들이 더 잘 살아남은 것은 결코 우연이 아닐 거다.

수전 의식이 있는 동물에는 어떤 것들이 있나?

존 첫째로는 우리 인간이 있다.

수전 그건 당연하고, 인간이 아닌 동물들 가운데는?

존 뇌가 의식을 야기하는 메커니즘이 밝혀지지 않은 지금으로서는 그 질문에 대한 답을 알 수 없다. 의식의 존재 여부를 판정할 방법이 발견될 때까지 기다리는 수밖에.

수전 도대체 그 방법을 어떻게 찾아낸단 말인가?

존 확실한 방법을 하나 소개하겠다. 미래의 어느 날 의식의 메커니즘이 명확히 특정되어 의식을 마음대로 켜고 끌 수준에까지 이르렀다고 가정해 보자. 이때 그 메커니즘이 어느 종에서부터 나타나는지를 계통학적으로 확인한다면 과연 어떤 결과가 나올까? 영장류와 포유류는 분명히 그 메커니즘을 지니고 있을 것이다. 하지만 거기서 훨씬 더 내려가면 예컨대 그 메커니즘이 흰개미에게는 있지만 달팽이에게는 없는 것으로 밝혀질 수 있다. 이에 더하여 달팽이의 행동을 의식이 아닌 다른 방식으로 설명해 낸다면, 달팽이에게는 의식이 없지만 흰개미에게는 의식이 있다고 충분히 결론지을 수 있을 것이다.

수전 그때쯤이면 의식의 수수께끼가 마침내 풀렸다고 선언할 수 있을까?

존 아마 그렇지 않을까. 그걸 밝혀낸 사람은 위대한 학자로서 역사에 길이 남을 것이다.

다른 동물들도 우리와 같은 의식적 경험을 한다

페트라 슈퇴리히
Petra Stoerig

페트라 슈퇴리히
Petra Stoerig

페트라 슈퇴리히는 독일의 철학자이자 심리학자이다. 1982년 독일 뮌헨 대학교에서 심신 문제 연구로 철학 박사 학위를 취득한 후 신경철학, 임상심리학, 맹시 현상 등을 연구하였다. 오페라와 동물을 사랑하는 슈퇴리히는 의식의 신경적 기반, 신경철학, 시각 의식, 연구윤리 및 의료윤리 등에도 지대한 관심을 가지고 있다. 영국, 캐나다, 독일 소재의 여러 대학교에서 근무하였고, 현재는 독일 뒤셀도르프 대학교 실험생물심리학과의 학과장으로 재직 중이다.

수전 의식 문제란 무엇인가? 의식이 이토록 흥미롭고도 어려운 까닭은 무엇인가?

페트라 의식이 왜 흥미롭냐고? 그건 간단하다. 의식이 바로 희로애락의 근간이기 때문이다. 경험이 존재하기 때문에 우리는 기쁨과 슬픔을 느끼고, 맛있는 식사와 와인을 음미할 수도 있다. 하지만 의식은 경험의 전제 조건이므로, 의식 없이는 어떠한 경험도 할 수 없다.

수전 그렇다면 의식 연구는 왜 이렇게 어려운 것인가?

페트라 우리가 의식을 갖게 된 이유를 설명하기란 매우 어렵다. 나는 개인적으로 의식이 진화한 것은 그것이 강력한 동기 유발자로서 기능하여 개체가 생존할 확률을 높여 주었기 때문이라고 본다. 우리 인간은 죽음을 무릅쓴 채 에베레스트산을 오르기도 하고, 오페라 초연을 보기 위해 지구 반대편의 낯선 도시로 향하기도 한다. 감각질이나 의식적 경험 없이는 그런 행동은 불가능하다. 이것이야말로 삶의 기적이며, 그러한 점에서 의식은 이 세상에서 가장 흥미로운 것이라고 말할 수 있다. 의식 연구가 어려운 이유는 질문 자체가 어렵기 때문이다. 의식이 왜 생겨났는지, 무엇에 유용한지, 어떻게 형성되는지를 답하기란 여간 어려운 것이 아니다.

수전 개인적으로 나는 의식이 아무런 효용도 갖고 있지 않다고 보는데, 당신의 생각은 다른 것 같다.

페트라 나는 의식이 강력한 동기 유발자로 기능함으로써 생존 확률을 높여 주고 있다고 생각한다.

수전 당신은 의식이라는 말을 주관적 경험의 동의어로써 사용하는 듯한데, 그렇다면 감각질이란 무엇인가?

페트라 그 질문에 답하는 것 대신 '경험'의 정의에 대해 좀 더 설명하겠다. 감각질이 없는 경험이란 있을 수 없으니까 말이다.

수전 그렇지만 나는 당신이 감각질을 무슨 뜻으로 사용한 것인지 더 듣고 싶다.

페트라 그렇다면 내가 경험을 어떻게 정의하는지는 알고 있나?

수전 그렇다.

페트라 그게 곧 감각질의 정의이기도 하다.

수전 그게 다인가?

페트라 나에게는 의식이 곧 경험이니까.

수전 그렇다면 당신이 말하는 감각질은 철학자들이 말하는 소위 형언 불가능하고 환원 불가능한 경험의 특질과는 다른 것인가?

페트라 어쨌든 그것들도 경험의 일부분이다. 감각질이 늘 형언 불가능한 것은 아니다. 지금 당신의 머리카락이 초록색이라는 사실은 누구나 동의할 거다. 설령 사람마다 지각하는 방식에 미묘한 차이가 있다 하더라도 말이다. 감각질이 형언 불가능하고 환원 불가능한 속성을 띠는 것은 감각을 느끼지 못하는 사람에게 그것이 어떤 느낌인지를 설명하려 할 때뿐이다. 우리는 오직 스스로의 경험만을 알 수 있으며, 인간이 아닌 다른 생물들이 무엇을 '느끼는지'는 상상조차 할 수 없다. 경험이 철학적 문제로 취급되는 것은 이러한 까닭이다.

수전 방금 전에 당신은 의식에게 진화적 기능이 있다고 주장했는데, 내 머리 색깔을 형언할 수 없다는 사실이 도대체 생존에 어떠한 도움을 줄 수 있는지 짐작이 가지 않는다. 경험이 말로 옮길 수 없고 사적인 것이라면, 어떻게 그것이 기능을 가질 수 있는 것인가?

페트라 경험을 말로 옮길 수 없다니, 그게 무슨 말인가.

수전 그게 형언 불가능하다는 말의 뜻이 아닌가.

페트라 경험은 당연히 말로 옮겨질 수 있다. 나는 당신이나 제삼자에게 당신의 헤어 스타일이 어떤지, 그에 대해 내가 어떻게 생각하는지, 입고 있는 셔츠가 당신에게 얼마나 잘 어울리는지를 얼마든지 이야기할 수 있다.

수전 좋다. 그렇다면 당신이 어떤 방법론으로 의식을 연구하고 있는지 소개해 달라.

페트라 나는 맹시Blindsight라는 독특한 현상을 주로 이용하고 있다. 나는 주로 1차 시각피질 근처에 손상을 입은 환자들을 연구하고 있는데, 이들은 손상된 부위에 따라 시야의 전체 혹은 일부에서 피질맹Cortical blindness을 겪게 된다. 이 경우 환자들은 시야의 특정 부분 — 암점Scotoma — 에 제시된 사물에 대한 현상적 감각을 더 이상 느끼지 못한다.

하지만 병변의 부위가 눈과 멀리 떨어진 후두부에 위치하고 있는 데다가 눈과 뇌 사이에는 수없이 많은 병렬적 경로가 존재하기 때문에 그 상황에서도 여전히 많은 양의 시각 정보가 시각계에 유입되어 처리된다. 이 덕분에 환자들은 암점에 제시된 자극 정보에 반응을 보일 수 있는데, 이것이 바로 맹시이다. 내가 맹시를 연구 주제로 택한 것은 의식의 역할이 무엇인지를 알고 싶었기 때문이다. 맹시 현상을 활용하면 감각질의 기능이 무엇인지도 알아낼 수 있을 거라는 기대였다.

수전 감각질 없이도 무의식적 시각 정보를 이용하여 특정한 과제를 수행할 수 있다는 것인가? 구체적으로 어떤 과제들을 수행할 수 있나?

페트라 사물의 유무뿐만 아니라 위치도 감지할 수 있고, 두 가지 사물을 비교할 수도 있다.

수전 아무것도 보이지 않는데도 자극에 반응할 수 있다니 참으로 놀랍다.

페트라 그 밖에도 환자들은 사물의 색깔, 크기, 방향, 움직임 등실로 많은 것들을 구별할 수 있다. 훈련을 거듭할수록 이 구별 능력은 점점 좋아진다. 가끔씩은 정말 맹시 현상으로 의식의 기능을 밝힐 수 있을지 의문이 들기도 한다. 감각질 없이는 할 수 없는 과제를 아직 찾지 못했기 때문이다. 오랫동안 연습한 환자들은 간혹 시각 경험을 되찾기도 하는데, 그러고 나면 그들과 함께 연구하는 것은 불가능해진다. 물론 환자들이 회복하는 것은 매우 기쁜 일이지만, 못내 아쉬운 마음이 드는 것도 사실이다.

수전 그 마음은 나도 충분히 이해한다. 그런데 말이다, 환자들이 주어진 자극을 우연 이상의 확률로 맞히고 훈련을 통해 정답률을 높일 수도 있다면, 그들이 정말 아무런 경험을 하지 않는다고 단정할 수 있을까? 단지 현상을 표현하는 방식이 달라졌을 뿐, 색채 감각이 존재하기는 하는 것이 아닐까?

페트라 환자들을 지속적으로 훈련시킨다는 것이 맹시를 연구하는 다른 학자들과 나의 차이점이다. 자극에 대한 환자들의 분별력이 반복적 훈련을 통해 개선될 수 있음은 분명한 사실이다. 처음에는 대다수 환자들이 우연 수준의 정답률을 넘어서지 못하며, 사람에 따라 능력 습득에 걸리는 시간도 모두 다르다.

몇몇 이들은 첫 번째 시도에 성공하기도 한다. 예전에 나는 어느 환자에게 빨간색과 파란색을 구별하는 과제를 주고, 그의 추측이 맞았는지 여부를 곧바로 알려 주었다. 그는 화면에 시선을 고정한 채 과제를 한동안 반복하더니, 이내 "된다, 된다" 하며 감격의 환호성을 지르더라. 내가 만난 환자들 중에서 맹시 능력을 가장 빨리 습득한 사람이었다. 젊은 남성이었는데, 그걸 보면 나이와도 아주 무관하지는 않은 것 같다.

반대로 우연 이상의 정답률을 보이기까지 2년 가까이 걸린 사람도 있었는데, 한 번 요령을 습득하고 나자 그도 이내 정상적인 경과를 보였다. 맹시 능력은 한 번 습득하고 나면 사라지지 않으며, 오랜 기간 훈련에 참여한 환자들 중 일부는 암점에 무언가가 보이는 듯한 느낌을 받기도 한다. 물론 그 느낌의 정확도는 처음에는 그리 높지 않지만, 훈련을 거듭할수록 실수도 줄어들고 환자들의 삶의 질도 점점 더 높아진다. 심지어 우리 환자들 중에는 훈련에 참여하려고 매주 자전거로 20km의 거리를 왕복하는 사람도 있다.

수전 대니얼 데닛이 그 현상을 '초맹시Super-blindsight'라 칭한 것으로 알고 있다. 충분한 훈련을 받아 모든 과제를 완벽히 수행할 수 있게 된 환자의 시각 경험은 정상적인 시각 경험과 구별할 수 없으며, 따라서 경험은 기능의 집합과 다르지 않다는 것이 데닛의 주장인데, 이에 대한 당신의 견해는?

페트라 우리는 환자들이 잠재의식에 주의를 기울이게 하여 그들의 뇌가 암점에 관한 정보에 반응할 수 있도록 훈련시킨다. 그 정보들은 의식되지는 않더라도 신경 표상은 남아 있기 때문에 뇌에 모종의 영향을 끼칠 수 있다. 이렇게 시각계의 다른 영역이 병변으로 손상된 부위의 기능을 대신하다 보면, 결국에는 의식적 시각도 부분적으로나마 복원되는 것으로 보인다. 구체적으로 어느 영역이 관여하는 것인지는 아직 알 수 없지만, 한 가지 분명한 것은 구조적 손상이 그대로이더라도 기능적·계산적 능력의 회복만으로도 의식을 되찾는 것이 가능하다는 점이다.

수전 피질맹 환자들이 시야의 전체 혹은 일부에서 감각질을 느끼지 못한다면 그들을 '부분적 좀비'라 부를 수도 있지 않을까?

페트라 나는 아니라고 생각한다.

수전 그렇다면 그들은 철학적 좀비와 어떻게 다른가?

페트라 철학적 좀비는 생김새나 행동은 정상인과 동일하지만 내적 경험을 하지 않는 존재를 일컫는다. 피질맹 환자들이 시감각의 현상적 표상을 잃은 것은 사실이지만, 그들은 결코 좀비가 아니다. 생물학적으로도 좀비는 존재할 수 없다.

솔직히 말하자면 나는 좀비의 개념을 아주 싫어한다. 지금 이 문장을 적기 위해 베어질 나무도 아까울 정도다. 물론 나도 논리적으로는 좀비의 존재가 가능하다고 생각하며, 이에 대해 철학자들이 관심을 갖는 것도 충분히 이해한다. 하지만 생물학자의 입장에서 보자면 좀비 논증은 일고의 가치도 없다. 내가 아는 한 그 어떤 존재도 내적 경험 없이 우리와 똑같이 행동할 수는 없기 때문이다.

수전 어쩌다 의식에 처음 관심을 갖게 되었나?

페트라 나는 의식이 인류에게 있어 가장 중요한 문제라고 생각한다. 의식에 관해 우리가 답해야 할 질문은 크게 세 가지인데, 그중 두 개는 앞서 언급하였다. "의식이 어떻게 만들어지는가?" 하는 것은 신경과학자들이 특히 답하고 싶어하는 것이고, "의식이 무엇에 유용한가?" 하는 것은 나의 개인적 관심사다. 세 번째 질문은 "누가 의식을 갖고 있는가?"인데, 나는 의식의 유무를 판단하기 위한 기준에 관해서도 관심이 아주 많다. 물론 우리와 가까운 종들에 대해서는 이미 확실한 결론이 나 있지만, 우리와 계통학적으로 멀리 떨어져 있는 종들을 어떻게 시험할 것인지는 아무도 모른다.

수전 살면서 줄곧 그 문제들에 관심을 갖고 있었나?

페트라 물론 유년 시절에는 아니었다. 어릴 때 내 꿈은 암을 정복하는 것이었다. 그러다 결국에는 의식 문제로 목표를 정하게 되었다. 옳은 결정이었는지는 잘 모르겠지만!

수전 난해하기로는 암이나 의식이나 막상막하인 것 같다! 의식 연구자의 길을 택한 뒤로 혹시 당신의 삶이나 의식에 변화가 있지는 않았나?

페트라 연구가 삶의 많은 부분을 차지하게 되었으니 그러한 의미에서는 삶이 바뀌었다고도 말할 수 있겠지만, 내 의식 수준이 높아졌는지를 물은 거라면, 그렇지는 않은 것 같다. 물론 많은 것들을 접하고 배우면서 타인을 대하는 태도가 성숙해지는 등의 변화는 있었지만, 내 의식적 경험 자체가 달라지지는 않았다.

수전 혹시 다른 생명체들을 대하는 태도가 바뀌지는 않았나?

페트라 글쎄, 나는 다른 동물들도 우리와 같은 경험을 한다는 것이 너무나도 자명한 사실이라고 생각한다. 종에 따라 다소간의 차이는 있겠지만, 기본적으로는 다른 동물들도 스스로의 행동과 주변 환경의 변화를 경험한다. 그것이 내가 동물을 사랑하는 이유이기도 하다.

수전 죽음의 순간에는 어떤 일들이 벌어질까?

페트라 아, 이제야 본색을 드러내는군!

수전 내가 이것을 묻는 것은 다름이 아니라 스튜어트 하메로프 때문이다. 하메로프는 미세소관 이야기를 하면서 육체의 죽음 이후에도 양자 결맞음이 잔존할 수 있을 거라 주장했다. 아마 독자 여러분들도 다른 연구자들은 어떻게 생각하는지 궁금해하시지 않겠나.

페트라 나는 하메로프의 주장에는 동의하지 않지만, 어쨌든 이건 너무 어려운 질문인지라 '잘 모르겠다'라는 대답 외에는 할 수 없을 것 같다.

수전 오, 괜찮다. 하지만 사후 세계가 자아 문제와도 밀접한 연관이 있는 것은 사실이 아닌가.

페트라 그건 그렇다. 게다가 나는 요즘 자아의식 문제에 부쩍 심취해 있다. 사실 나는 자아의식이 굉장히 중요한 주제라고 줄곧 생각했었지만, 일반적으로 자아의식과 의식이 전혀 별개의 개념으로 취급되는 탓에 내 관심사를 숨겨야만 했다. 의식만을 연구했던 나로서는 세간의 말처럼 자아의식과 의식은 아주 많이 다르겠거니, 그저 막연하게 생각할 따름이었다.

그러던 어느 날 나는 생명이나 의식에서 자아가 맡은 역할에 관해 고민하게 되었고, 여태껏 우리가 자아 문제에 잘못된 방식으로 접근하고 있었다는 결론에 이르렀다. 이것이 내가 자아 문제에 본격적으로 관심을 갖게 된 계기다.

우리 중 대다수는 자아의식이 인간의 전유물이라는 믿음을 갖고 있다. 인간 외의 동물에게 자아의식이 있다는 증거가 새로이 제시될 때마다 사람들은 자아의식 혹은 자아인식Self-awareness

의 정의를 조금씩 바꾸는 식으로 대응해 왔다. 예컨대 몇몇 동물들이 거울 속 자신을 알아보는 것으로 밝혀지자 사람들은 거울 테스트를 통과하는 것과 스스로의 정신 상태, 감정, 지각을 반추하는 것은 다르다며 문제를 회피했다. 이러한 상황에서는 그 어떤 증거를 내밀더라도 사람들을 설득시키기는 불가능할 것이다.

다른 동물에게도 자아가 있다는 사실을 도대체 왜 인정하지 않으려는 것일까? 자기와 비자기Non-self의 구분이야말로 생명의 가장 기본적인 기능인데 말이다. 내가 무엇인지를 알아야 외부 환경과 나를 분리할 수 있고, 자기 몸을 소화해 버리는 불상사도 막을 수 있지 않겠나.

수전 단세포 생물이 세포막으로 자신의 안과 밖을 나누는 것처럼 말인가?

페트라 그렇다. 단세포 생물들은 생존에 필수적인 모든 기능을 수행하기 위해 아주 복잡한 구조를 지니고 있다. 이들은 물질대사를 하고 자극에 반응하는 것은 물론, 마치 우리가 짝을 만나듯이 같은 종을 식별하여 유전자를 주고받기도 한다. 하나의 세포가 이 모든 일들을 해낼 수 있다니, 놀랍지 않나?

다세포 생물에서도 이러한 기능들은 신체 각 부위에 나누어져 수행되고 있지만, 단지 이러한 유사성에 근거하여 단세포 생물에게도 생각이나 의식과 같은 기능이 있다고 말할 수는 없다. 설령 그것이 사실이라 하더라도 현재로서는 입증할 방법이 마땅치 않다.

수전 앞서 언급한 거울 자기인지Mirror-self-recognition 테스트보다 더 나은 실험 기법이 없을까?

페트라 크게 두 가지 전략이 있을 것 같다. 첫째는 각각의 종이 저마다의 방식으로 자기인지와 자아인식을 구현하고 있다는 점에 집중하여 특정 종에 맞는 질문 방식을 개발하는 것이다. 예컨대 자아 없이 일화 기억Episodic memory을 형성하는 것은 불가능하므로, 어떤 종이 일화 기억을 할 수 있다면 자아가 있을 가능성도 매우 높다고 추측할 수 있다. 이 밖에도 자아의 존재를 간접적으로 입증할 방법은 얼마든지 있다.

지구상에는 인간보다 훨씬 더 우아하게 움직일 수 있는 동물이 수두룩하다. 만일 그들이 정말로 우리보다 나은 고유감각Proprioception과 운동감각을 지닌 거라면, 적어도 그러한 측면에서는 그들의 자아인식이 우리보다 더 우수하다고 말할 수 있을 것이다.

신체의 움직임 외에도 동물이 인간을 능가하는 사례는 어렵지 않게 찾을 수 있다. 이를 보면 종마다, 혹은 개체마다 제각기 다른 형태의 자아를 갖고 있다는 것이 더욱 확실해진다. 그런데 왜 사람들은 유독 자아인식에 대해서만 보수적인 태도를 보이는 것일까.

그것은 결코 인간의 자아인식이 특별히 뛰어나서는 아닐 것이다. 사실 인간의 자아인식은 외부 세계에 대한 지식에 비하면 하잘것없는 수준이다. 그렇다면 사람들의 반응은 어쩌면 약점을 보호하려는 콤플렉스의 일종일지도 모르겠다. 물론 우리 인간은 외부 세계를 이해하거나 통제하는 데는 발군의 소질을 가지고 있으며, 그 덕에 만물의 영장으로도 군림하게 되었다. 하지만 우리는 우리 자신에 관해서는 거의 아무것도 알지 못하며, 그나마 있는 약간의 지식도 표면적인 자기인식에 불과하다. 그렇게 우리는 자신을 움직이는 진짜 동기가 무엇인지도 깨닫지 못한 채 끊임없이 자신에게 이야기를 지어내며 살아가고 있다. 너무나도 작고 연약한 우리의 자아지식을 보자면, 우리보다 더 뛰어난 자아지식을 가진 종이 발견된다고 해도 전혀 놀랍지 않을 것 같다.

수전　세상에, 도대체 어떤 동물이 그럴 수 있을까?

페트라　최근에 나는 사람들이 유독 자아의식에 대해서만 이상한 질투심을 느끼는 이유가 무엇인지를 깊이 고민해 보았는데, 내 잠정적인 결론은 그것이 필경 언어와 밀접한 관련이 있으리라는 것이었다. 하지만 아직 그에 관해 논하기는 시기상조일 것 같다.

수전　아니, 나는 그저 당신이 어떤 종을 염두에 두고 한 말인지를 물은 것이다. 돌고래나 고래, 코끼리처럼 똑똑하기로 소문난 동물들 외에도 자아의식을 갖고 있을 법한 종이 더 있나?

페트라　우선 우리는 무엇이 우리 자신에 대한 이해를 가로막고 있는지 좀 더 면밀히 살펴볼 필요가 있다. 만약 그것이 언어라면, 언어를 쓰지 않는 동물들은 자기 자신을 훨씬 더 진솔하게 이해하고 있을 거라 추측할 수 있다.

수전　언어 능력이 자아인식에 도움을 준다는 것이 일반적인 상식인데, 당신은 오히려 언어가 진실을 가리고 있다고 주장하는 것인가?

페트라 그렇다. 어쩌면 우리는 언어 때문에 우리를 움직이는 진짜 원동력이 무엇인지 알지 못한 채 살고 있는 것일지도 모른다.

오늘날의 의식 연구는
갈릴레오 이전의 천문학과도 같다

프란시스코 바렐라
Francisco Varela

프란시스코 바렐라
Francisco Varela

칠레 출생의 프란시스코 바렐라(1946~2001)는 칠레 대학교에서 생물학을 전공한 뒤 도미하여 하버드 대학교에서 곤충의 시각에 관한 연구로 박사 학위를 취득하였다. "출현적 자아Emergent self와 가상 인격Virtual identity이 이토록 흔하게 관찰되는 이유는 무엇인가?" 이것이 그가 평생을 바쳐 탐구한 단 하나의 질문이었다. 자기생성(Autopoiesis : 생명의 자기조직 현상)의 개념을 정립하고 신경계와 인지 기능을 행위적Enactive 관점에서 서술한 것으로도 잘 알려져 있다. 현상학자인 동시에 신경과학자이기도 했던 그는 두 분야를 융합하여 신경현상학이라는 새로운 학문을 창시하기도 하였다. 다년간 불교 명상을 수련하였으며, 그 경험이 그의 연구에도 영향을 끼친 것으로 보인다. 프랑스, 독일, 칠레, 미국 등 여러 국가에서 왕성하게 활동하였으며, 작고하기 전까지는 프랑스 파리 국립과학연구원CNRS 인지신경과학 및 뇌영상연구소의 소장으로 재직했다. 윤리학, 의식, 현상학에 관하여 다수의 책을 집필 및 편집하였으며, 『몸의 인지과학』(1992)을 공저하였다.

수전 의식 문제란 무엇인가? 의식 문제가 다른 문제들과 차별화되는 까닭은?

프란시스코 글쎄, 나는 의식이 그다지 특별하다고 생각지 않는다. 의식의 존재는 문제가 아닌 하나의 '팩트'다. 외부 세계가 있고 그 반대편에는 나의 의식이 있으며, 둘이 합쳐져 내가 사는 이 세상을 이룬다는 것. 간단하지 않나?

과학자라면, 즉 자연계를 이해하고자 하는 사람이라면 모름지기 의식이 이 세상의 절반을 차지하고 있음을 알아야 한다.

그러나 오랫동안 과학자들은 그다지 정당하지 않은, 때로는 정치적인 이유들로 이 '팩트'를 외면했었다. 지난 20세기 동안에도 의식은 과학과 비과학의 경계를 두 번이나 넘나들어야 했다. 의식은 1910년대 독일에서 현상학과 내성주의가 유행하면서 처음으로 과학자들의 주목을 받았지만, 제2차 세계 대전 이후에는 과학의 범주에서 내쫓겨야 했다. 1990년대 신경과학의 발전에 힘입어 과거의 위상을 어느 정도 되찾기는 했지만, 앞으로 또 어떻게 될지는 아무도 모르는 일이다.

수전 20세기 중반에 왜 그런 일련의 변화들이 일어났던 것인가? 단순히 그때의 기술 수준이 미흡했기 때문인가, 아니면 다른 이유도 있었나?

프란시스코 그걸 단순히 몇 가지 이유만으로 설명하기는 불가능할 것이다. 나는 의식이 다른 주제들에 비해 특별히 어렵다고 생각지 않는다. 오히려 세계 대전과 같은 사회학적인 요소가 더 크게 작용했던 것으로 보인다. 20세기 초 의식 연구의 중심지는 다름 아닌 독일이었다. 현상학의 창시자인 에드문트 후설, 빌헬름 분트, ― 심지어 친나치 행보를 보이기도 했던 ― 마르틴 하이데거 역시 모두 독일인이었다. 전쟁으로 황폐화된 유럽을 대신하여 미국이 현대 과학의 중심지로 부상하면서 행동주의의 영향력도 급속도로 확대되었다.

물론 미국에도 윌리엄 제임스와 같은 탈행동주의적인 학자들이 있었다. 재미있게도 요즘에는 너 나 할 것 없이 제임스를 인용하고 있다. 마치 구 소련의 모든 연설에서 마르크스와 엥겔스가 빠짐없이 언급되던 것처럼 말이다. 제임스가 범상치 않은 인물인 것은 틀림없는 사실이다. 그가 저서 『심리학의 원리』에서 제시한 과학 연구의 핵심 가치들은 오늘날에도 여전히 유효하다. 후기 저술인 『종교적 경험의 다양성』과 『실용주의』에서 그는 한 걸음 더 나아가 의식이 우주의 본질이며 존재는 의식에 기인한다고 역설한다. 그는 기본적으로 의식이 생물학이나 신경과학으로 환원될 수 없다고 여겼다. 이를 보면 의식이 과학계에서 배척당한 것을 단순히 국가별 학풍의 탓으로 돌리는 것이 적절치 않음을 알 수 있다.

어쨌거나 아직도 많은 사람들이 의식 연구에 대해 강한 거부감을 품고 있다는 사실을 우리는 인정해야 한다. 그리고 그 이유 가운데는 의식 연구가 일인칭 데이터를 필요로 한다는 점이 있다.

수전 당장 그것부터가 엄청난 논란거리이지 않은가. 일반적으로는 외부에서 수집된 — 공개적으로 접근 가능한 — 것만을 데이터라고 부르는데, 일인칭 데이터는 우리 내부에서 유래한 것이니까 말이다.

프란시스코 물론 통념상으로는 그렇다. 외부로부터 온 데이터는 신뢰할 수 있지만, 내부에서 얻은 데이터는 주관적이고 부정확하다는 것인데, 그 믿음이 정말 사실인지, 혹여 의식 연구에 대한 반발심에서 생긴 편견은 아닌지를 따져 볼 필요가 있다.

물리학이나 생물학에서 사용되는 소위 객관적 데이터도 결국에는 누군가가 자신의 관찰을 보고한 결과물이므로 일인칭적 요소를 포함하고 있을 수밖에 없다. 일반적으로 우리가 어떠한 데이터를 '객관적'이라고 말하기 위해서는 제삼자에 의한 상호주관적 검증이 반드시 필요하다. 즉 동일한 조건에서 동일한 절차를 반복하였을 때 같은 결과를 재현할 수 있어야 한다. 이 '재현 가능성'은 과학적 지식의 근간이기도 하다.

그렇다면 일인칭 방법론으로 수집한 데이터도 상호주관적 검증을 통과하기만 한다면 객관적 지식으로 취급되어야 하지 않을까? 이를 보면 흔히 말하는 객관 – 주관의 구분은 그저 관찰에 쓰이는 도구와 방법론에 달려 있을 뿐임을 알 수 있다.

수전   그게 정말인가? 색채 경험을 예로 들어 보자. 지금 당신이 입은 멋진 연노란색 셔츠에 대한 나의 주관적·의식적 경험은 오직 나만이 느낄 수 있는 사적인 것이다. 내가 할 수 있는 거라곤 고작해야 "노란색이 보인다"라고 말하는 것뿐, 이 노란색의 느낌을 오롯이 묘사하는 것은 그 어떤 방법으로도 불가능하다. 만약 이 느낌들이 의식의 핵심 요소라면, 또한 이것을 삼인칭적으로 묘사하는 것이 불가능하다면, 도대체 어떻게 제대로 의식을 연구할 수 있을까?

프란시스코   그게 바로 문제의 핵심이다. 정말로 경험의 사적인 성질Quality of privateness과 접근 가능성Quality of access은 구분되어야만 하는 것일까? 당신의 경험이 오직 당신에 의해서만 보고될 수 있는 것은 사실이지만, 그렇다고 해서 그 경험을 사적인 것이라고 말할 수는 없다. 왜냐? 당신이 보고한 바를 상호주관적으로 검증하는 것이 가능하기 때문이다. 혹여 누군가가 내 셔츠의 색깔이 노란색이 아닌 빨간색이라고 주장하더라도, 여느 과학 분야에서처럼 교차 검증을 거치면 우리는 언제나 합의를 도출할 수 있다.

수전   그건 전혀 다른 문제인 것 같은데? 내가 내 경험을 보고할 수 있는 것은 맞지만, '노란색'이라는 단어만으로는 노란색의 느낌 자체를 설명할 수 없다. 이는 감정의 경우에도 마찬가지이고.

프란시스코   좋은 지적이다. 지금 당신의 말 속에는 오늘날 의식 연구가 가진 문제점이 두 개나 담겨 있다.

그중 하나는 내가 흔히 '방법론 문제'라고 부르는 것이다. 나도 '노란색'이라는 단어만으로는 당신의 경험을 충분히 서술할 수 없다는 것에 동의한다. 그런데 경험을 묘사하는 것은 원래 어려운 일이다. 일반인 피험자를 데려다 놓고 지금 어떤 감정을 느끼고 있는지를 물으면 제대로 답하지 못하는 이가 태반일 것이다. 경험을 한다고 해서 반드시 그 경험을 잘 묘사할 수 있어야 하는 것은 아니다. 정원을 거니는 이들이 모두 정원사나 식물학자는 아닌 것처럼 말이다. 경험에 관한 통찰력은 타고나는 것이 아닌, 아주 기나긴 훈련을 통해 익혀야 하는 능력이다.

바로 이 지점에서 서구권의 학자들은 거세게 반발한다. 우리 서양인들은 '과학'이라는 한 가지 방법론만을 고집하고 있지만, 다른 문화권들이 축적해 온 실증적·객관적 지식들도 면밀히 검토하고 받아들일 필요가 있다. 나는 특히 불교 전통에 관심이 많은데, 그 이유는 가르침 중에 스스로의 감정 상태를 상호 검증이 가능한 용어로 매우 정확하고 세밀하게 서술하는 기법들이 담겨 있기 때문이다.

일반적인 언어로는 일인칭 경험의 풍부함을 묘사할 수 없다는 것, 이것이 의식 연구의 첫 번째 문제점이다. 이를 해결하기 위해서는 지금보다 나은 일인칭 방법론들을 새로이 개척하고 그것을 젊은이들에게 가르치기 위한 교육과정을 마련하는, 이른바 '과학의 사회학적 혁명'이 일어나야 한다. 사실 우리는 의식을 몰라도 너무 모르고 있다. 마치 갈릴레오 이전 사람들이 밤하늘을 바라보며 자신이 천문학을 연구한다고 믿었던 것처럼 말이다.

수전   두 번째 문제점은 무엇인가?

프란시스코   방법론이 정립되고 나면 관련 현상을 탐구할 차례다. 의식이 왜 이토록 개인적이고도 내밀한 느낌을 주는지, '나'라는 존재의 본질과는 어떠한 관련이 있는지 알아내야 하는 것이다. 의식은 생의 여러 특질 가운데서도 가장 귀중한 것이어서, 과학 내에서 의식 연구는 일종의 특이점과도 같다. '나'와 의식 사이의 이 긴밀한 관계를 설명하기란 결코 쉽지 않은데, 이것이 의식 연구가 가진 두 번째 문제점이다. 개인적으로 나는 감각·운동·정서 등 여러 뇌기능의 작동 원리를 탐구하다 보면 실마리가 풀릴 거라 보고 있다. 뇌는 컴퓨터와 같은 단순한 입출력 장치가 아니라, 아주 오랜 세월 동안 — 계통발생학적으로든 개체발생학적으로든 — 끊임없이 진화를 거듭해 온 기관이다. 따라서 뇌의 기능은 외부 세계와의 능동적 상호작용이라는 맥락하에서만 이해될 수 있으며, 그 상호작용이 체화된 결과가 바로 우리의 경험인 것이다.

우리가 우리 자신을 속속들이 경험하는 것은 우리가 체화되어 있기 때문이다. 따라서 의식 상태는 순수한 메커니즘으로 정의될 수 없다. 의식 역시 체화되어 있으므로, 의식의 메커니즘이란 곧 주관성이 발생할 가능성에 관한 조건에 해당한다.

(앞에 놓인 물병을 만지며) 가령 이 물병이 '물병스럽게' 느껴지는 것은 이것이 고체인 데다가 제법 딱딱하여 손으로 눌러도 들어가지

않기 때문이다. 그런데 이러한 특질들은 내가 직접 물병을 만졌을 때만 느낄 수 있는 것들이다. 다시 말해, '딱딱함'이라는 물리적 성질은 내가 무엇을 할 수 있고 무엇을 할 수 없느냐로 정의된다는 것이다.

수전 하지만 그 설명만으로 '의식의 어려운 문제'가 풀리지는 않는다. '어려운 문제'라 함은, 당신이 물병을 쥐고 있는 이 상황이 팔에서 뇌로 전달되는 신경 전위에 기반하여 서술될 수도, 마음속에 떠오르는 느낌으로 표현될 수도 있다는 것이다. 그 '물병스러움'이라는 느낌이 어떻게 뇌세포와 물병 사이의 체화적 관계로부터 출현할 수 있는 것인가?

프란시스코 이것이 내가 나의 이론을 '신경현상학'이라 명명한 이유다. 뇌의 작동 원리를 이해하는 것만으로는 현상학의 문제를 해결할 수 없으며, 그 반대도 마찬가지다. 의식을 제대로 이해하는 것은 신경과학적 지식에 체화와 일인칭 데이터를 결합할 때만 가능한 일이다. 여기서 관건은 그 둘을 혼합한 새로운 과학적 방법론에 익숙해지는 일일 것이다.

내가 굳이 '딱딱함'을 예시로 든 것은 우리가 사물을 어떻게 만지는지가 신경과학적으로 잘 밝혀져 있을 뿐만 아니라, '체화된 행위Embodied action'라는 개념이 현상학의 주요 문제이기도 하기 때문이다. 두 눈으로 세상을 보면 입체감이 느껴지듯, 신경과학과 현상학의 두 관점을 동시에 적용하면 '어려운 문제'의 역설도 이내 해소된다. '어려운 문제'가 어렵게 느껴지는 것은 우리가 한쪽 눈을 감고 있기 때문이다.

수전 '체화된 컴퓨터'가 있다면 어떨까? 물병을 집어 올릴 수 있는 팔이 달린 로봇이 있다면, 그것도 필연적으로 주관성을 가질까?

프란시스코 인간에는 비교할 바가 못 되겠지만, 바퀴벌레나 개 수준의 원초적인 의식은 가질 수 있을 것 같다. 나는 의식이 존재하기 위해 어떤 특별한 부가 성분이 필요하다고는 생각지 않는다.

수전 그렇다면 철학적 좀비의 존재는 가능할까?

프란시스코 수전, 나는 누가 좀비 이야기를 꺼낼 때마다 너무 답답하다. 좀비 논증이 영미 심리철학의 전유물이어서인지는 몰라도, 나는 그 상황 자체가 이해가 안 간다. 물론 좀비의 존재를 상상해 볼 수는 있겠지만, 문제적 상황을 억지로 만들어 내는 것이 무슨 의미가 있다는 말인가?

수전 참으로 의외다. 나는 체화와 행동을 연구한 당신이라면 당연히 '좀비는 존재할 수 없다'라고 답할 줄 알았는데.

프란시스코 뭐, 당신이 그렇게 생각한 것도 이해는 간다. 그런데 문제는 사람들이 좀비가 의식적 경험을 하지 못한다는 잘못된 가정에서 빠져나오지 못하고 있다는 점이다. 나에게는 오히려 그 가정 자체가 탐구를 요하는 실증적 질문으로 보인다.

수전 정말 그런가? 실증적 질문이라면 답을 얻는 것이 가능해야 할 텐데, 만약 어떤 로봇이 자신에게 의식적 경험이 있다고 주장한다면 과연 그 주장의 진위를 판가름하는 것이 가능할까?

프란시스코 지금 당신의 말 속에서 나는 영미 분석철학 전통의 영향을 느낄 수 있다. 애초에 타인에게 의식이 있는지를 제대로 판단할 수 없다면 정상적으로 삶을 영위하는 것도 불가능하다.

한 인간으로서 산다는 것은 곧 내 주변 사람들에게도 의식이 있음을 마음속 깊이 깨닫는 일이기 때문에 누군가가 좀비인지 아닌지를 의심하는 것 자체가 나에게는 난센스다. 내가 자라며 접한 철학적 전통에서는, 타인에게 의식이 없다면 '프란시스코'라는 인격을 가진 나의 의식도 존재할 수 없다.

실제로 영유아들이 성장하는 과정을 보면 이를 확실히 알 수 있는데, 아기들은 기본적으로 다른 사람의 움직임을 관찰하면서 스스로의 몸을 자각하기 시작한다. 이는 다른 고등 영장류의 경우도 마찬가지다. 요즘 들어 수 새비지럼보Sue Savage-Rumbaugh처럼 영장류들과 함께 생활하며 교감을 쌓는 연구자들이 부쩍 많아지고 있는데, 그들은 영장류도 의식적 경험을 한다는 것을 추호도 의심하지 않을 거다.

설령 어느 공상과학 소설에서처럼 미래에 우리와 비슷한 로봇이 만들어진다 해도 우리는 그 로봇에게 의식이 있는지, 아니면 그것이 멍청한 로봇 청소기에 불과한지 어렵지 않게 분간할 수 있을 것이다. 그렇기 때문에 당신이 말한 그 문제는 전혀 걱정하지 않아도 된다.

수전 철학적 전통에서 과감히 벗어나 사유하는 당신의 모습이 참으로 인상적이다. 좀비 논증을 대하는 사람들의 사고방식이 잘못되었다던 당신의 말도 이제는 조금 납득이 간다.

그렇다면 당신이 생각하는 올바른 사고방식이 무엇인지 들려달라. 앞서 당신은 과학자들에게 일인칭 관점을 다루는 올바른 방법들을 교육해야 한다고 말했는데, 혹시 구체적 방안이나 실제 사례가 있나?

프란시스코 복잡한 것들이 다 그렇지만, 경험 역시 눈에 보이는 현상을 한 겹 벗겨 내고 나서야 비로소 제대로 이해될 수 있다. 하지만 전 세계 인구 중 소수만이 자신의 경험을 정확하게 묘사할 수 있으며 그나마도 이들 중 대다수는 과학계에 속해 있지 않으므로 그들과 협업하지 않고서는 그들의 능력을 연구하는 것이 불가능하다. 나 역시 20년 이상의 경력을 가진 명상 수련자들과 함께 실험을 진행하고 있다. 30분 넘게 집중을 유지하는 것과 같이 일반인은 수행할 수 없는 과제들을 그들은 척척 해낸다.

어느 연구 결과를 보니, 미국의 대학생들은 평균 2분 30초가량을 연속해서 집중할 수 있다고 하더라. 이들의 집중력은 마치 바람 앞의 성냥불과도 같아서 주위를 아주 잠깐 밝힐 수 있을 뿐이다. 하지만 만약 당신에게 수십 분 이상의 강한 집중력이 있다면, 마치 손전등을 쥔 것처럼 전에는 보이지 않던 새로운 현상을 관찰할 수 있을 것이다.

내가 말한 변화가 우리 세대에서 일어나지는 않을 것이다. 신경현상학의 패러다임을 배우고 적용하는 일은 앞으로 자라날 젊은 과학자들의 몫이다. 어쩌면 다음 세대쯤에는 이러한 융합적 시도가 빛을 발할 수 있지 않을까.

수전   허나 지금도 그러한 시도는 있지 않나? 비록 아직 눈에 띄는 결과를 내놓지는 못했지만 과학자들 중에도 불교에 정통한 이들이 몇몇 있다. 나만 하더라도 20년 넘게 명상을 수련한 터라 한 번에 30분 정도는 집중을 유지할 수 있다. 만약 내가 정말로 30분을 집중할 수 있다면 나와 함께 구체적으로 어떤 실험을 해 보고 싶은가?

프란시스코   과학자들 중에도 일인칭 경험에 능통한 이들이 더러 있는 것이 사실이다. 당신도 오랫동안 명상을 수련했다니 반가운 마음이다. 그런데 나는 반드시 30분 연속으로 집중할 수 있어야 한다고는 말하지 않았다. 사실 적절한 실험 대상의 조건을 피험자가 미리 아는 것은 실험에 부정적인 영향을 줄 수 있다.

내가 하고 싶은 실험이라…. 우선은 얼굴 인식과 같은 간단한 실험부터 해 보고 싶다. 오늘날 대부분의 심리학 실험들은 많은 수의 피험자로부터 얻은 결과에서 평균을 내는 방식으로 이루어지는데, 나는 단 한 명의 숙련된 피험자에게 특정 과제를 여러 번 반복하면서 각 시행에서의 심적 상태도 함께 상술하게 할 것이다. 그렇게 하면 오랫동안 잘 정립된 심리학적 연구 방법론을 그대로 활용하면서도, 가능한 모든 심적 상태 중에서 원하는 상태만을 매우 정확하게 추려 낼 수 있을 것이다.

가장 먼저 나는 심적 상태가 다르더라도 동일한 신경상관물이 생기는지부터 확인하고 싶다. 내 예상에는 심적 상태가 다르면 신경상관물도 완전히 상이할 것 같다.

수전 당신이 말하는 신경상관물이란 무엇인가? 뇌 스캔이나 뇌파 측정을 말하는 것인가, 아니면….

프란시스코 그건 일부러 굳이 한정 짓지 않았다. 물론 나는 비교적 빠른 신경 작용들을 연구하기 때문에 뇌파나 뇌자도를 주로 이용하지만, PET이나 MRI도 얼마든지 활용 가능하다.

수전 실제로 일반 대학생들과 명상 숙련자의 뇌 사이에 눈에 띄는 차이가 존재하던가?

프란시스코 음, 간단한 예시를 하나 들어 보겠다. 예전에 우리 연구실에서는 그림 두 개를 시야에서 합쳐 입체감을 느끼는 현상인 입체 융상Stereoscopic fusion을 연구한 적이 있다. 그림에서 입체감이 느껴지면 버튼을 누르는 것이 실험의 과제였는데, 사실 실험 자체가 오래 걸리기도 하고 방법을 터득하기도 어렵다 보니 일반인을 대상으로 실험하였을 때는 유의미한 데이터를 얻지 못했었다. 그런데 얼마 전 아주 숙련된 피험자 한 명이 우리 실험에 참여했다. 그는 자기가 무념무상의 상태에 빠지는 것 같다고 말하면서도 꽤 정확하게 과제를 수행해 냈다. 놀랍게도 실험 중에 그의 뇌에서는 운동 반응과 관련된 영역 외에는 아무런 활동도 잡히지 않았다. 이처럼 아무런 잡생각도 끼어들지 않은 '일차적 의식Primary consciousness'의 신경상관물을 연구하는 것은 숙련된 피험자들의 도움 없이는 절대로 불가능할 것이다.

수전 그게 사실이라면 우리의 뇌가 가진 잠재력이 각종 잡념 때문에 발휘되지 못하고 있는 것은 아닐까? 혹시 마음을 가라앉히고 생각을 멈추면 뇌의 활성도도 함께 줄어드나?

프란시스코 오, 나는 '그렇다'는 쪽에 내 전 재산도 걸 수 있다. 사실 당신은 명상을 수련해 본 덕에 내 말뜻을 쉽게 알아듣지만, 경험의 이해를 훈련한다는 개념 자체를 접해 본 적 없는 기초 과학자들을 설득하기란 정말로 어려운 일이다.

수전 실제로 동료 과학자들의 저항에 맞부딪히기도 하나?

프란시스코 저항보다는 곤혹감이라 말하는 것이 더 적합할 것 같다. 물론 나의 주장이 허튼소리라며 노골적인 적대감을 표하는 이들도 없지 않지만, 대부분의 동료 과학자들은 내 이론에 대해 전혀 이해하지 못한 채로 무심코 흥미롭다는 반응을 보이기 일쑤다. 그렇기 때문에 나는 의식 연구의 향배가 일인칭 경험의 중요성을 이해하고 지지하는 우리 같은 사람들에게 달려 있다고 생각한다.

수전 나는 당신이 말한 것에서 한 발짝 더 나아가고 싶다! 음, 내가 특히 좋아하는 변화맹 실험을 예로 들어 보겠다. 변화맹 연구자들은 우리가 눈을 움직이거나 깜박이는 순간마다 기존의 시각적 세계가 휘발해 버린다는, 얼핏 생각하면 일상적 경험과 상충하는 주장을 하고는 한다. 그래서 나는 실제로 명상을 통해 이를 확인하려 하였는데, 결과적으로는 나의 시각 경험 자체가 변화맹 연구자들이 말한 것처럼 바뀌고 말았다. 사물들이 곳곳에서 나타났다 사라지는 불연속적인 방식으로 세상을 볼 수 있게 된 것이다. 하지만 시각의 연속성이 주던 안정감이 없어진 지금이 어색하기는 해도 불편하지는 않다. 나는 이렇게 내적 탐구를 통해 의식 자체를 바꾸는 것이 일인칭 연구와 삼인칭 연구의 융합을 이끌어 낼 방법 중 하나라고 생각했었는데, 당신의 말을 듣고 보니 이 방식은 훨씬 더 큰 저항을 불러오게 될 것 같다.

프란시스코 내가 보기에도 그렇다. 그리고 그것이 실험자가 스스로를 실험 대상으로 삼지 말아야 할 이유이기도 하고. 급할수록 돌아가야 한다. 기존 학문들과의 끈을 놓쳐서는 안 된다는 말이다. 입체 영상과 같은 간단한 실험 결과들이 쌓이다 보면, 언젠가는 오늘 당신과 내가 말했던 여러 흥미로운 연구들이 가능해질 날도 올 것이다.

수전 맙소사, 나는 의식을 연구하는 과학자들이라면 실험을 통해 얻은 결과를 자기 자신에게도 반드시 적용해 보아야 한다고 생각한다. 굳이 그걸 남들 앞에서 발표하지는 않더라도 말이다. 그러지 않고서야 어떻게 그 결과가 시사하는 바를 제대로 이해할 수 있겠나? 이에 대해서 당신이 나보다 더 보수적인 입장이라니 참으로 뜻밖이다.

프란시스코 당신의 말이 지당하다. 나 역시 실험을 설계하고 피험자를 선정함에 있어 늘 내 자신을 대입시켜 왔다. 그러지 않았다면 결코 지금의 결론에 이르지 못했을 것이다. 하지만 우리는 과학적 전통의 규칙을 준수하고 학계라는 공동체와 함께 나아가야 한다. 유사과학으로 매도당해 저 변방으로 내쫓기지 않으려면 말이다. 이는 사회학적 맥락에서 이해되어야 한다.

물론 이렇게 겉돌지 않으려 노력하는 와중에도 나는 일인칭 연구의 중요성을 굳이 숨기지 않고 있다. 나 개인적으로는 이렇게 양다리를 걸친 삶에 꽤나 만족하고 있다.

수전 당신은 참 비범한 인물인 것 같다. 하긴, 과학과 현상학을 하나로 합치기까지 했으니 말해 무엇하겠나. 지금까지의 연구가 당신의 개인적 삶에는 어떤 영향을 주었나?

프란시스코 나의 경우에는 오히려 반대로 내면을 수양한 경험이 학자로서의 삶에 영향을 주었다고 말할 수 있겠다. 젊은 시절 심각한 무기력증에 시달리던 나는 삶이 주는 혼란, 고통, 무질서감을 극복하기 위해 불교적 전통과 명상을 배우기 시작했다. 그후로 10년쯤 지났을까, 나는 명상의 효과 이면에 놀라우리만치 정교하고 엄밀한 불교적 심리 이론이 깔려 있었음을 알게 되었다. 마치 수천 년 인간 지성사의 정수가 집대성된 보고를 발견한 기분이었다. 그 덕에 나는 당시 인지과학자들이 잘못된 방향으로 가고 있음을 깨달았고, 그것을 체화의 개념으로 정립하여 저서 『몸의 인지과학』에 담아낼 수 있었다. 오늘날 인지과학의 시류가 내가 말한 대로 정보처리에서 체화적·행위적 관점으로 옮겨간 것은 참 다행한 일이다. 체화에 관한 연구는 내가 과학을 하는 방식에도 많은 변화를 가져다주었는데, 어쩌면 신경현상학도 그에 못지않은 영향을 줄 것 같다.

원래 내 삶에서 내적 수양과 학문적 연구는 서로 완전히 분리되어 있었지만, 이제는 그 둘을 구분하기도, 무엇이 더 중요한지를 말하기도 쉽지 않을 것 같다.

수전 그래도 굳이 하나를 고른다면?

프란시스코 그 질문에 답하는 것은 단순한 양자택일을 넘어서 나의 학문적 입장을 선언하는 일과도 같을 것이다. 사실 나는 마음만 먹으면 남프랑스의 아름다운 별장에서 여생을 편히 즐길 수 있다. 그런데 내가 왜 이 나이에 의식 문제로 골머리를 앓아야 하는지, 이따금씩 회의감이 들기도 한다. 그렇지만 내가 오늘도 연구자로서의 삶을 이어 나가고 있는 것은, 단순히 좋은 피험자가 아닌 최고의 과학자로 남고 싶기 때문이다.

우주는 의식을 통해
스스로를 들여다본다

맥스 벨만스
Max Velmans

맥스 벨만스
Max Velmans

맥스 벨만스(1942~)는 네덜란드 암스테르담 출생의 심리학자로, 시드니에서 전자 공학과를 전공한 뒤 런던 대학교에서 심리학 박사 학위를 받았다. 철학, 신경심리학, 임상에서의 심신 문제를 통합하여 비환원주의적 의식 과학을 정립하는 것이 그의 궁극적 목표이다. 통기타 연주, 보트 타기, 우주의 본질에 관한 사색을 즐기며, 현재는 런던 대학교 골드스미스 대학 심리학과 교수로 재직 중이다. 의식에 관한 논문집을 여러 차례 펴냈고, 『의식 이해하기Understanding Consciousness』(2000), 『의식적 경험은 어떻게 뇌에 영향을 줄 수 있는가?How Could Conscious Experiences Affect Brains?』(2003) 등을 저술하였다.

수전 당신이 생각하는 의식의 정의란 무엇인가?

맥스 오, 의식을 정의하는 것은 참으로 복잡한 일이다. 그러니 우선은 어떤 대상을 정의하기 위해 무엇이 필요한지부터 살펴보도록 하자. 뭐든지 뿌리가 튼튼해야 하는 법이니까. 의식을 정의하기 위한 가장 바람직한 출발점은 바로 우리의 일상 경험이다. 지금 나의 의식적 경험은 우리가 앉아 있는 이 방, 당신의 모습, 내 목소리와 몸짓 등으로 구성되어 있다. 몇몇 느낌, 심상, 생각들을 제외한다면 3차원 공간에 펼쳐진 이 현상적 세계가 의식적 경험의 대부분을 이루고 있는 것이다.

내가 이 사실을 거론한 것은 여태껏 있었던 의식에 관한 대부분의 논쟁들이 첫 단추를 잘못 꿴 것, 즉 학자들이 노골적으로든 암묵적으로든 이원론적 사고방식을 받아들인 것에서 시작되었기 때문이다.

데카르트의 고전적 이원론 — 이른바 노골적 이원론Explicit dualism — 을 지지하는 이들은 정신을 눈에 보이지 않고 공간과 육체를 초월한 별개의 실체로 바라본다. 반면 암묵적 이원론Implicit dualism자들은 의식의 여러 고유한 특성을 무시한 채 의식을 어떻게든 단순한 뇌의 상태 혹은 기능으로 환원하여 자연과학의 범주에 포함시키려고만 든다.

수전 노골적 이원론을 따르든 암묵적 이원론을 따르든 딜레마에 직면하는 것은 마찬가지라는 이야기인가?

맥스 바로 그거다. 오늘날 환원주의자들이 곤란을 겪는 것은 과학적 세계관과 고전적 이원론 사이에 모종의 공통분모가 있기 때문이다. 그들은 영혼이라는 망령을 뇌 속에 가둬 넣긴 했지만, 의식이 지닌 여러 미스터리 가운데 무엇 하나도 제대로 밝혀내지 못했다.

일반적으로 우리는 자신의 주변에 물리적 외부 세계가 실재하며 그것으로부터 여러 감각 기관이 정보를 받아들이고 있다고 여긴다. 환원주의적 관점을 따르자면, 뇌가 그 감각적 정보를 처리하고 있으므로 외부 세계에 대한 의식적 경험 역시 뇌 속 어딘가에 존재해야만 한다. 물론 뇌가 제대로 작동해야 우리가 의식적 경험을 할 수 있는 것은 엄연한 사실이지만, 이러한 관점에서는 왜 내가 '나의 뇌'가 아닌 내 몸을 둘러싼 3차원의 현상적 세계를 경험하는 것인지를 설명할 수가 없다.

나는 소위 물리적 세계가 나의 주관적 세계, 즉 의식적 경험과 동일하다고 생각한다. 애초에 '경험의 대상'과 '경험 그 자체' 사이에는 어떠한 구분도 없었다. 현상학적으로 그 둘은 같다.

그렇다고 해서 물리학자들이 말하는 외부 세계가 환상이라고 주장하려는 것은 아니다. '물리학적 세계'와 '물리적 세계'는 상당히 다른 개념이다. 우리 뇌는 외부 세계에 존재하는 여러 형태의

에너지들과 상호작용하여 물리적 세계라는 하나의 표상을 만들어 내며, 우리는 그것이 외부 세계의 진짜 모습이라 믿으며 살아가고 있다.

수전 그게 바로 '의식의 어려운 문제'가 아닌가. 3차원의 경험적 세계가 실제로 존재하며 그것이 뇌와 밀접한 관련을 맺고 있다는 것이 당신의 주장이지만, 경험적 세계의 주관적 특질들이 도대체 어떻게 두뇌 활동이라는 물리 현상에 의해 발생할 수 있나? 당신은 혹시 이 미스터리에 대한 답을 알고 있나?

맥스 아, 사실 '어려운 문제'에도 여러 가지가 있기는 한데, 우선은 당신이 말한 두뇌 활동과 현상적 경험의 관계에 대한 것부터 이야기해 보겠다.

설령 뇌 속의 인과적 신경 과정들이 현상적 경험을 생성하고 그 경험에 대응하여 신경상관물이 만들어진다고 가정하더라도, 그러한 신경적 상태들과 현상적 세계가 겉으로 보기에 너무나도 다르다는 사실이 설명되지는 않는다.

전기와 자기의 관계를 예로 들어 보자. 전기는 도선을 타고 흐르는 전자에 의해 생성되는 반면, 자기는 그 도선 주변에 펼쳐진 자기장의 형태로 표현된다. 얼핏 생각하면 도선 안의 전자가 도선 바깥에 어떤 장을 형성한다는 것은 놀라운 일이다. 이렇듯 어느 두 현상이 겉보기에는 전혀 다른 것처럼 보이더라도 그 둘이 '우리가 이해 가능한 수준'의 인과적 상호작용으로 이어져 있는 것은 얼마든지 가능한 일이다. 이에 관한 아주 간단한 사고 실험이 있다. 만약 우리가 신경생리학적으로 특정 경험에 대한 신경 상관물을 정확히 분리해 낼 수 있다고 가정해 보자. 이때 우리 앞에 놓인 녹음기를 쳐다보는 당신의 뇌를 내가 분석한다면, 당신의 경험과 당신의 뇌를 관찰하는 내 경험 사이에는 어떤 관계가 있을까?

수전 나도 이게 문제의 핵심이라는 생각이 든다. 누군가가 사적인 경험을 하고 있을 때 그 사람의 뇌에서 일어나는 객관적인 사건을 관찰한다면….

맥스 일반적으로는 그렇게 표현할 수 있겠지만 내 생각은 조금 다르다. 실제로는 당신과 나 모두 스스로의 주관적 경험을 보고하고 있을 뿐이다. 당신은 녹음기에 관해, 나는 당신의 뇌 속 신경 상관물에 관해서.

이 경우에 나의 경험이 당신의 경험보다 존재론적으로 더 높은 객관성을 지니고 있다고 말할 수 있을까? 만약 우리 둘이 역할을 바꾸어 내가 녹음기를 바라보고 당신이 나의 뇌를 관찰한다면 객관적이었던 내 경험이 돌연 주관적인 것으로 변할까? 이는 논리에 맞지 않는다. 여기서 알 수 있듯 주관과 객관의 관계는 생각보다 심오한 문제다.

수전 하지만 그건 주관과 객관에 대한 우리의 통념에 오류가 있다는 방증이 아닌가? 아마도 과학의 전 분야가 이로부터 자유롭지 않을 것 같은데.

맥스 그렇다. 객관성에는 크게 네 가지가 있다. 첫 번째는 과학적 객관성, 즉 관찰한 결과를 상호주관적으로 검증하여 공통된 합의에 이르는 것이다. 두 번째인 공정성은 데이터 수집과 분석에 자신의 소망을 개입시키거나 결과를 임의로 조작하지 않는 것이다. 세 번째인 절차적 객관성은 재현이 가능하도록 실험의 절차를 자세하게 공개하는 것을 말한다. 마지막은 관찰자로부터의 독립성, 즉 관찰 과정에서 관찰자의 개입을 배제하는 것인데, 사실 이것이 가장 큰 골칫거리이다. 원칙적으로는 관찰자의 경험이 수반되지 않는 관찰은 불가능하기 때문이다.

수전 그 말대로라면 과학에서 완벽히 객관적인 측정은 있을 수 없겠다. 하지만 당신의 설명을 듣고도 나는 객관적인 실제 세계가 존재한다는 느낌을 떨쳐 내지도, '어려운 문제'에서 벗어나지도 못하겠다. 당신은 도대체 어떻게 이 곤란을 극복한 것인가?

맥스 철학적으로 나는 비판적 실재론Critical realism을 따르기 때문에 실재가 여러 층위로 인식될 수 있다는 것을 인정한다. 물론 나는 물리적 세계와 내적 경험이 동일하다고 믿고 있지만, 그 둘이 별개의 존재이며 우리의 현상적 경험이 물리적 세계에 대한 표상이라는 해석도 충분히 일리가 있다고 생각한다.

수전 그렇다면 당신도 이원론자가 아닌가!

맥스 아주 특정한 부분에서만 그렇다. 내가 세운 이론인 반영적 일원론Reflexive monism은 실체 이원론과는 아주 거리가 멀다.

수전 당신의 그 이론을 최대한 알기 쉽게 설명해 달라.

맥스 좋다. 우선 빅뱅 이론에 대한 이야기를 해 보자. 태초에는 온 우주가 무한한 밀도의 아주 작은 점 안에 응축되어 있었다. 이 점은 지금 우리의 육체를 이루는 물질, 가능한 모든 형태의 경험과 사고, 존재할 수 있는 모든 것들을 담고 있었다. 빅뱅이 일어난 후 우주는 확장을 거듭하면서 점진적으로 분화하였고, 결국 지구에서는 생명이라는 매우 고차원적인 분화물Differentiations도 진화하게 되었다. 우리는 세상을 바라보는 각자의 관점, 즉 의식을 갖고 있다는 점에서 단순히 걸어 다니는 육체 이상의 의미를 지니고 있다. 요컨대 우주는 자신의 일부를 우리와 같은 의식을 가진 존재들로 분화시켜, 우리를 통해 스스로의 모습을 들여다본다. 이것이 바로 내 이론의 핵심이다.

수전　요약하자면 의식이란 우주를 바라보는 '관점의 중심'이며, 의식이 우주 자체로부터 출현했다는 것이로군. 허나 관점이라는 것이 탄생하려면 아주 복잡한 정보처리 체계가 반드시 필요할 것 같다. 당신의 말처럼 '우주의 일부'가 의식을 갖추고 자기반영적Self-reflexive 특성을 띠려면 어떠한 조건들이 필요할까?

맥스　이야기하자면 긴데….

수전　짧게 답한다면?

맥스　한번 해 보겠다. 기본적으로 의식의 필요조건이 무엇이냐는 질문에 대한 답은 두 가지로 갈리는데, 비연속 이론Discontinuity theory과 연속 이론Continuity theory이 그것이다. 비연속 이론은 의식이 우주의 진화 과정 중 특정 시점에 갑자기 탄생했다고 설명한다. 가령 신경계의 복잡도가 특정 수준에 도달하면 의식의 스위치가 켜진다는 식이다. 그러나 비연속 이론은 왜 하필 그 시점에 스위치가 켜지는지를 설명하지 못한다.

우리 중 대다수는 인간과 가장 가까운 친척인 침팬지에게도 의식이 있다고 여길 것이다. 애완동물을 길러 본 사람이라면 개나 고양이가 의식이 있다는 것에도 쉽게 고개를 끄덕이리라. 그렇다면 개구리는 어떨까? 만약 '학습을 할 수 있다면 의식이 있다'라는 논리로 개구리에게도 의식이 있다고 주장할라치면 실제로 많은 학습 과정이 무의식적으로 일어난다는 반론에 직면하게 된다. 이렇듯 모든 비연속 이론은 왜 하필 그 구조적·기능적 변화가 의식을 발생시키는지를 설명해야 한다는 숙제를 안고 있다.

이 난점을 해결해 줄 수 있는 대항마가 바로 연속 이론인데, 연속 이론에서는 의식을 우주의 기본 요소로 간주하며, 의식과 물질 간에 근본적인 상호작용이 — 범심론적 관점이 그 예이다 — 존재한다고 본다. 의식은 태초부터 존재했지만, 의식의 형태는 물질의 형태와 공진화Coevolve함으로써 결정된다. 따라서 우리가 처한 생물학적 조건, 즉 감각 기관, 사회 구조, 언어 등에 의해 우리의 의식도 크게 좌우되는 것이다.

나의 이론이 이 둘 중 어느 하나에 속한다고 말하기는 어렵겠지만, 굳이 꼽자면 나 개인적으로는 연속 이론이 더 마음에 든다.

수전 그렇다면 의식이 우주의 기본 요소이며, 의식의 형태가 뇌의 특성으로부터 출현한다는 주장에 당신도 어느 정도 동의한다는 것인가?

맥스 그렇다.

수전 그건 데이비드 찰머스의 주장과도 비슷해 보이는데, 찰머스의 이론에 대한 의견은?

맥스 찰머스도 의식이 물질의 복잡도에 따라 매우 다양한 형태를 띨 수 있다고 주장하지만, 그는 나와는 달리 물질이 의식에 아무런 인과적 영향도 끼치지 않는다는 매우 극단적인 입장을 견지하고 있다.

나는 찰머스의 이론을 범심론이 아닌 범-심리기능주의Pan-psychofunctionalism라고 부른다. 왜냐면 그는 체계의 구현 방식과는 관계없이 정보가 의식의 유일한 물리적 수반물이라고 주장하기 때문이다. 그의 말대로라면 반도체로 만들어진 로봇이라도 우리와 기능만 동일하다면 우리와 같은 의식적 경험을 가질 수 있다. 그 말인즉슨 우리 몸을 이루는 구성 물질이 우리의 의식에 아무런 영향도 주지 않는다는 것인데, 나는 그렇게나 급진적인 주장에는 쉬이 동의할 수 없다. 만약 기능만이 의식을 결정한다면 반도체 로봇도 우리와 같은 의식을 지닐 수 있다. 하지만 그 기능이 구현된 물질의 종류도 의식에 영향을 줄 수 있다면 로봇은 반도체만의 고유한 의식을 갖거나, 아예 의식을 갖지 못할 수도 있다.

수전 당신의 말을 요약해 보자. 찰머스는 정보가 의식의 핵심이며, 정보에는 객관적 특성과 주관적 특성의 두 가지 양상이 공존하고 있다고 말했다. 하지만 당신은 그 정보처리 체계가 특정한 물질로 이루어져야 한다고 생각하는 것인가?

맥스 음, 이 대목에서는 각별한 주의가 필요한데, 찰머스의 이론은 사실 내가 1991년에 발표했던 내용과 매우 흡사하다. 나 역시 정보에 두 가지 양상이 있다고 보는데, 찰머스와는 아주 구체적인 부분에서 이견이 있다. 내가 알기로 찰머스의 의식 이론은 크게 세 가지 요소로 이루어져 있다. 첫째, 정보가 처리되는 기능 체계, 둘째, 정보가 현상적 경험을 수반한다는 자연적 진리Natural fact — 그래서 그는 이를 자연주의적 이원론Naturalistic dualism이라 부른다 — 셋째, 그 둘을 이어 줄 법칙 체계. 그런데 사실 내 주장도 여기서 크게 벗어나지는 않는다. 우리가 맨 처음에 이야기했던, 의식과 뇌의 접점에서 무슨 일이 일어나는지를 다시 한번 생각해 보자.

모든 현상적 경험에는 그에 상응하여 동일한 정보를 담고 있는 두뇌 상태가 있으므로, 경험의 내용이 달라지면 신경상관물도 변화하게 된다. 그런데 두뇌 상태와 현상적 경험을 이어 주는 것이 도대체 무엇이란 말인가? 나는 이것이 양자 수준에서 일어나는 일과 크게 다르지 않다고 본다. 양자의 세계에서 전자나 빛은 관찰 방식에 따라 파동처럼 행동하기도, 입자처럼 행동하기도 한다. 어쩌면 의식적 경험과 뇌의 신경상관물의 관계도 이와 마찬가지일지 모른다.

수전 나도 그것이 일리 있는 설명이라고 생각하지만, 문제의 핵심을 비껴간다는 느낌을 지울 수가 없다. 당신의 비유를 따르자면 어디서 관찰하느냐에 따라 현상적 경험과 뇌의 상태 중 하나가 결정된다는 것인데, 그 둘은 근본적으로 다른 실체가 아닌가? 내가 잘못 이해한 것인가?

맥스 당신 말이 맞다. 이 자리에서 다 말하기는 어려울 것 같으니 간략하게 설명하겠다.

수전 좋다. 하지만 되도록이면 자세히 설명해 달라.

맥스 어떤 것이 제일 궁금한가?

수전 주관적 경험과 객관적 두뇌 활동이 정말로 하나의 사건이 두 가지 양상으로 나타난 것이라고 생각하나?

맥스 그렇다. 같은 정보라도 어디서 접근했냐에 따라 완전히 다른 외양으로 표현될 수 있다.

수전 그 말을 듣고 나니 조금은 명쾌해진다. 이번에는 철학적 좀비에 관한 질문이다. 주지하듯 철학적 좀비는 우리와 똑같이 행동할 수 있지만 내적 경험은 없는 가상의 존재를 말한다. 이러한 좀비가 존재할 수 있다고 생각하나?

맥스 당신이 말하는 것이 논리적 가능성인가, 아니면 실제 가능성인가?

수전 논리적 가능성이다. 나는 정말로 이 세상에 좀비가 존재하는지가 궁금한 게 아니라, 당신의 이론상에서 좀비의 존재가 가능한지를 알고 싶다.

맥스 음, 그래도 둘의 차이를 짚고 넘어갈 필요는 있을 것 같다.

수전 왜 그런가?

맥스 논리적 가능성만으로는 의미 있는 결론을 도출할 수가 없다. 물론 좀비를 상상할 수 있다는 사실은….

수전 아니, 나는 '상상 가능성'이 아니라 '존재 가능성'에 관해 물었다.

맥스 그렇지만 좀비를 상상할 수 있다는 사실은 상당히 시사하는 바가 크다. 뇌와 신경계의 작동 원리를 모두 규명하더라도 현상적 경험과의 간극이 남아 있을 거라는 것을 말해 주지 않나. 하지만 물론 나도 존재 가능성이 훨씬 더 중요한 문제라는 것에 동의한다. 만일 우리 뇌의 구조적·기능적 조건들을 완벽히 복제한 인공 뇌가 있다면, 나는 그것이 의식을 갖지 않을 이유가 없다고 생각한다.

수전 그렇다면 좀비의 존재는 불가능한 것인가?

맥스 그렇다. 전혀 다른 기본 법칙을 가진 별개의 우주가 있다면 모르겠지만.

수전 당신은 자유의지가 있나?

맥스 음, 잘 다듬어진 답을 원하나?

수전 그냥 이 자리에서 떠오르는 생각을 말해 달라.

맥스 짧게 답하자면, 나는 스스로가 자유롭다는 느낌 자체가 환상은 아니라고 생각한다. 결정론을 부정하려는 것은 결코 아니지만, 어디까지나 나는 내가 원하는 바를 선택할 수가 있다. 물론 우리가 욕망할 수 있는 것이 여러 선천적 조건들에 의해 한정되어 있는 것은 사실이다. 그러나 정상적인 범주 내에서 특정 관심사나 가치관을 좇거나 그에 따라 행동을 선택하고 책임을 지는 것은 전적으로 본인의 자유에 달려 있다. 그 정도는 우리의 마음이라면 너끈히 해낼 수 있는 일이다.

수전 이번엔 또 다른 질문이다. 어떻게 보면 의식을 연구하는 것은 연구자 자신의 의식이 스스로의 연구의 출발점이 된다는 점에서 자신을 알아 가는 과정이기도 하다. 혹시 당신은 의식 연구자로서 당신 자신의 인생이나 의식이 변화하는 것을 체험한 적이 있나?

맥스 물론이다. 외부 세계와 내면세계에 관한 이론은 우리 삶의 토대이며, 그에 따라 우리가 삶을 대하는 태도도 결정된다. 그래서 의식 연구가 그토록 중요한 것이다.

가령 유물론적 환원주의Materialist reductionism가 사실이라면, 다시 말해 의식이 한갓 부수현상이어서 외부 세계에 어떠한 인과적 영향도 줄 수 없다면, 모르기는 몰라도 많은 사람들이 심각한 내적 갈등에 처할 것이다. 그러나 유물론적 환원주의는 논리적으로든 과학적으로든 설득력이 결여된, 사실과는 거리가 먼 낭설이다.

나의 반영적 일원론에서는 나 자신도 경험적 세계의 구성에 일정 부분 기여하므로, 나라는 의식적 존재는 더욱 큰 의미를 가진다. 물론 내가 사라지더라도 세상은 변함없이 존재하겠지만, 어쨌든 적어도 살아 있는 동안 나는 언제나 세상과 긴밀히 연결된 채로 존재할 것이다. 나의 이론은 일인칭 관점, 즉 의식에게 그에 걸맞은 지위를 부여하면서도 기존의 과학적 사실들에도 전혀 위배되지 않는다. 반영적 일원론은 우주의 본질에 관한 더 나은 서술이며, 또한 내가 바라는 우주의 모습이기도 하다.

수전 이따금씩 나는 마음을 가다듬으며 의식의 본질을 고민하고는 한다. 어떤 잡념에 한 번 사로잡히고 나면 그것을 당연시하기가 너무도 쉽기 때문에, 명상을 통해 본래의 맑은 의식 상태를 회복하려 하는 것이다. 혹시 당신도 그러한 수련을 하나?

맥스 물론이다. 나는 '일체유심(세상의 모든 일은 마음에서부터 만들어지는 것임을 뜻하는 불교용어이다.—역주)'를 깨닫는 것이 의식을 연구하기 위한 필수 조건이라고 생각한다. 궁극적으로 의식 과학은 오늘날의 여러 자기 계발법은 물론, 옛 선현들의 가르침까지도 모두 아우르게 될 거다. 지금도 사람들은 더 나은 자신을 만들기 위해 명상을 배우고 있다. 이때 어떤 수행법이 집중력이나 행복감 등의 내적 상태를 변화시키는지를 탐구하는 것도 엄연히 실증적 과학의 일부로 볼 수 있다.

수전 지금껏 의식을 연구하면서 불쾌한 경험을 한 적은 없나? 이 이론이 사실이면 어쩌나 하는 위기감이나 트라우마를 느꼈다든가.

맥스 답하기 어려운 질문인데, 내가 겪어 보니 새로운 의식 이론을 세우면 대략 3단계의 감정 변화가 찾아오더라. 처음에는 내가 정말 미친 게 아닐까 하는 자기부정이 일다가, 이내 나의 이론이 틀렸을 거라는 회의감이 찾아온다. 나와 같은 이야기를 한 사람이 있지는 않았을까 하는 걱정도 수없이 반복하게 된다. 나는 아주 오랜 뒤에야 내 주장에 적어도 눈에 띄는 허점은 없다는 것을 스스로 납득할 수 있었다. 물론 내 이론이 틀리지 말란 법은 없지만, 적어도 지금까지는 어떠한 명확한 오류도 발견되지 않았다.

물론 내 이론이 모든 것을 설명할 수는 없을 것이다. 어쩌면 장님이 코끼리 만지는 격에 불과할는지도 모른다. 그러한 막연한 불안감을 제외하면, 나는 나의 이론적 접근에 아주 만족하고 있다.

사실 당신과 나는 닮은 구석이 많다. 나도 당신처럼 웬만해서는 남의 말에 귀기울이지 않는 비판적인 회의론자였다. 그렇지만 믿어 달라. 내 이론은 논리적으로 일관되고 일상적 경험과도 잘 들어맞으며, 과학적 근거들에 배치되지도 않는다. 또한 나는 내 이론으로부터 삶의 의지를 얻을지언정 불편한 감정을 느끼지는 않는다.

수전 그렇다면 혹시 당신의 이론에 개인적인 희망이 반영된 것은 아닐까? 다른 이론들이 나빠 보이는 것은 그 내용이 마음에 들지 않아서가 아닌가?

맥스 그렇지는 않다. 우리 마음 기저에는 잘못된 이론을 직감적으로 알아챌 수 있게 하는 일종의 패턴 인식 기제가 작동하고 있다. 아마도 그건 '현실 세계'란 것이 존재하며 우리가 그것을 체화하고 있기 때문일 것이다. 나도 당신처럼 행동주의와 같은 온갖 이론들을 접하면서 자랐지만, 그들 중 어느 것도 내 마음을 사로잡지는 못했다. 그러나 오해는 말라. 내가 나만의 이론적 접근법을 고안한 것은 그 내용이 사실이기를 바랐기 때문은 절대 아니다. 만일 내가 그런 마음을 가지고 있었다면 결코 지금과 같은 결론에 다다르지 못했을 거다. 나는 그저 내 직감을 좇아 지금에 이르렀을 뿐이다.

어쨌든 나의 이론도 어디까지나 잠정적인 것에 불과하다. 나는 내 이론이 완전하지 않으며 언제든 폐기될 수 있다는 사실도 잘 알고 있다. 물론 그럴 가능성은 그리 높지 않아 보이지만.

백곰을 떠올리지 마시오

대니얼 웨그너
Daniel Wegner

대니얼 웨그너
Daniel Wegner

대니얼 웨그너(1948~2013)는 캐나다 출생의 사회심리학자로, 미시건 주립대학교에서 물리학을 전공하던 중 1969년 반전(反戰) 운동의 영향을 받아 심리학자가 되었고, 이후 자기조절Self control, 행위주체성Agency, 자유의지 등을 연구했다. 사고 억제와 자유의지의 형성에 관한 연구로 특히 잘 알려져 있으며, 연구 외적으로는 피아노와 신디사이저 연주를 즐겼고 테크노 음악을 작곡하기도 했다. 텍사스 트리니티 대학과 하버드 대학교의 심리학과 교수를 겸임했고, 자아 및 사회 인지에 관한 유수의 도서를 집필 및 편집하였다. 저서로는 『백곰과 기타 원치 않는 사고White Bears and Other Unwanted Thoughts』(1989)와 『의식적 의지의 착각The Illusion of Conscious Will』(1989) 등이 있다.

수전 바야흐로 의식 연구라는 새로운 지평이 열려 이제는 신경과학과 철학 등 여러 분야에서도 의식이라는 주제에 진지하게 접근하고 있다. 당신이 생각하기에 의식 문제의 본질은 무엇인가?

대니얼 누구나 의식을 갖고 있지만 결코 타인의 의식에는 접근할 수 없다는 소위 '타인의 마음 문제'가 가장 큰 이슈이다. 타인이 된다는 것, 다른 종류의 의식을 갖는다는 것이 어떤 느낌인지 우리는 결코 알 수 없다.

수전 일각에서는 바로 그 이유 때문에 의식을 연구하는 것 자체가 불가능하다고 주장하기도 한다. 나는 개인적으로 '나로서의 느낌', 즉 주관적 경험이란 것이 분명 실재한다고 생각하는데, 심지어 여기에 동의하지 않는 철학자들도 꽤 있더라.

대니얼 어쨌든 우리는 각자로서의 삶 외에는 절대로 경험할 수 없을 거다.

수전 그건 조금 섬뜩하지 않나?

대니얼 그렇다. 우리가 할 수 있는 거라곤 언어적인 보고를 통한 유추가 고작인데, 여기서 우리는 '타인의 말을 어떻게 평가할 것인가' 하는 문제에 직면하게 된다. 의식의 유무를 판단하는 것도, 타인의 경험을 이해하는 것도 기본적으로는 언어에 기초해서 이루어지니까.

수전 타인의 경험을 유추하는 것이 물리학에서의 유추와는 다른 것인가? 가령 물리학자들은 아원자 입자들의 특성을 실험 결과로부터 간접적으로 도출하기도 하지 않나.

대니얼 그 둘은 근본적으로 다르다. 심리학뿐만 아니라 사회과학 전반의 고질적인 문제는 인간의 주관적 경험을 다룬다는 점이다. 이들 학문에서 인간은 객체인 동시에 하나의 주체이기도 하다. 그러나 우리 의식 과학자들이 처한 상황은 이보다 더 심각한데, 우리는 심지어 자기 자신을 연구의 주체이자 대상으로 삼아야 한다. 다시 말해 주관성을 객관적으로 설명해야 한다는 거다. 사실 이것이야말로 인류에게 주어진 가장 어려운 숙제가 아닐까 싶다.

수전 스스로가 연구의 주체이자 대상이라면, 의식을 연구하는 이들은 자신의 연구에 영향을 안 받으려야 안 받을 수가 없을 것 같다.

대니얼 그렇다. 사실 그 문제에 대해서도 논란이 많다. 내가 보기에 오늘날의 의식 연구자들은 크게 두 부류로 나뉘는 것 같다. 첫 번째 부류는 연구의 객관성을 최대한 추구하는 사람들이고, 다른 한 부류는 주관성과 경험에 초점을 맞추어 정신의 작동 원리를 이해하고자 하는 사람들이다. 후자의 관점은 과학과 철학의 경계에 놓여 있고 현상학이라 불리기도 하는데, 우리는 이 둘 사이에 가교를 놓을 방법을 찾아내야 한다.

수전 그 '가교'란 것이 만들어지고 있기는 한가?

대니얼 물론이다. 실제로 의식에 관한 유의미한 발견 중 대다수는 그 '가교'에 해당하는 곳에서 나왔다. 라마찬드란이 했던 환상지 실험을 보라. 거울을 이용하여 왼팔이 있어야 할 자리에 오른팔의 모습을 보여 주면 사람들은 거울 속 오른팔이 움직일 때 왼팔이 움직이는 듯한 느낌을 받게 된다. 다시 말해 신체에 대한 잘못된 시각적 표상을 자신의 것으로 경험하는 것이다.

수전 사실 그건 좀 오싹한 것이, 만일 가짜 팔이 진짜처럼 느껴질 수 있다면 실제 우리가 느끼는 몸에 대한 감각도 환상일 수 있지 않을까?

대니얼 나는 환상보다는 구성Construction이라는 표현을 더 선호한다. 정신은 신체가 어떻게 생겼으며 어떤 움직임을 하고 있는지 늘 파악하고 있고, 모종의 메커니즘을 통해 그 정보를 의식에 투사하고 있다. 그러한 '뇌 속 영사실'이 어떻게 작동하는지를 밝혀내는 것이 의식 연구의 핵심 목표일 것이다.

수전 어떻게 마음을 영사실에 빗댈 수 있나? 대니얼 데닛이 말했듯, 자아가 마음속 객석에 앉아 스크린에 그려지는 감각 신호나 내적 심상을 관찰하고 있다는 식의 설명은 실제로 뇌가 작동하는 방식과는 괴리가 크다. 뇌는 그저 세포의 집합에 불과하니까 말이다.

대니얼 경험이 반드시 뇌의 특정한 해부학적 영역들에 투사되거나 대응되어야 하는 것은 아니다. 사실 이 투사가 일어나는 메커니즘이야말로 의식 문제의 가장 큰 수수께끼라 할 수 있다. 그러나 분명한 것은 우리의 의식적 경험이 다양한 감각들과 사건들로 채워져 있으며, 그것들이 주는 주관적 느낌이 바로 우리가 밝혀내야 할 대상이라는 점이다. 그러한 맥락에서 나는 데닛이 주관성의 존재와 개인적 현상학Personal phenomenology의 개념을 부정한 것에 동의하지 않는다.

수전 데닛이 부정한 것은 의식의 흐름을 지켜보는 관객이 있다는 개념이 아닌가?

대니얼 그렇지만 — 흥미롭게도 — 우리 자신이 그 관객이 된 듯한 느낌을 받는 것은 사실이다.

수전 그건 그렇다. 도대체 어떻게 그런 일이 일어나는 것인가?

대니얼 "자아가 어떻게 구성되느냐?" 아, 참으로 멋진 질문이 아닐 수 없다.

사실 그에 관한 단서들은 곳곳에서 찾아볼 수 있다. 가령 해리성 인격장애나 신내림과 같은 사례에서 우리는 새로운 자아가 구성되는 것을 목격할 수 있다. 이때 이 새로운 자아의 구성을 야기한 두뇌 과정은 기존의 자아가 형성될 당시에도 모종의 역할을 담당했을 것이다. 어쩌면 주관적 경험은 타고나는 것이 아니라 만들어지는 것일지도 모른다.

수전 당신은 사고 억제라는 현상도 연구한 것으로 알고 있는데, 그에 관한 설명을 듣고 싶다.

대니얼 사고 억제란 간단히 말해 어떤 대상을 떠올리지 않으려는 노력을 뜻한다. 나는 사고 억제가 과연 가능한지, 그 메커니즘은 무엇인지를 연구했다.

수전 생각을 참기란 놀라우리만치 어렵다. 흔히 우리는 자신의 사고를 통제할 수 있다고 착각하지만, 실제로는 전혀 그렇지 않다.

대니얼 당신이 말한 대로다. 일전에 우리 연구팀은 생각을 30분 동안 억제하는 간단한 실험을 수행한 적이 있다. 우리는 실험 참가자들에게 백곰에 관해 생각하지 말되, 백곰이 떠오르려 할 때마다 마이크에 대고 소리를 지르도록 지시했는데, 사람들은 30분 내내 약 1분에 한 번씩 백곰을 떠올리는 것으로 드러났다. 이 결과에서 확인할 수 있는 것처럼 우리의 생각은 노력한다고 쉬이 사라지지 않는다.

수전 그런 방법론으로 얼마나 정밀하게 의식을 연구할 수 있나? 마이크에 소리치는 것이 피험자들의 사고에 영향을 줄 수도 있지 않을까?

대니얼 사고 억제는 언어적 보고 없이도 측정 가능하다. 한 가지 방법은 피부 전도도의 변화와 같은 정서 반응을 활용하는 것이다. 감정적 동요를 일으킬 수 있는 대상으로 사고 억제 실험을 진행하면 피험자들은 ― 심지어 다른 주제를 말하는 도중에도 ― 자기도 모르게 그 대상을 떠올리게 되고, 우리는 그로 인한 피부 전도도의 상승을 관찰할 수 있다.

사고 억제는 역설적이게도 억제의 대상이 마음속에 자동적으로 떠오르는 결과를 낳는다. 사고 억제는 흔한 현상이지만, 드물게는 정서 불안이나 여타 정신 질환의 초기 증상 중 하나이기도 하다. 걱정거리를 떠올리지 않으려 과도하게 노력하는 것이 오히려 마음을 더 뒤숭숭하게 만들 수 있는 것이다.

수전　하지만 생각을 참으려는 노력이 모두 병적인 것은 아니지 않나. 현재에 집중해야 하는 상황이라면 불쾌한 생각들을 억제하거나, 최소한 나중으로 미루는 것이 합리적이지 않을까?

대니얼　우리는 늘 생각을 미루며 살아간다. 이번 휴가 전까지 반드시 해야 하는 업무를 나중으로 미루면, 업무에 관한 생각은 마치 알람 시계처럼 일을 끝마치기 전까지 계속해서 마음속에 떠오를 것이다. 생각을 영원히 미룰 수는 없다는 것, 그게 바로 사고 억제의 본질이다. 사고 억제는 다가올 미래에 어떤 대상을 마음에서 지우고자 하는 욕망이다. 따라서 그 대상이 사라질 때까지 생각은 계속 거기 맴돌며 우리를 괴롭히는 것이다.

수전　그렇다면 마음이 복잡할 때는 어떻게 대처하는 것이 가장 바람직한가?

대니얼　그럴 때는 다른 생각거리를 찾아내는 것이 좋다. 주의를 다른 데로 돌리면 더 이상 불쾌한 생각에 시달리지 않아도 된다. '무언가를 생각하지 않는 것'과 '다른 것을 생각하는 것' 사이에 아주 미묘한 차이가 있기 때문이다. 하지만 대다수 사람들은 그 사실을 알지 못한 채 그저 생각을 막으려고만 든다.

수전　하지만 당신의 말대로라면 잠시 다른 데로 시선을 돌린다 해도 원래 있었던 고민거리는 언제든 다시 떠오를 것이다. 그것이 감정적 대상이라면 더욱 그럴 것이고. 오히려 당면한 문제를 해결할 시간을 충분히 갖는 것이 더 나은 대처 방안이 아닐까?

대니얼 문제에 직면하고 그에 대해 이야기하는 것도 생각을 없애는 주요 기법 가운데 하나이자 정신 요법psychotherapy의 기본이기도 하다. 두려움의 대상에 관해 말하는 것이 오히려 커다란 위안을 줄 수 있는 것이다. 단짝 친구나 심리치료사, 신앙적 멘토, 아니면 일기장에라도 자신의 공포를 털어놓다 보면 자연스레 생각을 곱씹게 되고, 이는 사고 억제의 필요성을 해소시키는 결과를 낳는다. 궁극적으로는 감정에 대처하는 능력도 발달할 수 있다.

수전 하지만 강한 감정적 자극을 주는 정신 요법이 오히려 상태를 악화시킬 수 있다는 연구 결과를 본 것 같기도 한데.

대니얼 생각이 너무 깊어지면 역효과가 날 수도 있다. 무턱대고 많이 생각한다고 좋은 게 아니라, 문제 상황을 제대로 파악하고 다음 단계로 나아갈 수 있을 만큼만 생각해야 한다. 제임스 페니베이커(James Pennebaker : 글쓰기의 치유 효과를 규명한 미국의 심리학자 — 역주)는 생각을 표현하는 것이 사건을 새로운 관점으로 바라보게 하고 결과적으로는 그것을 마음에서 떨쳐 내는 데에도 도움을 준다는 것을 입증한 바 있다.

수전 사고 억제를 연구하면서 '의식의 흐름'에 관해 알게 된 것이 있다면?

대니얼 나는 의식의 흐름을 통학 버스에 자주 빗댄다. 아이들로

만원을 이룬 통학 버스를 한번 떠올려 보자. 아이들은 자꾸만 '자기는 언제 내리느냐'고 소리쳐 대고 버스 운전사는 이들을 어떻게든 진정시켜야만 한다. 이때 버스에 탄 아이들은 마음속에 피어오르는 온갖 생각들에 해당하고, 아이가 버스에서 내리는 것은 곧 생각이 의식 속에 들어오는 것과 같다. 따라서 사고 억제는 생각들이 버스에서 내리지 못하도록 붙잡고 있는 것이라 할 수 있다. 생각들은 뒷자리에 얌전히 앉아 있다가도 왕왕 운전석으로 달려드는데, 제지하면 할수록 이들의 아우성은 점점 심해진다. 그런데 사실 이 상황을 해결하는 법은 간단하다. 생각이 버스에서 내리도록 내버려 두면 그걸로 그만이다. 생각은 의식 속에 들어오고 나면 잠깐 동안 떠돌다 이내 사라지기 마련이다.

수전 지금 이 비유를 우리 뇌 속에서 밈들이 서로 경쟁하는 것에도 적용할 수 있을까?

대니얼 나는 수전 당신의 책을 읽으면서 사회의 금기야말로 가장 강력한 밈이 아닐까 하는 생각을 했었다. 타인과 대화하다 보면 부지불식간에 내가 금기시하는 생각이나 가치관들이 상대에게 전해지는 경우가 종종 있다. 이렇게 회피하고자 하는 욕구를 통해 전파되는 밈들이 우리 사회에는 많이 있는 것 같다.

수전 이제 대화의 주제를 바꾸어 보자. 우리에게는 자유의지가 있을까?

대니얼 그렇게 느껴지는 것만은 분명한 사실이다. 마침 요즈음 나는 자유로이 행동한다는 느낌이 어떻게 생겨나는지에 관하여 연구하고 있는데, 의식적 의지가 작용한 것처럼 보여도 실제로는 그렇지 않은 행동들이 부지기수인 것을 보면 자유감이 행동의 필수적인 요소는 아닌 것으로 보인다.

위저 보드(Ouija board : 바퀴가 달린 판 위에 두 사람이 손을 올리고 그 판의 움직임을 통하여 심령과 대화하는 기법 — 역주)나 자동기술법Automatic writing, 테이블 터닝Table turning, 다우징Dowsing과 같은 여러 심령술 기법들이 그 대표적인 예시이다. 이들은 자동증이라는 용어로 통칭되기도 하는데, 백여 년 전까지만 해도 사람들은 이러한 기법들로 영혼과 대화를 나눌 수 있다고 믿었다. 가령 테이블 터닝은 여러 사람이 테이블에 손을 얹고 영혼이 내려앉기를 기도하면 얼마 지나지 않아 테이블이 방 주변을 스스로 움직이는 현상을 말하고, 또 다른 예인 다우징은 신성한 막대기를 들고 돌아다니면서 그 막대기를 땅으로 잡아당기는 수맥을 찾는 것을 말한다. 사실 이것들은 당사자들이 느끼는 바와는 달리 완벽히 수의적인 행동들이다. 내가 논하고자 하는 것은 심령의 존재 여부 따위가 아니라 그 행위들이 불수의적으로 느껴지는 이유다.

수전 나 역시도 그러한 초심리학적 현상들을 연구했었는데, 수십 년을 바친 후에야 그것들이 심령의 작용이 아닌 심리학적인 현상이라고 결론지을 수 있었다. 당신은 그 사실을 나보다 훨씬 빨리 깨달은 것 같다!

대니얼 나의 주장은 다음과 같다. 마음은 행동도 일으키지만, 그 행동에 관한 생각도 함께 만들어 낸다. 그래서 우리는 생각과 행동 사이에 인과적 연결성이 있다고 믿게 되며, 이것이 바로 의지 감각으로 이어지는 것이다. 이따금씩 생각이 행동에 뒤처지거나, 위저 보드의 경우처럼 타인이 자신의 행동을 결정했다는 느낌을 받으면 의지 감각은 이내 사라지게 된다.

수전 일반적으로 우리는 우리의 의도가 행동을 야기한다고 여기지만, 실제로는 기저에 존재하는 어떤 두뇌 과정이 그 의도와 행동 모두를 발생시키며 그것이 결과적으로 의도와 행동 간에 인과적 관계가 있다는 착각으로 이어진다는 것, 이것이 당신이 말하고자 하는 바인가?

대니얼 그렇다. 아주 정확한 설명이다.

수전 그렇다면 이 이론을 어떻게 검증해야 하나? 그럴듯해 보이기는 하지만, 실제로 입증하기는 쉽지 않을 것 같은데.

대니얼 한 가지 방법은 사람들에게 의도치 않은 행동을 하게 하는 동시에 그 행동에 관한 정보를 주었을 때 의지 감각이 발생하는지 여부를 확인하는 것이다.

실제로 나의 지도 학생인 벳시 스패로우Betsy Sparrow와 리 와이너만Lee Weinerman은 '도움의 손길Helping hands'이라는 이름의 팬터마임을 활용하여 실험을 진행한 바 있다. 피험자들은 모두 헐렁한 옷을 입고 장갑을 낀 채로 2인 1조가 되어 실험에 참여했다. 두 사람을 일렬로 세우고 뒷사람이 앞사람의 겨드랑이 밑으로 두 팔을 뻗게 하면 앞에서 보았을 때 어느 손이 누구의 것인지 분간하기 어렵다. 뒷사람은 실험자의 지시에 따라 박수를 치거나 앞

사람의 코를 만지기도 하고 캐치볼 놀이를 하는 등 여러 동작을 수행하고, 앞사람은 그러한 움직임을 거울로 지켜본다. 과연 이 상황에서 앞사람은 뒷사람의 팔을 자신의 팔처럼 느낄까? 일반 적으로는 그렇지 않다. 그러나 뒷사람에게만 주어졌던 지시 사항 을 —"박수를 세 번 치세요"와 같은— 앞사람에게도 함께 들려주 면, 자신의 의식적 의지에 따라 팔이 움직이는 것처럼 느껴진다 고 응답하는 비율이 급격히 증가한다.

수전 (박수를 세 번 치며) 자, 지금 이 상황에서 나의 생각이 내 팔을 움직여 박수를 치게 했다는 것이 잘못된 믿음이며, 실제로는 생각 과 행동 둘 다 기저의 두뇌 메커니즘에 의해 발생했다는 것인가?

대니얼 바로 그거다. 결과적으로 당신은 당신 자신이 그 행동을 의도했다는 느낌을 받게 되는 것이다. 나는 의지 감각이 자신의 행동을 이성적으로 파악하는 과정이 아닌, 경험을 자신의 것으로 규정함으로써 자기효능감을 느끼고자 하는 일종의 인정 욕구라 고 생각한다.

일전에 나는 탈리아 휘틀리(Thalia Wheatley : 미국의 사회심리학자 — 역 주)와 함께 위저 보드의 작동 원리를 연구한 적이 있다. 우리는 모 니터에 여러 간단한 사물의 아이콘들을 표시한 뒤에 피험자와 실 험 협조자가 2인 1조가 되어 판자를 덧댄 컴퓨터 마우스 위에 손 을 얹게 하였다. 두 사람은 헤드폰에서 소리가 나면 수 초 간격을 두고 마우스 커서를 한 아이콘에서 다른 아이콘으로 움직였다.

수전 두 사람이 마우스 위에 함께 손을 얹은 것은 위저 보드를 따라한 것인가?

대니얼 그렇다. 두 사람은 함께 마우스를 움직이게 된다. 이 실험의 백미는 실험 협조자가 이따금씩 자기 마음대로 커서를 특정 사물로 옮긴다는 것에 있다. 위저 보드를 하던 중에 한 명이 속임수를 쓰는 것과 마찬가지인 것이다. 또한 우리는 협조자가 강제로 커서를 움직이기 전후에 피험자에게 그 사물의 이름을 헤드폰을 통해 들려주었다. 이 두 사건 사이의 시간 간격을 조절한 결과, 커서가 움직이기 정확히 1초 전에 피험자가 사물의 이름을 들을 경우 커서의 움직임을 자신의 의지에 의한 것으로 느낀다는 것이 드러났다. 그 외의 시간 간격에서는 그러한 의지 감각은 발생하지 않았다.

수전 요컨대 우리가 행위 주체감Feeling of agency을 느끼는 것이 우리가 실제로 그 행동을 했기 때문이 아니라, 우리의 생각과 행동이 특정한 시간차를 두고 일어나기 때문이라는 것인가? 행위 주체감을 느끼더라도 실제로 그 행위의 주체가 아닐 수도 있나?

대니얼 그렇다. 우리는 행위 주체감이 진실이라고 직관적으로 믿으며 살아가지만, 행위 주체감은 거짓으로 발생할 수도 있다. 이처럼 우리는 실제로 우리 마음속에서 어떤 일이 일어나는지 제대로 알지 못한다.

수전 나는 살면서 자신이 구름을 움직이거나 가로등을 켜고 끌 수 있다고 주장하는 이들을 많이 만났다. 이들의 주장 역시 같은 논리로 설명이 가능한가?

대니얼 그렇다.

수전 그렇다면 행위 주체감은 왜 존재하는 것인가?

대니얼 행위 주체감의 기능은 매우 다양한데, 아마도 그중에 가장 중요한 것은 누가 무엇을 했는지를 체계화하는 일일 것이다. 우리의 삶은 미지의 사건들이 가득한 하나의 거대한 추리소설과도 같다. 이때 행위 주체감은 나의 행동을 나의 것으로 규정할 수 있게 하며, 이에 수반되는 책임감은 도덕적 판단의 기초로 작용하기도 한다. 범죄자는 자신이 범죄 행위의 주체임을 인식할 때는 처벌을 받지만, 그렇지 않으면 처벌 대신 정신의학적 치료가 주어지기도 한다. 현 사법 체계는 책임 의식Authorship하에서 의도적으로 행한 행위와 그렇지 않은 행위를 엄격히 구별하고 있는데, 여기에는 행위 주체감을 생성하는 예측 체계Preview system와 그로 인해 발생하는 책임 의식을 사회 구성원 모두가 공유한다는 전제가 깔려 있다. 책임 의식의 보편성이야말로 도덕적 판단의 기초인 셈이다.

수전 모든 사법적 판단들이 그러한 불완전한 추측에 기반한다는 것이 짐짓 우려스럽기도 하다.

대니얼 그렇기는 하지만, 우리는 완벽한 존재가 아니다. 인간의 추측 체계는 매우 우수하지만 언제든 오작동할 수 있다. 그 결과가 바로 위저 보드와 같은 자동증 현상인 것이다.

최면 역시 이를 설명하기 위한 좋은 예시 중 하나다. 최면에 걸린 사람은 겉보기에는 완전히 수의적으로 움직이지만, 정작 그 사람은 자신의 몸이 불수의적으로 움직이는 것처럼 느낀다. 따라서 최면은 의식적 의지를 추론하는 기능이 무력화된 상태로 볼 수 있다.

우리는 마음이 만들어 낸 가상의 행위 주체감을 통해 스스로의 행동을 타인이나 외부 세계와 견주어 보고 그에 대한 평가를 매긴다. 내가 '가상'이라는 수식어를 단 것은 그것이 마음의 구성물임을 강조하기 위함이지, 행위 주체감이 허상이라는 뜻은 아니다. 나의 다음 행동에 영향을 줄 수 있는 이상, 행위 주체감은 '실제로 존재하는' 마음의 핵심 요소다.

수전 그렇다면 생각이 행동을 야기하는 경우도 있기는 한가?

대니얼 그야 물론이다. 생각이 행동을 일으킬 수 있음을 밝혀낸 것이야말로 지금까지 인지심리학이 거둔 가장 큰 성과가 아닐까 싶다. 단, 생각이 행동을 야기했다고 해서 반드시 의지 감각이 수반되는 것은 아니다.

수전 의식적 사고라는 이 주관적이고 내밀한 경험이 대관절 어떻게 몸의 움직임과 같은 물리적이고 객관적인 현상을 야기할 수 있다는 말인가?

대니얼 주관적 경험을 객관적 사건에 의해 수동적으로 변화하는 지표로 볼 수만은 없는 것처럼, 주관이 객관을 야기한다는 식의 묘사도 그리 적절치 못하다.

대부분의 경우 주관적 느낌은 늘 객관적 사건과 함께 따라다니면서 몸이 어디를 향하고 있는지, 몸 바깥에서는 무슨 일이 벌어지고 있는지를 보여 주는 '마음속 나침반'으로 기능하고 있다. 따라서 주관적 경험이 아무 효용도 없다는 주장은 틀린 것이다. 새로운 사건을 촉발하는 것이 아닌, 이미 일어난 사건을 조망하는 것이 바로 의식의 역할이다.

수전 방금 '대부분의 경우'라고 말했는데, 주관적 사고가 외부 세계에 영향을 미칠 일말의 가능성을 염두에 둔 것인가?

대니얼 그건 아니다. 의식의 힘으로 삶을 바꿀 수 있다고 믿으며 살아가고 있는 사람들을 위한 일말의 배려라고 해 두자.

수전 자기 삶의 주인이 되고자 하는 그들의 소망은 나도 십분 이해한다. 그러나 뇌과학이 발달할수록 그러한 믿음이 착각이라는 것이 점점 더 명확해지고 있다. 혹여 이것이 삶을 대하는 우리의 태도에도 영향을 줄 수 있지 않을까?

대니얼 아직은 의식에 관한 연구가 그 정도 수준에 이른 것 같지는 않다. 최소한 내 삶은 그전에 비해 딱히 달라진 것이 없다. 내 삶이 그대로일진대 다른 이들에게 삶의 태도를 바꿀 것을 권하는 것은 어불성설이 아니겠나.

수전 지금까지의 연구가 정말로 당신의 삶에 아무 영향도 주지 않았나?

대니얼 물론 조금의 위안을 얻은 것은 사실이다. 의식이 뇌라는 놀라운 기계 장치에 나 있는 작은 창문에 불과하다면, 구태여 모든 것들을 의식적으로 통제하려 애쓰지 않아도 삶은 잘 굴러갈 것이다. 그렇게 나는 운명론의 함정에서 벗어날 수 있었고, 내 선택들을 정당화할 수도 있었다. 사소한 것들에 아무리 신경 써도 일어날 일은 일어난다는 것, 그중에는 좋은 일들도 많이 있을 거란 것도 깨닫게 되었다. 개인적으로 얼마 전 나는 중대한 선택의 기로에 놓였었는데, 결정을 내리기에 앞서 나는 어떤 선택지를 고르든 반드시 후회가 뒤따른다는 것, 그 후회 뒤에는 또다시 희망과 만족감이 찾아온다는 것, 나를 도와줄 이들이 언제나 곁에 있을 거란 사실을 계속해서 상기했다.

이렇게 삶을 통제하려는 욕심을 내려놓고 신의 뜻에 자신을 내맡길 때 찾아오는 평온함은 대다수 종교의 근간이기도 하다.

수전 하지만 그 대상이 신이냐, 아니면 자연이냐에 따른 차이는 있을 것 같다. 가령 무신론자들은 모든 것이 자연의 섭리에 의해 결정된다고 믿으며 살아가고 있다.

대니얼 어쩌면 그것이 신의 다른 이름이 아니겠는가?

수전 오랫동안 의지 감각을 연구한 당신이 보기에, 일반적인 의미의 자유의지는 환상인가?

대니얼 그렇다. 하지만 자유의지를 단순한 환상으로만 바라보아서는 곤란하다. 우리는 자유의지를 매우 생생하게 경험하며, 따라서 의식적 의지는 마음뿐 아니라 몸에도 영향을 줄 수 있다. 우리가 스스로의 행동에 대해 일종의 '책임 의식 감정Authorship emotion'을 느끼는 것이 그 예이다.

수전 얼마 전 당신이 "과학자들은 크게 로봇 마니아와 불량 과학자로 나뉠 수 있다"는 발언을 했다는 소식을 들었다. 그건 대체 무슨 뜻인가?

대니얼 과학자들 중에는 인간의 행동이 전적으로 생물학적 메커니즘에 의해 통제된다고 믿는 이들이 있는가 하면, 의식적인 자유의지가 행동을 결정할 수 있다고 생각하는 이들도 있다. 그래서 나는 이 두 집단을 각각 로봇 마니아와 불량 과학자라고 이름 붙인 것이다. 소위 로봇 마니아들은 객관적인 연구 방법론으로 의식의 메커니즘을 밝혀낼 수 있을 거라는 생각에 완전히 경도되어 있다. 반면 불량 과학자들은 의식적 의지야말로 경험의 본질이며, 의식이 몸의 행동을 만들어 낸다고 강하게 믿고 있다. 내가 몸담고 있는 심리학 분야에서는 이 두 집단의 세가 거의 비등한 것 같다.

수전 불량 과학자라니, 너무 잔인한 표현이 아닌가? 로봇 마니아가 아니면 과학자로서 실격이라는 건가?

대니얼 나는 그저 각 집단이 상대편을 조소할 때 사용하는 말을 그대로 옮겨 온 것뿐이다. 로봇 마니아들의 눈에는 의식의 메커니즘이 규명 불가능하다고 여기는 이들이 불량 과학자로 보일 것이고, 반대로 자유의지가 실재한다고 믿는 사람들에게는 의식을 메커니즘적으로 탐구하려는 시도가 로봇 공학처럼 느껴질 것이다.

수전 그렇게 따지자면 나는 확실히 로봇 마니아인 것 같다.

나는 자유의지가 실재한다는 믿음에서 벗어나는 것이 얼마든지 가능하다고 생각한다. 그 방법은 크게 두 가지인데, 첫째는 자유의지로 상황을 통제하거나 의식적으로 선택지를 고르려는 시도를 하지 않고 몸과 뇌가 모든 결정을 하도록 내버려 두는 것이다. 나는 개인적으로 이 방식을 택했는데, 그렇다고 해서 인간다움을 잃게 되거나 삶의 질이 나빠지지는 않더라.

두 번째 방법은, 의식이 아닌 생물학적 메커니즘이 모든 의사 선택의 주체임을 알면서도 마음 한편에서는 자유의지가 있는 셈 치며 사는 길이다.

당신은 이 두 가지 중에 어떤 입장인가? 그리고 자유의지를 어떻게 바라보느냐가 과연 실제 의사 결정에도 영향을 미칠까?

대니얼 나는 후자이다. 정상적인 몸과 마음을 가진 사람이라면 아마 거의 모두가 후자를 택하지 않을까 싶다.

수전 맙소사, 진심으로 하는 말인가?

대니얼 당신이 어느 거대 로봇에 올라타 있다고 상상해 보라. 이 로봇은 셀 수 없이 많은 회로로 이루어져 있어 무슨 동작이든 다 수행할 수 있다. 그런데 만약 당신이 로봇의 다음 동작들을 훤히 꿰고 있다면 꽤나 즐거울 것 같지 않은가? 그게 설령 탑승객들을 위한 안내 방송일지라도 말이다. 우리의 마음도 이와 같다. 의식적 자유의지는 서글픈 착각이 아닌, 앞으로 일어날 일을 내다봄에서 오는 쾌감이다.

독자들이 참고하면 좋은 문헌 및 웹사이트

본문 내 용어풀이는 의식 연구의 모든 주제를 담고 있지 않으며, 책에서 언급되었으나 부연 설명이 필요한 개념에 관한 저자 개인의 간략한 해설임을 밝힌다. 더 자세한 정보는 아래의 참고문헌 및 웹사이트를 참조할 것.

S. J. Blackmore, 『Consciousness : An Introduction』 (London : Hodder & Stoughton; New York : Oxford University Press, 2003)

R. L. Gregory ed., 『The Oxford Companion to the Mind』 (Oxford : Oxford University Press, 2004)

R. A. Wilson and F. C. Keil eds., 『The MIT Encyclopedia of the Cognitive Sciences』 (Cambridge, Mass : MIT Press, 1999)

The Stanford Encyclopedia of Philosophy http://plato.stanford.edu/

의식 연구에 관한 전문 학술지인 의식 연구 저널 《Journal of Consciousness Studies》에서 발행된 논문 및 도서는 다음 홈페이지에서 확인할 수 있다. http://www.imprint.co.uk/jcs.html

한 걸음 더 알고 싶은 독자를 위하여 각 주제에 대하여 주요 참고문헌을 달아 두었다. 가능한 경우 본 책에 수록된 학자들의 저술을 택했다.

용어풀이

감각질 Quale/qualia

갓 내린 커피의 향, 맑은 하늘의 푸른 빛깔과 같은 감각적 경험의 주관적 특질. 철학에서는 경험의 내재적인 — 관계나 비교에 의해 변하지 않는 — 속성으로 정의된다. 사적이며, 따라서 형언 불가능한 — 타인에게 말로 설명할 수 없는 — 것으로 여겨지기도 한다. 일부 철학자들의 주장에 따르면, 경험만이 감각질을 온전히 이해할 수 있는 유일한 방법이며, 타인은 그 느낌을 절대 알지 못한다. 감각질의 존재 여부에 관해서는 철학자들 사이에서도 많은 논쟁이 있다. 가령 처칠랜드 부부는 감각질의 존재를 인정하지만 대니얼 데닛은 이를 거부한다. 반면 철학자가 아닌 이들은 이 단어를 경험의 동의어로써 매우 광의적으로 사용하고 있으므로 독자들의 주의가 요구된다.

기능주의 Functionalism

감각신호와 행동 같은 기능적 관계들로 심적 상태의 여러 속성을 정의하는 관점. 기능주의자들은 인간의 의식적 뇌가 가진 모든 기능을 정확히 기계에 복제한다면 그 기계는 — 구성 물질이 생물학적 뇌와 전혀 다를지라도 — 반드시 의식을 가질 거라고 여긴다. 이들은 오늘날 인지과학의 주류를 이루고 있으나, 네드 블록과 존 설 등 기능주의를 거부하는 철학자들도 있다.

뇌 영상/뇌 스캐닝Brain imaging/brain scanning

오늘날에는 자기공명영상MRI, 기능적 자기공명영상fMRI, 양전자 방출 단층촬영PET 등 다양한 뇌 영상 기법들이 널리 활용되고 있다. 가령 피험자가 특정 경험을 보고하는 순간에 어느 뇌 영역이 활성화되어 있는지를 촬영하면 의식의 신경상관물을 연구할 수 있다. 하지만 문제는 데이터의 해석에 있다. 활성화된 뇌 부위가 의식의 장소 혹은 근원이라고 말할 수 있을지, 정말로 의식이 그곳에서 생성된 것인지, 그러한 방식으로 뇌와 의식의 관계를 바라보는 것이 완전히 잘못된 것은 아닌지 우리는 확신할 수 없다.

데카르트의 극장Cartesian theatre

뇌나 마음속 어딘가에 모든 정보가 수렴하여 의식이 발생한다는 통념을 꼬집기 위해 대니얼 데닛이 만들어 낸 표현. 데닛에 의하면 대다수의 사람들은 일반적인 데카르트적 이원론 및 호문쿨루스의 개념을 거부하면서도 여전히 의식을 일종의 장소나 '그릇'으로 취급하고 있다. 데닛은 이렇게 유물론자를 자처하면서도 데카르트의 극장을 믿고 있는 이들을 '데카르트적 유물론자'라 부른다.

나는 학자들을 인터뷰하며 그들이 데카르트적 유물론자인지 판단하기 위해 노력했다. 많은 이들이 개념·지각물·정보가 '의식에 들어간다'거나 '의식 안에 있다'는 표현을 사용했지만, 그들 중 어느 누구도 자신이 데카르트적 유물론자임을 인정하지 않았다. 의식을 극장이나 스포트라이트에 비유하는 것 역시 그 비유자가 데카르트적 유물론자라는 방증이다. 단, 버나드 바스는 자신의 이론에 등장하는 극장은 데카르트의 극장과 다르다고 역설했다.

Dennett, D. C., 『Consciousness Explained』 (London: Little, Brown & Co., 1991).

동일론Identity theory

심적 상태 및 과정이 두뇌 상태 및 과정과 동일하다고 보는 관점. 동일론에서는 생각·관념·의도·경험과 같은 마음의 여러 요소들은 뇌의 상태와 상관관계에 있거나 그것에 의해 생성되는 것이 아니라, 그 자체가 바로 뇌의 상태이다. 이러한 설명은 이원론을 배제할 수 있지만, 전혀 다른 겉모습을 가진 '마음'과 '뇌'가 어째서 동일한 것인지를 설명해야 하는 과제가 남는다. 본문에 등장하는 학자들 중에는 폴 처칠랜드가 동일론을 지지하는데, 특이하게도 그는 다른 동일론자들과 달리 감각질의 존재를 인정한다.

맹시Blindsight

1차 시각피질이 손상을 입으면 시야의 일부인 암점의 내용을 볼 수 없게 된다. 1978년, 심리학자 로렌스 바이스크란츠Lawrence Weiskrantz는 암점에 시각적 자극을 주어 빛의 방향과 움직임 등을 추측하게 하였는데,

놀랍게도 환자들은 높은 확률로 정답을 맞혔다. 암점의 시각 정보가 과제 수행에 무의식적으로 사용된 것이다. 이 역설적 상황을 두고 많은 갑론을박이 오갔는데, 일각에서는 이것이 무의식적 시각의 존재 증거이며, 이 상황이 바로 부분적 좀비 상태와도 같다고 — 즉 의식이 기타 뇌기능과 분리되거나 특정 뇌 부위에 대응될 수도 있다고 — 주장한다. 반면 시각계에는 매우 다양한 경로가 있기 때문에 사물 인식 체계가 손상을 입어 시각이 정상적으로 작동하지 않더라도 안구 운동 체계 등을 이용하여 자극에 대한 추측을 하는 것이 가능하다는 의견도 있다.

Weiskrantz, L., 『Consciousness Lost and Found : A Neuro-psychological Exploration』 (Oxford: Oxford University Press, 1997).

Kentridge, R. W. (ed.), (1999), 'Papers on blindsight', Journal of Consciousness Studies, 6권, 3 – 71쪽.

밈Meme

문화가 전달되는 최소 단위로서 문화유전자라고 불리기도 한다. 개인 간에 전파되며, 각종 기술技術 · 이야기 · 노래 · 이론 · 공예품 등을 포괄한다. 밈학 이론에 따르면, 밈은 자기복제자로서 기능하며 문화는 밈들이 변이 및 선택되는 과정을 통하여 진화한다.

Blackmore, S. J., 『The Meme Machine』 (Oxford: Oxford University Press, 1999).

배쪽 경로와 등쪽 경로Ventral and dorsal streams

눈과 뇌를 잇는 시각계의 다양한 경로 가운데 가장 대표적인 두 가지. 한때 '무엇 체계What system'와 '어디 체계Where system'로 불리기도 하였으나, 이들이 각각 지각 및 시각-운동 조절을 담당하고 있음이 최근 데이비드 밀너와 멜빈 굿데일에 의해 규명되었다. 배쪽 경로는 사물 인식을 수행하며 비교적 느리게 작동하지만, 등쪽 경로는 시각적 정보가 필요한 행동을 빠른 속도로 조율한다. 이러한 반사적 시각운동 조절이 너무 짧은 시간 안에 일어나는 경우 그 내용이 의식되지 않기도 한다. 몇몇 이들은 배쪽 경로를 의식적인 것으로, 등쪽 경로를 무의식적인 것으로 표현하기도 하지만, 이에 대해 밀너와 굿데일은 신중한 입장이다.

Milner, A. D. and Goodale, M. A., 『The Visual Brain in Action』 (Oxford: Oxford University Press, 1995).

변화맹Change blindness

일반적으로는 눈앞에서 일어나는 시각적 변화를 알아차리는 것은 어렵지 않다. 하지만 그러한 장면의 변화가 눈이 깜빡이거나 시선이 도약하는 찰나, 아니면 차창에 갑자기 진흙이 튀거나 영상이 잠시 끊긴 순간에 발생하면 우리는 이를 인식하지 못한다. 변화맹이라 불리우는 이러한 현상은 의식에 관하여 많은 것을 시사한다. 대부분의 시각 이론들은 시각계가 외부 세계에 대한 풍부하고 자세한 표상을 구성하며, 이러한 표상이 의식적 경험의 일부를 이루는 것이라고 가정하지만, 변화맹 현상은 시각 경험의 연속성이 끊어질 때 뇌 속에 기억되는 정보의 양이 극히 적다는 것을 보여 준다. 이는 시지각이 외부 세계를 그다지 자세하게 표상하지 않으며, 시각 경험의 풍부함 역시 뇌가 만들어 낸 환상일 수 있음을 시사한다. 이를 두고 케빈 오리건과 같은 일부 강경파들은 '보는 행위'가 세계의 표상을 만드는 과정이라는 관념 자체부터 틀렸다고 해석하기도 한다.

Noe, A. (ed.), 『Is the Visual World a Grand Illusion?』 (Thorverton, Devon: Imprint Academic, 2002).

부수현상설Epiphenomenalism

뇌의 물리적 사건은 심적 사건을 야기할 수 있지만, 역으로 심적 사건은 뇌에 어떠한 영향도 미칠 수 없다는 주장. 의식과 뇌를 별개의 것으로 취급한다는 점에서 적잖은 비판을 받기도 했다. 주의할 것은 의식의 인과적 영향을 부정한다고 해서 반드시 부수현상설에 해당하는 것은 아니라는 점이다. 실제로 기능주의의 분파 중에는 의식의 비인과성을 역설하면서도 의식과 뇌를 별개의 실체로 취급하지 않는 이론들도 있다. 본문 내 일부 대화에서도 이러한 혼선을 찾아볼 수 있다.

분리뇌Split brain

1960년대에는 중증 간질 환자를 대상으로 한쪽 뇌에서 발생한 간질 발작이 다른 쪽 뇌로 퍼지는 것을 막기 위해 좌뇌와 우뇌를 연결하는 수백만 개의 신경섬유인 뇌들보를 절제하는 시술이 시행되었다. 놀랍게도 환자들은 시술을 받고 좋은 경과를 보였고 인지 능력이나 성격에도 거의 변화가 없었다. 그러나 분석 결과 환자의 좌뇌와 우뇌가 서로 다른 인격을 지닌 것처럼 독자적인 의사소통 능력을 갖게 된다는 것이 드러났다. 뇌가 나뉘면 의식도 나뉘는 것일까? 본문에서 버나드 바스와 존 설은 분리뇌 환자들의 뇌에 두 개의 의식이 있을 것이라 주장한다.

삼인칭Third person

용어풀이 '일인칭' 참조

설명적 간극Explanatory gap

마음과 뇌, 내부 세계와 외부 세계, 물리적 세계와 의식, 객관과 주관의 차이를 설명하는 것에 있어서의 난점. 물리적 세계에 관한 지식만으로는 의식의 본질을 결코 충분히 설명할 수 없을 거라는 주장이다. 윌리엄 제임스William James는 이를 '커다란 골짜기great chasm' 혹은 '불가해한 심연 fathomless abyss'이라 칭했으며 콜린 맥긴, 스티븐 핑커Stephen Pinker와 같은 신新-신비주의자들은 이 간극이 영영 메워지지 않을 거라고 믿는다. 본문의 학자들 중 대다수는 언젠가 이 간극이 메워질 거라고 주장했지만, 그 구체적 방법에 대해서는 의견이 갈렸다. 가령 처칠랜드 부부, 대니얼 데닛, 프랜시스 크릭 등은 이 간극이 신경과학이 발전함에 따라 자연히 사라질 거라 말했지만, 스튜어트 하메로프와 로저 펜로즈는 물리학에서 일대 혁명이 일어난 뒤에야 해소될 수 있을 거라고 내다보았다.

스캐닝Scanning

용어풀이 '뇌 영상/뇌 스캐닝' 참조

신경현상학Neurophenomenology

신경과학과 현상학의 융합 학문. 현상학의 일인칭 방법론과 신경과학의 삼인칭 방법론을 통합하기 위한 시도로, 프란시스코 바렐라가 창시하였다. Varela, F. J. and Shear, J., 『The view from within: First person approaches to the study of consciousness』 (Thorverton, Devon: Imprint Academic, 1999).

양안 경쟁Binocular rivalry

양쪽 눈에 각각 제시된 서로 다른 두 이미지가 의식에 떠오르기 위해 융합되지 않고 경쟁하는 현상. 19세기 후반에도 이미 알려져 있었으나, 그 신경학적 근원은 최근에서야 로고데티스 등에 의해 규명되었다. 흔히 이 현상을 두고 두 자극이 '의식을 두고 다툰다'거나 '의식에 들어가기 위해 경쟁한다'고 표현하지만, 그러한 표현은 의식이 특정한 장소 혹은 과정이라거나, 데카르트의 극장에서 말하는 '내면의 관찰자'가 존재한다는 것을 암시할 수 있어 주의가 필요하다.

유물론 Materialism

우주 만물이 물질로만 이루어져 있으며, 종래에는 모든 정신 현상도 물리적 용어로 서술될 거라는 믿음. 일원론의 여러 형태 가운데 가장 널리 받아들여지고 있다. 실제로 과학자들 중 대다수가 유물론자이다.

어려운 문제 Hard problem

물리적인 두뇌 과정이 어떻게 주관적 경험을 유발하는지에 대한 문제를 지칭하기 위해 1994년 데이비드 찰머스가 고안한 용어. 심신 문제 및 설명적 간극과도 연관되어 있으며, 지각, 기억, 학습, 감정 등의 '쉬운 문제'들과 대비된다. 찰머스는 '쉬운 문제'가 모두 해결된 뒤에도 의식 혹은 주관적 경험에 관한 '어려운 문제'는 풀리지 않은 채로 남아 있을 거라고 주장한다.

이원론자들과 신비주의자들은 찰머스의 의견에 대체로 동의하지만, 기능주의자들과 동일론자들은 뇌의 기능이나 물리적 상태들을 모두 이해한다면 의식의 정체도 자연히 밝혀질 거라 주장한다. 본문에서는 '어려운 문제'에 관한 학자들의 견해를 확인하려는 나의 노력을 엿볼 수 있다.

Shear, J., 『Explaining Consciousness—The Hard problem』 (Cambridge, Mass: MIT Press, 1997) (and Journal of Consciousness Studies 1995).

의식의 신경상관물Neural correlates of consciousness, NCC

특정한 의식적 경험에 대응하는 뇌 영역 혹은 신경 활동의 패턴. 경우에 따라 의식 그 자체의 신경상관물, 즉 의식적 뇌와 무의식적 뇌의 차이를 일컫기도 한다.

일반적인 신경상관물 연구는 실험 대상이 특정 자극이나 감각을 보고하는 순간에 활성화되는 세포나 영역을 뇌 스캔이나 단일 세포 기록법 등으로 측정하는 방식으로 이루어진다. 이를 통해 의식의 근원이나 위치가 밝혀질 거라는 기대도 있지만, 일각에서는 이 접근법에 근본적인 결함이 있다고 주장하기도 한다.

연구 방법에 관한 상세한 설명은 프랜시스 크릭이나 빌라야누르 라마찬드란과의 인터뷰를, 의식의 신경상관물 연구가 사회 전반에 미칠 영향에 대해서는 토마스 메칭거와의 인터뷰를 참조할 것.

Metzinger, T. (ed.), 『Neural Correlates of Consciousness』 (Cambridge, Mass: MIT Press, 2000).

이원론Dualism

프랑스의 철학자 르네 데카르트(1596-1650)는 마음과 뇌가 근본적으로 다른 실체이며 그 둘은 뇌의 송과샘Pineal gland에서 상호작용한다고 주장했는데, 이것이 바로 데카르트적 이원론 혹은 '실체 이원론'이다. 이원론의 또 다른 종류인 '속성 이원론'에서는 하나의 존재가 물리적 속성과 심적 속성을 동시에 가질 수 있다고 본다. 반면 일원론은 우주 전체가 단일한 실체로 이루어져 있다는 믿음으로, 그 실체가 정신이냐 물질이냐에 따라 유심론과 유물론으로 다시 나뉜다.

유물론자를 자처하는 과학자들 중 상당수조차 의식이 뇌에 의해 '생성된 다'고 표현하거나, '의식의 어려운 문제'를 삼인칭적 사실로 서술하는 등 은연중에 이원론적 사고방식을 드러내기 일쑤다. 인터뷰에서 나는 그러 한 내용들을 계속 파고듦으로써 학자들이 정말로 이원론의 영향에서 완 전히 벗어났는지를 확인하려 애썼다.

일원론Monism

이원론과 달리 우주 만물이 하나의 실체로 이루어져 있다는 시각. 일원론 에는 크게 세 가지 부류가 있는데, 모든 것이 마음이라고 보는 유심론, 모 든 것이 물질이라고 보는 유물론, 제3의 실체의 존재를 상정하는 중립적 일원론이 그것이다.

일인칭 (접근법/방법론/과학/관점)First person (approach/method/science/ perspective)

일인칭 관점은 마음속으로부터의 시선, 즉 '세상이 나에게 어떻게 보이는 지'를 뜻한다. 일인칭 관점이 의식 문제의 핵심이라는 것에는 별다른 이 견이 없었지만, 의식 과학에서 일인칭 방법론의 역할이 무엇인지, 또한 일인칭 과학이라는 것이 가능하기는 한지에 관해서는 학자들 사이에도 의견이 분분했다. 의식 연구에 특화된 일인칭 방법론을 개발해야 한다는 주장도 있었지만, 몇몇 이들은 기존의 심리학이 그러한 개인적 보고를 이미 널리 이용해 왔음을 지적하기도 했다. 어떤 이들은 일인칭 과학의 필요성을 역설했지만, 삼인칭 데이터에 의해 검증될 수 없는 과학은 과학이 아니라는 주장도 있었다. 명상과 꿈 작업(Dream work : 꿈을 해석하는 심리학적 분석법 — 역주)이 지닌 가치에 대해서도 이견이 있었다. 스티븐 라버지와 프란시스코 바렐라 등은 일인칭 작업이 의식 연구에 필수적이라고 말했지만, 프랜시스 크릭은 그에 대해 일말의 관심도 보이지 않았다.

Varela, F. J. and Shear, J., 『The view from within: First person approaches to the study of consciousness』 (Thorverton, Devon: Imprint Academic, 1999).

입체 융상 Stereoscopic fusion

서로 살짝 다른 두 이미지가 양쪽 눈에 각각 제시되면 뇌는 그 두 이미지를 하나로 융합하여 깊이 정보를 산출해 낸다. 일반적인 양안시(兩眼視, Stereopsis)에서 깊이감이 느껴지는 이유도 두 눈이 떨어져 있어 살짝 다른 장면을 보기 때문인데, 이 효과는 특수 디자인된 이미지에 의해 인위적으로 유도될 수도 있다. 양안 이미지를 색상차를 두고 합성하여 색안경으로 관찰하는 아나글리프 Anaglyph, 두 개의 무작위적 이미지 속에 깊이 정보를 주어 합쳐질 때 3차원으로 보이게 하는 스테레오그램 Stereogram 등이 그 예이다.

자동증Automatism

광의적으로는 몽유병과 같은 모든 자동적 행위를 포괄하는 용어이나, 일반적으로는 자동기술법이나 위저 보드, 플랑셰트(Planchette : 위저 보드에 쓰이는 바퀴가 달린 하트 모양의 판―역주)와 같은 심령술 기법들을 가리킨다. 본문에서는 대니얼 웨그너가 행위에 대한 책임감이 어떻게 만들어지는지를 설명하기 위해 이를 언급한다.

Wegner, D., 『The Illusion of Conscious Will』 (Cambridge, Mass: MIT Press 2002).

자각몽Lucid dream

꿈을 꾸는 도중 그것이 꿈임을 알아차리는 것. 한 조사에 따르면 전체 인구 중 30~40%가 살면서 최소한 한 번은 자각몽을 경험한다고 한다. 자각몽을 경험하는 빈도는 사람마다 다르며, 자각 여부를 통제하는 법을 터득한 사람은 아주 극소수다. 일반적으로 자각몽 상태에 진입하면 꿈은 더욱 풍부하고 선명하게 변하며, 그 내용을 마음대로 조절할 수도 있게 된다. 본문에 등장하는 스티븐 라버지는 자각몽 연구의 선구자이다.

Gackenbach, J. and LaBerge, S., 『Conscious Mind, Sleeping Brain』 (New York: Plenum, 1986).

자유의지 Free will

외부 환경이나 운명, 신의 뜻과 같은 외력의 개입이나 제한 없이 스스로 의사 선택을 내리고 그것을 행동으로 옮기는 것. 역사상 가장 많은 논쟁을 일으킨 철학적 주제 중 하나이다. 우주의 모든 사건이 과거의 사건에 의해 결정된다는 관점인 결정론과 대조된다. 양립불가론Incompatibilism을 지지하는 이들은 자유의지와 결정론이 양립하거나 조화될 수 없으며, 결정론을 인정하려면 자유의지의 존재를 부정해야 한다고 주장한다. 반면 양립가능론Compatibilism의 관점에서는 설령 결정론이 사실이라 하더라도 의사 선택의 과정이 충분히 복잡하다면 그것이 자유의지로 간주될 수 있다고 말한다.

본문에서도 네드 블록, 대니얼 데닛, 존 설 등 많은 학자들이 양립가능론을 지지했지만, 결정론을 받아들이고 자유의지가 '있는 셈 치며' 살고 있다고 답한 이들도 있었다. 몇몇 이들은 벤저민 리벳의 실험을 인용하여 의식적 결정이 자유로운 행동을 야기하기에는 시간적으로 너무 늦게 발생한다는 점을 지적하기도 했다.

Libet, B. (1985), 'Unconscious cerebral initiative and the role of conscious will in voluntary action', The Behavioral and Brain Sciences, 8권, 529 – 539쪽.

같은 권 539 – 566쪽 및 같은 학술지 10권, 318 – 321쪽에 실린 논평도 참조할 것.

제임스 – 랭 감정 이론 James – Lange theory of emotion

19세기 미국의 심리학자 윌리엄 제임스와 덴마크의 의사 칼 랭이 제안한
이론으로, 감정이 심박수 증가, 근육의 수축, 땀 분비와 같은 생리적 반응
의 '원인이 아닌 결과'라는 주장이다. 제임스의 표현을 빌리자면, "슬퍼서
우는 것이 아니라 울기 때문에 슬픈 것이며, 두려워서 떠는 것이 아니라
떨어서 두려운 것"이다.

중국 뇌 논증 Chinese nation/China brain

네드 블록이 고안한 사고 실험. 모든 중국인들이 라디오 송수신기를 들고
신경세포들처럼 신호를 주고받으며 하나의 뇌처럼 행동한다고 상상해 보
자. 과연 이러한 '중국 뇌'는 일반적인 뇌처럼 기능할까? 혹 그렇다면 중
국이라는 나라 전체가 의식이 있다고도 말할 수 있을까? 네드 블록은 그
러한 해석을 거부하며, 이를 통해 기능주의적 관점을 비판한다.

중국어 방 Chinese room

존 설이 고안한 사고 실험. 중국어를 못 하는 어떤 사람이 모든 중국어 문
장에 대한 모범 답변이 적혀 있는 규범집이 있는 어느 방 안에 들어가 있
다고 상상해 보자. 규범집만 잘 따른다면 그 사람은 어떠한 중국어 질문
이 주어지든 적절한 답변을 만들 수 있을 것이다. 하지만 그것은 정말로
중국어를 이해한 것이 아니며, 같은 이유로 강인공지능의 출현도 불가능

하다는 것이 설의 주장이다. 일각에서는 이것을 인지과학과 인공지능의 근간을 뒤흔드는 아주 기발한 아이디어로 평가하는 반면, 오개념에서 비롯된 말장난으로 치부하는 이들도 있다.

Preston, J. and Bishop, M. (eds.), 『Views into the Chinese Room: New Essays on Searle and Artificial Intelligence』 (Oxford: Clarendon Press, 2002).

창발Emergence

어떤 계가 구성요소의 총합을 넘어서는 속성을 띠는 것. 물의 축축한 성질이 수소와 산소 원자의 개별 속성이 아닌 그들의 조합으로부터 출현하는 것이 대표적인 예이다. 하지만 아직 창발에 대한 명확한 정의는 없으며, 이를 두고 철학계에서도 뜨거운 논쟁이 벌어지고 있다. 의식이 두뇌 활동의 창발적 특성이라는 말은 의식이 완전히 새로운 현상임을 뜻하기도 하지만, 단순히 의식을 이해하려면 개별 신경세포가 아닌 전체 뇌 단위로 접근해야 한다는 것을 의미할 수도 있다.

채워 넣음Filling in

일반적으로 우리는 시신경이 눈 뒤로 빠져나가는 부분에 위치한 맹점 Blind spot의 존재를 알아채지 못한다. 시각피질에 손상을 입거나 암점을 인공적으로 유도한 경우에도 같은 현상이 관찰된다. 이때는 우리의 뇌가 시야의 빈 부분을 채워 넣는 것일까? 대니얼 데닛과 케빈 오리건은 그럴 필요가 없다고 말하는 반면, 리처드 그레고리와 빌라야누르 라마찬드란은 채워 넣음이 일어나고 있다고 주장한다.

Ramachandran, V. S. and Blakeslee, S., 『Phantoms in the Brain』(London: Fourth Estate, 1998).

통합 작업공간 이론Global Workspace Theory

버나드 바스에 의해 개발되어 널리 알려진 의식 이론. 현재의 중요한 정보가 통합 작업공간에서 처리된 후에 신경계의 각 영역으로 제공된다는 인지 구조Cognitive architecture에 근간을 두고 있다. 이 이론에서는 마음이라는 극장 안에 작업 기억이라는 무대가 있다고 비유한다. 스포트라이트를 받아 밝아진 영역이 바로 의식이며, 주의Attention가 그 조명의 움직임을 관장하고 있다. 그 외의 극장 속 나머지 요소들은 모두 무의식에 해당한다. 이론의 상세는 본문 참조.

Baars, B. J., 『A Cognitive Theory of Consciousness』(Cambridge: Cambridge University Press, 1988).

현상학Phenomenology

1   20세기 초 독일의 철학자 에드문트 후설이 창시한 철학 사조. 대표적인 현상학자로는 독일의 하이데거, 프랑스의 메를로퐁티, 사르트르 등이 있다. 이론, 귀납, 과학적 가정에 기대지 않고 경험의 구조를 있

는 그대로 기술하는 것에 기초한다. 프란시스코 바렐라를 비롯한 많은 이들은 현상학의 일인칭 방법론을 현대 뇌과학과 융합하고자 시도하고 있다.

2 '주관적 경험'의 동의어. 가령 '시각의 현상학'이나 '고통의 현상학'이라는 표현은 이들 감각의 일인칭 경험을 뜻한다. 대니얼 데닛은 본디 현상학이라는 말이 어떤 현상에 대한 이론이 확립되기 전에 그 현상의 명목적 특성들을 임의적으로 지칭하는 단어였음을 지적하기도 했다.

뇌의식의 대화

2020년 08월 10일 1판 2쇄 발행
2020년 08월 10일 1판 2쇄 펴냄

지은이 수전 블랙모어
옮긴이 장현우
펴낸이 김철종
인쇄제작 정민문화사

펴낸곳 (주)한언
출판등록 1983년 9월 30일 제1 - 128호
주소 110 - 310 서울시 종로구 삼일대로 453(경운동) 2층
전화번호 02)701 - 6911 **팩스번호** 02)701 - 4449
전자우편 haneon@haneon.com

ISBN 978-89-5596-886-6 03560

이 도서의 국립중앙도서관 출판예정도서목록(CIP)은 서지정보유통지원시스템
홈페이지(http://seoji.nl.go.kr)와 국가자료공동목록시스템(http://www.nl.go.kr/kolisnet)에서
이용하실 수 있습니다.(CIP제어번호: CIP2019043136)

Our Mission – 우리는 새로운 지식을 창출, 전파하여 전 인류가 이를 공유케 함으로써 인류 문화의 발전과 행복에 이바지한다.

– 우리는 끊임없이 학습하는 조직으로서 자신과 조직의 발전을 위해 쉼 없이 노력하며, 궁극적으로는 세계적 콘텐츠 그룹을 지향한다.

– 우리는 정신적·물질적으로 최고 수준의 복지를 실현하기 위해 노력하며, 명실공히 초일류 사원들의 집합체로서 부끄럼 없이 행동한다.

Our Vision   한언은 콘텐츠 기업의 선도적 성공 모델이 된다.

저희 한언인들은 위와 같은 사명을 항상 가슴속에 간직하고
좋은 책을 만들기 위해 최선을 다하고 있습니다.
독자 여러분의 아낌없는 충고와 격려를 부탁 드립니다.

• 한언 가족 •

HanEon's Mission statement

Our Mission – We create and broadcast new knowledge for the advancement and happiness of the whole human race.

– We do our best to improve ourselves and the organization, with the ultimate goal of striving to be the best content group in the world.

– We try to realize the highest quality of welfare system in both mental and physical ways and we behave in a manner that reflects our mission as proud members of HanEon Community.

Our Vision   HanEon will be the leading Success Model of the content group.